面向 21 世纪高等院校精品教材 · 电工电子基础系列

数字逻辑简明教程

主　编　曹　阳　江秀红　胡爱玲
副主编　徐锦丽　孙　琦　赵建敏
参　编　赵雪莹　葛　雯　关宗安　常丽东
审稿人　孙延鹏

北京理工大学出版社
BEIJING INSTITUTE OF TECHNOLOGY PRESS

内容简介

本书是作者在积累了长期从事数字逻辑教学工作经验的基础上编写的，具有简明、易读、实用等突出特点。为适应部分院校计算机类专业课程体系调整、学时压缩，本书在电路的基础上突出逻辑，使学生在未具备电路、模拟电子技术等传统先修课程的情况下，也能够顺利地开展本课程的学习。

全书共6章，主要内容包括数字逻辑基础、逻辑代数基础、组合逻辑电路、触发器、时序逻辑电路、脉冲波形的产生与整形。本书适合作为普通高等学校计算机科学与技术、软件技术、网络工程等相关专业的实用教材，也可供从事计算机、自动化及电子学等专业的技术人员参考。

图书在版编目（CIP）数据

数字逻辑简明教程 / 曹阳，江秀红，胡爱玲主编. —北京：北京理工大学出版社，2021.6（2021.7 重印）

ISBN 978-7-5682-9894-0

Ⅰ. ①数…　Ⅱ. ①曹…　②江…　③胡…　Ⅲ. ①数字逻辑－高等学校－教材　Ⅳ. ①TP302.2

中国版本图书馆 CIP 数据核字（2021）第 111034 号

出版发行 / 北京理工大学出版社有限责任公司
社　　址 / 北京市海淀区中关村南大街5号
邮　　编 / 100081
电　　话 /（010）68914775（总编室）
（010）82562903（教材售后服务热线）
（010）68948351（其他图书服务热线）
网　　址 / http://www.bitpress.com.cn
经　　销 / 全国各地新华书店
印　　刷 / 三河市天利华印刷装订有限公司
开　　本 / 787 毫米×1092 毫米　1/16
印　　张 / 12
字　　数 / 282 千字
版　　次 / 2021 年 6 月第 1 版　2021 年 7 月第 2 次印刷
定　　价 / 36.00 元

责任编辑 / 陈莉华
文案编辑 / 陈莉华
责任校对 / 刘亚男
责任印制 / 李志强

前　　言

随着教育教学改革的不断深入，尤其是工程教育、新工科的快速推进，高等院校传统的课程体系和教学内容面临着极大的挑战。各高等院校都在增加课程门类，调整学生知识结构，以适应社会经济发展。

“数字逻辑”是一门重要的技术基础课，可以帮助学生掌握现代电子技术基础的相关知识，提高专业知识水平、职业技能和分析问题解决问题的综合能力。尤其在当今的数字化社会中，本课程对培养“技能型、应用型、创新型、创业型”人才有着非常重要的作用。

本书编写的初衷是为了适应计算机类专业课程体系调整和学时压缩，使学生在不具备“电路”基础知识的情况下也可开展数字逻辑的学习，这样有利于数字逻辑课程授课学期的提前，进而可更快地引入后续专业课程。此外，本书在编写过程中，注重凸显以下特色：

（1）弱化电路和模拟电子技术基础知识，突出逻辑分析和设计；

（2）增加数字逻辑实际应用范例，使本书简明、更具条理；

（3）课后习题多样化，弱化理论推导和纯计算题，增加工程分析和设计的内容。

全书由曹阳、江秀红、胡爱玲主编，曹阳负责定稿，沈阳航空航天大学电子技术教研室的老师参与了编写工作，包括江秀红（第6章）、胡爱玲（第4章）、徐锦丽（第3章）、赵建敏（第2章）、孙琦（第5章）、赵雪莹（第1章）。另外，葛雯、关宗安、常丽东也参与了本书的编写，孙延鹏审读了全稿。

本书的编写和出版得到了沈阳航空航天大学教务处、电子信息工程学院和电子技术教研室等有关部门和领导的指导与支持。同时，对编写过程中所参阅的国内外大量著作、文献和资料的作者们表示谢意。

限于编者水平和编写时间，书中难免存在疏漏和错误，欢迎读者批评指正。

编　者

前言

目　　录

第 1 章　数字逻辑基础

本章首先介绍了有关数制与码制的一些基本概念和术语，然后给出常用的数制和码制。此外，还介绍了二进制数算术运算的基本原理以及不同数制间的转换方法。

1.1　概　　述

- 认识数字电路并了解其特点。
- 知道数字电路的分类。

在我们周围存在着电、声、光、磁、力等多种形式的信号。现代电子线路所处理的信号可分为两大类：模拟信号和数字信号。处理模拟信号的电路称为模拟电路，处理数字信号的电路称为数字电路。因此，伴随其信息传输、处理和存储的数据量也分为两大类：模拟量和数字量。

模拟量是指在时间上和数值上都连续变化的信号，即在一定范围内任意取值，如工业控制系统中常见的温度、压力、流量、速度等参数。表示模拟量的信号称为模拟信号。

数字量是指在时间上和数值上都离散化的信号，即在时间上是不连续的，总是发生在一系列离散的瞬间；在数值上是量化的，只能按有限多个增量或阶梯取值。例如，某班的人数，它的最小单位是一人。表示数字量的信号称为数字信号。模拟信号与数字信号的对比图如图 1.1 所示。

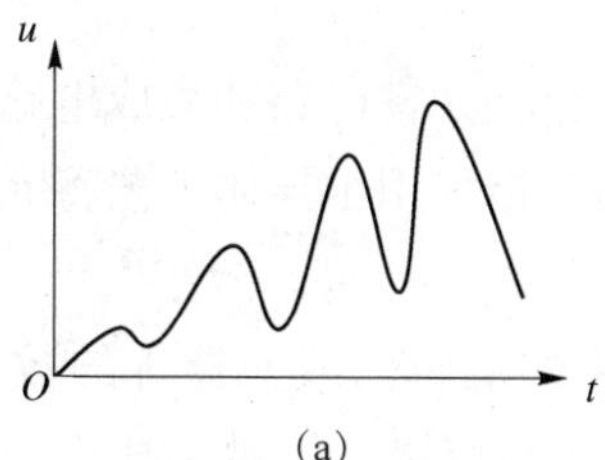

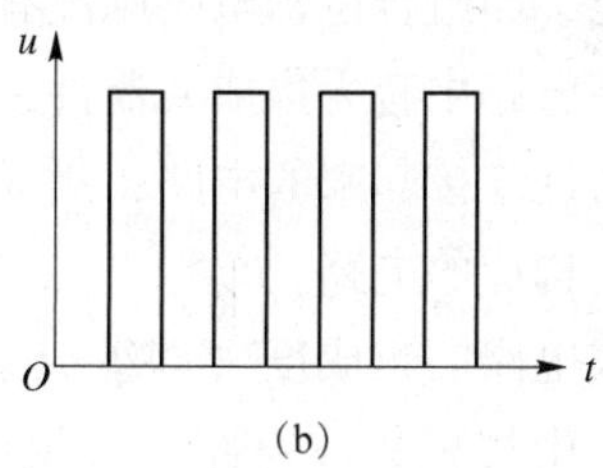

图 1.1　模拟信号与数字信号对比图

（a）模拟信号；（b）数字信号

1.1.1 数字电路的特点

数字电路所处理的是反映数值大小的数字量信号和反映事物因果关系的离散逻辑信号。数字电路工作时有两种状态：高电平（又称高电位）和低电平（又称低电位）。通常用逻辑**1**表示高电平，用逻辑**0**表示低电平（按正逻辑定义的）。注意：有关产品手册中常用H代表**1**、L代表**0**。在实际的数字电路中，到底多高或多低的电位才能表示**1**或**0**，这要由具体的数字电路来决定。例如，有的数字电路的输出电压等于或小于0.2 V，均可认为是逻辑**0**，等于或者大于3 V，均可认为是逻辑**1**（即电路技术指标）。CMOS数字电路的逻辑**0**或**1**的电位值则与工作电压有关。

由于处理的都是离散逻辑信号，所以数字电路在分析方法、工作状态等方面都有自己的特点。

（1）数字电路所研究的问题是逻辑关系，即输入信号与输出信号之间的因果关系，所以数字电路也称为数字逻辑电路，采用逻辑函数式、真值表、卡诺图和波形图等方式对其进行分析研究。

（2）研究数字电路逻辑关系的主要工具是逻辑函数。由于数字电路中只有两个相对的状态，所以逻辑函数为二值函数，用**0**和**1**来表示完全对立的两种逻辑状态，如开关有闭合和断开两种状态，比赛结果有通过和不通过两种状态。

（3）由于数字电路的输入和输出变量都只有两种状态，因此组成数字电路的半导体元件（如晶体管）一般都工作于开、关状态，即工作在饱和区和截止区。当晶体管饱和导通时相当于开关闭合，当晶体管截止时相当于开关断开。

（4）数字电路具有一定的逻辑运算能力，不仅可以对信号进行数学运算，还能够进行逻辑运算。数字电路具有体积小、重量轻、可靠性高、抗干扰能力强、集成化程度高和价格低廉等优点，被广泛地应用于国民经济的各个领域。

1.1.2 数字电路的分类

按照不同的分类方法，数字电路可分为不同的类别，常见的有以下几种分类方式。

（1）按照工作原理，可分为组合逻辑电路和时序逻辑电路。二者最大的区别是时序逻辑电路具有记忆功能，而组合逻辑电路则没有。

（2）按照数字电路中有无集成元器件，可分为分立元件电路和集成电路。分立元件电路是指用导线将元器件连接起来的电路；集成电路则是指采用半导体工艺将元器件、导线等集成在同一块硅片上构成的电路。

（3）按照集成电路的集成度（即组成集成电路的逻辑门或元器件的数量多少）可分为小规模集成电路、中规模集成电路、大规模集成电路和超大规模集成电路。具体如表1.1所示。

表 1.1　集成电路按照集成度分类

类型	英文缩写	属性
小规模集成电路	SSI	每片 10 ~ 100 个元件
中规模集成电路	MSI	每片 100 ~ 1 000 个元件
大规模集成电路	LSI	每片 1 000 ~ 100 000 个元件
超大规模集成电路	VLSI	每片 100 000 个元件以上

思考

数字信号和模拟信号的区别是什么？它们各有什么特点？

1.2　数　　制

能力目标

- 知道常用数制的表示方法和相互转换方法。
- 能够对常用的进制数进行转换。

用数字表示数量大小时，仅用一位数码往往是不够的，经常要采用多位数码。通常把多位数码中每一位的构成方法以及从低位到高位的进位规则称为进位计数制，简称数制。

进位计数制有两个要素：位权（简称为权）和基数。当某一位的数码为“1”时，它所表征的数值称为该位的“权”；基数表示进位计数制所具有的数码的个数。

1.2.1　十进制数的表示

十进制是人们日常生活和工作中最熟悉、应用最广泛的数制，一共有 10 个数码，即 0、1、2、3、4、5、6、7、8、9。十进制的基数为 10，即表示十进制数一共有 10 个数码。十进制的计数规则是由低位向高位进位时“逢十进一”，也就是说，每位累计不能超过 9，计到 10 就应该向高位进 1。

对于任意一个十进制数 N，其按权展开式为

$$(N)_{10} = d_{n-1} \times 10^{n-1} + d_{n-2} \times 10^{n-2} + \cdots + d_1 \times 10^1 + d_0 \times 10^0 + d_{-1} \times 10^{-1} + d_{-2} \times 10^{-2} + \cdots + d_{-m} \times 10^{-m} = \sum_{i=-m}^{n-1} d_i \times 10^i \tag{1.1}$$

式中，d_i 表示各个数码，为 0 ~ 9 这 10 个数码中的一个；n 为整数部分的位数；m 为小数部分的位数。

例如，十进制数 257.29，从左至右每一位的权分别为 10^2、10^1、10^0、10^{-1}、10^{-2}。

257.29 的按权展开式为

$$257.29 = 2\times10^{2} + 5\times10^{1} + 7\times10^{0} + 2\times10^{-1} + 9\times10^{-2}$$

由此可见，在进位计数制中即使是同一数码，出现在不同数位上时表示的值也是不同的。

对于十进制数的表示，可以在数字的右下角标注 10 或 D，如 $(257.49)_{10}$或$(257.49)_{D}$。但由于十进制数是常用数制，下角标可以省略。

由以上分析可知，十进制数具有以下特点：

（1）必须有 10 个有序数码，即 0、1、2、3、4、5、6、7、8、9，和一个小数点符号“.”；

（2）遵循由低位向高位进位时“逢十进一”的计数规则；

（3）任何一个十进制数都可以表示成以 10 为底的幂的多项式。

1.2.2　二进制数的表示

数字电路中所采用的数制是二进制。二进制数一共有 2 个数码，即 **0** 和 **1**。二进制的进位基数为 2，计数规则是由低位向高位进位时“逢二进一”。

对于二进制数的表示，可以在数字的右下角标注 2 或 B，例如$(\mathbf{11001})_2$ 或$(\mathbf{11001})_B$。各位的权是以 2 为底的连续整数幂，从右向左递增。对于任意一个二进制数 N，其按权展开式为

$$(N)_2 = d_{n-1}\times2^{n-1} + d_{n-2}\times2^{n-2} + \cdots + d_1\times2^1 + d_0\times2^0 + d_{-1}\times2^{-1} + d_{-2}\times2^{-2} + \cdots + d_{-m}\times2^{-m} = \sum_{i=-m}^{n-1} d_i\times2^i \tag{1.2}$$

式中，d_i 表示各个数码，为 **0** 或 **1**；n 为整数部分的位数；m 为小数部分的位数。

二进制数具有如下 4 个特点。

（1）二进制数只有 **0** 和 **1** 两种数码，能够对应元件在电路中的两个状态。任何具有两个不同稳定状态的元件都可以用一位二进制数表示，如电平的高与低、灯泡的亮与灭、二极管的通与断等。

（2）二进制运算规则较为简单，如表 1.2 所示。

表 1.2　二进制运算规则

四则运算	描述			
加法	**0 + 0 = 0**	**0 + 1 = 1**	**1 + 0 = 1**	**1 + 1 = 0**（进位）
减法	**0 − 0 = 0**	**0 − 1 = 1**（借位）	**1 − 0 = 1**	**1 − 1 = 0**
乘法	**0 × 0 = 0**	**0 × 1 = 0**	**1 × 0 = 0**	**1 × 1 = 1**
除法	**0 ÷ 1 = 0**	**1 ÷ 1 = 1**	—	—

【例 1.1】 求$(\mathbf{1011101})_2$ 与$(\mathbf{0010011})_2$ 的和。

【解】

$$\begin{array}{r} \mathbf{1\ 0\ 1\ 1\ 1\ 0\ 1} \\ +\ \mathbf{0\ 0\ 1\ 0\ 0\ 1\ 1} \\ \hline \mathbf{1\ 1\ 1\ 0\ 0\ 0\ 0} \end{array}$$

所以$(\mathbf{1011101})_2+(\mathbf{0010011})_2=(\mathbf{1110000})_2$。

【例 1.2】 求$(\mathbf{1101})_2$与$(\mathbf{0101})_2$的乘积。

【解】

$$
\begin{array}{r}
1\ 1\ 0\ 1 \\
\times\ 0\ 1\ 0\ 1 \\
\hline
1\ 1\ 0\ 1 \\
0\ 0\ 0\ 0\quad \\
1\ 1\ 0\ 1\quad\quad \\
0\ 0\ 0\ 0\quad\quad\quad \\
\hline
1\ 0\ 0\ 0\ 0\ 0\ 1
\end{array}
$$

所以，$(\mathbf{1101})_2\times(\mathbf{0101})_2=(\mathbf{1000001})_2$。

（3）二进制数码的 **0** 和 **1** 可与逻辑变量的“假”和“真”值对应起来，这样在逻辑运算中就可以使用逻辑代数这个数学工具了。

（4）二进制数的传输和处理不容易出错，可靠性高。

1.2.3　其他进制数的表示

二进制数运算规则简单，便于电路实现，是数字系统中广泛采用的一种数制。但是当用二进制数表示一个数时，数位过长，不便于读写和记忆，容易出错。因此，常采用的还有八进制数和十六进制数，这两种进制数便于读写和阅读，容易实现与二进制数之间的相互转换。

八进制数的基数是 8，采用的数码是 0、1、2、3、4、5、6、7；由低位向高位的进位规则是“逢八进一”；权是以 8 为底的连续整数幂，从右向左递增。由于八进制数和十进制数的前 8 个数码相同，为便于区分，通常在八进制数的右下角标注 8 或 O，如$(27.9)_8$或$(27.9)_O$。

十六进制数的基数为 16，采用的数码是 0、1、2、3、4、5、6、7、8、9、A、B、C、D、E、F，其中 A、B、C、D、E、F 分别表示十进制数 10、11、12、13、14、15；由低位向高位的进位规则是“逢十六进一”；权是以 16 为底的连续整数幂，从右向左递增。为便于区分，通常在十六进制数右下角标注 16 或 H，如$(36FA.4B)_{16}$或$(36FA.4B)_H$。

一般来说，对于任意的 r 进制数，都有 r 个数码；计数规则为“逢 r 进一”；权是以 r 为底的连续整数幂，从右向左递增。其按权展开式的普遍形式为

$$
\begin{aligned}
(N)_r = & d_{n-1}\times r^{n-1}+d_{n-2}\times r^{n-2}+\cdots+d_1\times r^1+d_0\times r^0+ \\
& d_{-1}\times r^{-1}+d_{-2}\times r^{-2}+\cdots+d_{-m}\times r^{-m}=\sum_{i=-m}^{n-1} d_i\times r^i
\end{aligned}
\tag{1.3}
$$

式中，d_i 表示各个数码，为 0、1、…、$r-1$；n 为整数部分的位数；m 为小数部分的位数。

表 1.3 所示为常用数制的区别。

表 1.3 常用数制的区别

常用数制	英文表示符号	数码	进位规则	进位基数
二进制	B	**0、1**	逢二进一	2
八进制	O	0、1、2、3、4、5、6、7	逢八进一	8
十进制	D	0、1、2、3、4、5、6、7、8、9	逢十进一	10
十六进制	H	0、1、2、3、4、5、6、7、8、9、A、B、C、D、E、F	逢十六进一	16

表 1.4 所示为常用进制数的对照表。

表 1.4 常用进制数的对照表

十进制数	二进制数	八进制数	十六进制数
0	**0000**	0	0
1	**0001**	1	1
2	**0010**	2	2
3	**0011**	3	3
4	**0100**	4	4
5	**0101**	5	5
6	**0110**	6	6
7	**0111**	7	7
8	**1000**	10	8
9	**1001**	11	9
10	**1010**	12	A
11	**1011**	13	B
12	**1100**	14	C
13	**1101**	15	D
14	**1110**	16	E
15	**1111**	17	F

思考

写出 N 进制数的按权展开式，并说明各字母的意义。

1.2.4 数制转换

同一个数可以用二进制或十进制等不同进制来表示，它们之间可以相互转换。在计算机等数字系统中，普遍采用二进制数，而人们习惯使用十进制数，所以在信息处理中，必须先把十进制数转换成二进制数，然后再将二进制数的计算结果转换为人们所熟悉的十进制数。其他进制数转换成十进制数是很方便的，只要将其他进制数写成按权展开式，并将式中的各项计算出来，即可得到相对应的十进制数。

【例 1.3】求与二进制数 $(\mathbf{100101.001})_2$ 对应的十进制数。

【解】二进制数 $(\mathbf{100101.001})_2$ 转换为十进制数的过程如下：

$$
\begin{aligned}
&(\mathbf{100101.001})_2\\
&=\mathbf{1}\times2^5+\mathbf{0}\times2^4+\mathbf{0}\times2^3+\mathbf{1}\times2^2+\mathbf{0}\times2^1+\mathbf{1}\times2^0+\mathbf{0}\times2^{-1}+\mathbf{0}\times2^{-2}+\mathbf{1}\times2^{-3}\\
&=32+4+1+0.125\\
&=(37.125)_{10}
\end{aligned}
$$

所以，二进制数 $(\mathbf{100101.001})_2$ 对应的十进制数为 $(37.125)_{10}$。

【例 1.4】求与十六进制数 $(7BC.5F)_{16}$ 对应的十进制数。

【解】十六进制数 $(7BC.5F)_{16}$ 转换为十进制数的过程如下：

$$
\begin{aligned}
&(7BC.5F)_{16}\\
&=7\times16^2+11\times16^1+12\times16^0+5\times16^{-1}+15\times16^{-2}\\
&=1\,792+176+12+0.312\,5+0.058\,593\,75\\
&=(1\,980.371\,093\,75)_{10}
\end{aligned}
$$

所以，十六进制数 $(7BC.5F)_{16}$ 对应的十进制数为 $(1\,980.371\,093\,75)_{10}$。

十进制数转换成二进制数时，需将其整数部分和小数部分分别进行转换。

整数部分采用“除 2 取余法”，即用十进制数的整数部分除以 2，取余数 **1** 或 **0** 作为相应二进制数的最低位，把得到的商再除以 2，取余数作为二进制数的次低位，以此类推，直至商为 **0**，此时所得余数为最高位。

【例 1.5】将十进制整数 29 转换为对应的二进制数。

【解】将 $(29)_{10}$ 按如下步骤转换为二进制数：

	余数	
2 | 29	…**1**	最低位
2 | 14	…**0**	
2 | 7	…**1**	
2 | 3	…**1**	
2 | 1	…**1**	最高位
0		

所以，计算结果为 $(29)_{10}=(\mathbf{11101})_2$。

小数部分采用“乘 2 取整法”，即将十进制数的小数部分乘以 2，取乘积的整数部分 **1** 或 **0** 作为二进制小数的最高位，然后将乘积的小数部分再乘以 2，并再次取整数作为二进制小数的次高位，以此类推，直至乘积的小数部分变为全 **0** 或达到所要求的精度。

【例 1.6】将十进制小数 0.312 5 转换为对应的二进制数。

【解】将 $(0.312\,5)_{10}$ 按如下步骤转换为二进制数：

	整数	
0.312 5 ×2 =0.625	…**0**	最高位
0.625 ×2 =1.25	…**1**	
0.25 ×2 =0.5	…**0**	
0.5 ×2 =1.0	…**1**	最低位

所以，计算结果为$(0.3125)_{10}=(\mathbf{0.0101})_2$。

注：在进行十进制小数转换为二进制数的运算时，式中积的整数部分不参与连乘。

【例 1.7】 将十进制数 29.312 5 转换为对应的二进制数。

【解】 将$(29.3125)_{10}$按如下步骤转换为二进制数：

$$
\begin{aligned}
(29.3125)_{10} &= (29)_{10} + (0.3125)_{10} \\
&= (\mathbf{11101})_2 + (\mathbf{0.0101})_2 \\
&= (\mathbf{11101.0101})_2
\end{aligned}
$$

所以，计算结果为$(29.3125)_{10}=(\mathbf{11101.0101})_2$。

二进制数与八进制数、十六进制数之间也可以相互转换。

八进制数的基数是 8，十六进制数的基数是 16，它们与二进制数的基数 2 之间满足 2^3 和 2^4 的关系，因此可以直接进行转换。

将二进制数转换为八进制数或十六进制数的方法：将待转换的二进制数从小数点开始，分别向左、向右每 3 位（转换为八进制数）或每 4 位（转换为十六进制数）一组，高位不足时在最高有效位前加 **0**，低位不足时在最低有效位后加 **0**，然后把每组二进制数转换成对应的八进制数或十六进制数即可。

【例 1.8】 将二进制数$(\mathbf{1101011.01011})_2$转换为对应的八进制数和十六进制数。

【解】 转换为八进制数：$(\mathbf{1101011.01011})_2=(\mathbf{001\ 101\ 011.010\ 110})_2=(153.26)_8$

转换为十六进制数：$(\mathbf{1101011.01011})_2=(\mathbf{0110\ 1011.0101\ 1000})_2=(6B.58)_{16}$

将八进制数转换成二进制数时，可按上述方法的逆过程进行。

思考

如何实现十进制数与八进制数及十六进制数之间的相互转换？

1.3 二进制数的算术运算

能力目标

- 知道原码、反码和补码。
- 能够求解有符号数的原码、反码和补码。

当两个二进制数表示两个数量大小时，它们之间可以进行加、减、乘、除四则运算，运算方法与十进制数的运算规则基本相同。在数字电路中，二进制数的乘法运算可以通过移位和加法操作完成，除法运算可以通过移位和减法操作完成，因此，四则运算可以通过加法、减法及移位操作来实现。而在计算机等数字系统中，两个无符号数的减法操作是通过两个有符号数的加法操作来实现的。

当表示一个有符号数时，可以在数的前面加上正、负号，如 +3、-0.5，而计算机中的正、负号是用数码 **0**、**1** 来表示的。通常定义有符号数的最高位为符号位，符号位为 **0** 表示正数，符号位为 **1** 则表示负数。符号位后面的数码表示数值位。有符号的二进制数通常有原码、反码和补码三种表示方法，在计算机中，有符号二进制数的加、减运算可以用补码的加法运算来实现。

1.3.1　原码

用原码表示有符号数时，只需将符号位用 **0** 或 **1** 表示即可，后面的数值位为对应的二进制数。例如，有符号数 $N_1 = +\mathbf{1100101}$ 和 $N_2 = -\mathbf{1100101}$ 用原码表示为

$$[N_1]_{原} = \boxed{\mathbf{0}}\mathbf{1100101} \qquad [N_2]_{原} = \boxed{\mathbf{1}}\mathbf{1100101}$$

原码表示方法简单，但在运算时比较麻烦，尤其是减法运算。用原码表示有符号数使得减法运算过程加长，造成电路成本的增加和运算速率的降低。为此，通常采用补码来实现有符号数的减法运算。

1.3.2　反码

用反码表示一个有符号数时，正数的表示方法与原码的表示方法相同；如果是负数，最高位仍为符号位，记为 **1**，而数值位是将原码的数值位按位取反，即 **0** 变成 **1**，**1** 变成 **0**。例如，有符号数 $N_1 = +\mathbf{1100101}$ 和 $N_2 = -\mathbf{1100101}$ 用反码表示为

$$[N_1]_{反} = \boxed{\mathbf{0}}\mathbf{1100101} \qquad [N_2]_{反} = \boxed{\mathbf{1}}\mathbf{0011010}$$

1.3.3　补码

在补码的表示中，正数的表示方法与原码相同。如果数 N 是负数，符号位仍为 **1**，数值位取其对应于 2^m 的补数（数 N 的补数为 $2^m - N$，这里 $2^{m-1} < N \leqslant 2^m$）。由于是二进制数，求负数的补码可先将其变成反码，然后在最低位加 **1**。例如，有符号数 $N_1 = +\mathbf{1100101}$ 和 $N_2 = -\mathbf{1100101}$ 用补码表示为

$$[N_1]_{补} = \boxed{\mathbf{0}}\mathbf{1100101} \qquad [N_2]_{补} = \boxed{\mathbf{1}}\mathbf{0011011}$$

原码、反码和补码的对应关系如表 1.5 所示。

表 1.5　原码、反码和补码的对应关系

十进制数	二进制数		
	原码	反码	补码
7	**0111**	**0111**	**0111**
6	**0110**	**0110**	**0110**
5	**0101**	**0101**	**0101**
4	**0100**	**0100**	**0100**
3	**0011**	**0011**	**0011**
2	**0010**	**0010**	**0010**

续表

十进制数	二进制数		
	原码	反码	补码
1	**0001**	**0001**	**0001**
0	**0000**	**0000**	**0000**
−0	**1000**	**1111**	
−1	**1001**	**1110**	**1111**
−2	**1010**	**1101**	**1110**
−3	**1011**	**1100**	**1101**
−4	**1100**	**1011**	**1100**
−5	**1101**	**1010**	**1011**
−6	**1110**	**1001**	**1010**
−7	**1111**	**1000**	**1001**
−8	**11000**	**10111**	**1000**

注：各编码的第 1 位为符号位；补码列中的空格表示 −0 无编码；−8 的原码和反码应扩展为 5 位。

思考

(1) 用 4 位二进制数表示有符号数补码的范围是多少？

(2) 用 5 位二进制数表示有符号数补码的范围是多少？

(3) 用 n 位二进制数表示有符号数补码的范围是多少？

1.3.4 小数的表示与字长

当两个有符号数以补码形式进行加法运算时，整数和小数的字长必须相等，即两个数的整数位数应相同，小数位数也应相同。如果两个数的位数不同或在运算时产生了进位，即超出了原来的位数（称为溢出），就应增加位数，即增加数的字长。其扩展方法如下。

1. 正数

无论以原码、反码还是补码形式表示的正数，对于正整数，一律在高位填 **0** 补足所少的位数；对于正小数，一律在低位填 **0** 补足所少的位数。

2. 负数

原码：整数在符号位后的高位填 **0** 补足所少的位数，小数在低位填 **0** 补足所少的位数。

反码：整数在符号位后的高位填 **1** 补足所少的位数，小数在低位填 **1** 补足所少的位数。

补码：整数在符号位后的高位填 **1** 补足所少的位数，小数在低位填 **0** 补足所少的位数。

【例 1.9】 写出正数 7.5 的整数、小数各 4 位字长以及各 8 位字长的原码、反码和补码。

【解】 4 位 $(7.5)_{10}$ 的原码、反码、补码皆为 **0111.1010**；

8 位 $(7.5)_{10}$ 的原码、反码、补码皆为 **00000111.10100000**。

【例 1.10】写出负数 −7.5 的整数、小数各 4 位字长以及各 8 位字长的原码、反码和补码。

【解】4 位$(-7.5)_{10}$的原码为 **1111.1010**，8 位$(-7.5)_{10}$的原码为 **10000111.10100000**；

4 位$(-7.5)_{10}$的反码为 **1000.0101**，8 位$(-7.5)_{10}$的反码为 **11111000.01011111**；

4 位$(-7.5)_{10}$的补码为 **1000.0110**，8 位$(-7.5)_{10}$的补码为 **11111000.01100000**。

【例 1.11】有两个数 $N_1 = \mathbf{0010}$，$N_2 = \mathbf{1101}$，用补码运算求 $N_1 + N_2$ 和 $N_1 - N_2$。

【解】$[N_1]_{原} = [N_1]_{补} = \mathbf{00010}$，$[N_2]_{原} = [N_2]_{补} = \mathbf{01101}$，

$[-N_2]_{原} = \mathbf{11101}$，$[-N_2]_{补} = \mathbf{10011}$，

$[N_1 + N_2]_{补} = [N_1]_{补} + [N_2]_{补}$

$$\begin{array}{r} \mathbf{0\ 0\ 0\ 1\ 0} \\ +\ \mathbf{0\ 1\ 1\ 0\ 1} \\ \hline \mathbf{0\ 1\ 1\ 1\ 1} \end{array}$$

$[N_1 - N_2]_{补} = [N_1]_{补} + [-N_2]_{补}$

$$\begin{array}{r} \mathbf{0\ 0\ 0\ 1\ 0} \\ +\ \mathbf{1\ 0\ 0\ 1\ 1} \\ \hline \mathbf{1\ 0\ 1\ 0\ 1} \end{array}$$

$[N_1 + N_2]_{补} = \mathbf{01111}$，所以，$N_1 + N_2$ 是正数，$[N_1 + N_2]_{原} = [N_1 + N_2]_{补} = \mathbf{01111}$；

$[N_1 - N_2]_{补} = \mathbf{10101}$，所以，$N_1 - N_2$ 是负数，$[N_1 - N_2]_{原} = \mathbf{11011}$。

思考

有符号的二进制数是如何用原码、反码和补码的形式表示的？

1.4　几种常用的编码

能力目标

- 知道常用编码的表示方法。
- 能够进行常用进制数和 8421BCD 码之间的转换。

在数字电路和计算机内部处理的数据信息通常都用二进制数表示，但实际上计算机处理的不仅是二进制数，而且还有各种文字、符号等信息。因此，计算机在处理这类信息时，通常是将若干位二进制数按一定方式组合来表示数和字符等信息，这种表示方法就是下面要介绍的几种编码。

1.4.1　二 − 十进制（BCD）码

用 4 位二进制数表示 1 位十进制数，称为二 − 十进制编码，简称 BCD 码（Binary Coded Decimal）。BCD 码有很多种，常用的分为有权 BCD 码和无权 BCD 码。有权 BCD 码是指每 1 位十进制数均用一组 4 位二进制数码来表示，而且二进制数码的每一位都有固定权值；而无权 BCD 码是指用来表示 1 位十进制数的 4 位二进制数码的每一位都没有固定的权值。常用的 BCD 码如表 1.6 所示。

表 1.6 常用的 BCD 码

十进制数	8421 码	2421 码	5211 码	余 3 码
0	**0000**	**0000**	**0000**	**0011**
1	**0001**	**0001**	**0001**	**0100**
2	**0010**	**0010**	**0100**	**0101**
3	**0011**	**0011**	**0101**	**0110**
4	**0100**	**0100**	**0111**	**0111**
5	**0101**	**1011**	**1000**	**1000**
6	**0110**	**1100**	**1001**	**1001**
7	**0111**	**1101**	**1100**	**1010**
8	**1000**	**1110**	**1101**	**1011**
9	**1001**	**1111**	**1111**	**1100**

1. 8421BCD 码

8421BCD 码（简称 8421 码）是一种最基本、最简单的编码，应用十分广泛。这种编码是将每个十进制数码用 4 位二进制数表示，按二进制数的大小规律排列，并且规定 **0000** ~ **1001** 代码依次表示十进制数码 0 ~ 9，其余 6 组代码是无效的，也称为伪码。

8421BCD 码是一种有权码，其中“8421”是指在这种编码中，代码从高位到低位每位的权值分别为 8、4、2、1。将其代码为 **1** 的位的权值相加即可得代码所对应的十进制数。8421BCD 码对于十进制数的 10 个数码的表示与普通二进制数中的表示完全相同，很容易实现彼此之间的转换，见表 1.6。必须指出，在 8421BCD 码中不允许出现 **1010** ~ **1111** 的代码，因为在十进制中没有数码与其对应。

【例 1.12】 写出与 $(213)_{10}$ 对应的 8421BCD 码。

【解】 因为十进制数和 8421BCD 码之间是直接按位进行转换的，所以有：

$$(213)_{10} = (\mathbf{0010\quad 0001\quad 0011})_{8421BCD}$$

2. 2421 码

2421 码和 8421BCD 码相似，也是一种有权码，用 4 位二进制数代表 1 位十进制数，2421 码的权从高位到低位每位的权值分别为 2、4、2、1。

2421 码是一种“对 9 的自补”编码。在这种编码中，十进制数 0 和 9、1 和 8、2 和 7、3 和 6、4 和 5 的对应码位互补，当其中一个为 **0** 时，另一个就为 **1**。也就是说，2421 码自身按位求反，就能得到其“对 9 的补数”的 2421 码。在计算机中进行十进制运算时，2421 码的这一特性很有用。需要指出的是，2421 码的编码方案不止一种，表 1.6 给出的只是其中的一种。

3. 5211 码

5211 码也是一种有权码，5211 码的权从高位到低位每位的权值分别为 5、2、1、1。学习第 5 章中计数器的分频作用后我们可以看到，如果按 8421 码接成十进制计数器，则当连续输入计数脉冲时，4 个触发器的输出脉冲对于计数脉冲的分频比从低位到高位依次为 5:2:1:1，所以 5211 码每一位的权正好与 8421 码十进制计数器中 4 个触发器输出脉冲的分频比相对应。

4. 余 3 码

余 3 码是一种特殊的 BCD 码，它是由 8421BCD 码加 3 后形成的，所以称为余 3 码。例如，十进制数 4 在 8421BCD 码中是 **0100**，在余 3 码中就成为 **0111**。余 3 码的各位无固定的权，因此余 3 码也是无权码。

余 3 码也是一种“对 9 的自补”编码。利用余 3 码能很方便地求得“对 9 的补数”，即把该读数的余 3 码自身按位取反，就得到该数对 9 的补数的余 3 码。

1.4.2　格雷码

格雷码（Gray Code）又称为循环码，它有多种编码形式，但其共同的特点是，任意两个相邻的代码之间有且仅有一位不同，其余各位均相同，如表 1.7 所示。从表 1.7 还可以看出格雷码的构成方法是每一位的状态变化都按一定的顺序循环，如果从 **0000** 开始，最右边一位的状态按照 **0110** 的顺序循环变化，右边第二位的状态按照 **00111100** 的顺序循环变化，右边第三位按照 **0000111111110000** 的顺序循环变化，即自右向左，每一位的状态循环中连续的 **0**、**1** 数目增加了一倍。按照以上原则，可以得到更多位数的格雷码。

表 1.7　4 位格雷码与十进制数码、二进制数码的比较

十进制数码	二进制数码	格雷码
0	**0000**	**0000**
1	**0001**	**0001**
2	**0010**	**0011**
3	**0011**	**0010**
4	**0100**	**0110**
5	**0101**	**0111**
6	**0110**	**0101**
7	**0111**	**0100**
8	**1000**	**1100**
9	**1001**	**1101**
10	**1010**	**1111**
11	**1011**	**1110**
12	**1100**	**1010**
13	**1101**	**1011**
14	**1110**	**1001**
15	**1111**	**1000**

1.4.3 美国信息交换标准代码（ASCII 码）

计算机处理的数据不仅有数字，还有字母、标点符号、运算符号以及其他特殊符号，这些数字、字母和专用符号统称为字符。字符都必须用二进制代码来表示。通常，把用于表示各种字符的二进制代码称为字符代码。

ASCII 码是一种常见的字符代码。ASCII 码用 7 位二进制数表示 128 种不同的字符，其中有 94 个图形字符，包括 26 个大写英文字母、26 个小写英文字母、10 个数字符号及 32 个专用符号，此外还有 34 个控制字符，使用时加第 8 位作为奇偶校验位。ASCII 码编码如表 1.8所示。

表 1.8　ASCII 码编码表

低 4 位代码	高 3 位代码							
	000	**001**	**010**	**011**	**100**	**101**	**110**	**111**
0000	NUL	DLE	SP	0	@	P	、	p
0001	SOH	DC1	!	1	A	Q	a	q
0010	STX	DC2	”	2	B	R	b	r
0011	ETX	DC3	#	3	C	S	c	s
0100	EOT	DC4	$	4	D	T	d	t
0101	ENQ	NAK	%	5	E	U	e	u
0110	ACK	SYN	&	6	F	V	f	v
0111	BEL	ETB	’	7	G	W	g	w
1000	BS	CAN	(	8	H	X	h	x
1001	HT	EM	)	9	I	Y	i	y
1010	LF	SUB	*	:	J	Z	j	z
1011	VT	ESC	+	;	K	[	k	{
1100	FF	FS	,	<	L	\	l	|
1101	CR	GS	–	=	M	]	m	}
1110	SO	RS	.	>	N	∧	n	~
1111	SI	US	/	?	O	—	o	DEL

注：ASCII 码中字符含义如下。

NUL：空白；SOH：标题开始；STX：文本开始；ETX：文本结束；EOT：传输结束；ENQ：询问；ACK：确认；BEL：报警；BS：退格；HT：横表；LF：换行；VT：纵表；FF：换页；CR：回车；SO：移出；SI：移入；DLE：数据链路转义；DC1：设备控制 1；DC2：设备控制 2；DC3：设备控制 3；DC4：设备控制 4；NAK：否认；SYN：同步；ETB：信息块传输结束；CAN：取消；EM：纸尽；SUB：取代；ESC：脱离；FS：分件分隔符；GS：组分隔符；RS：记录分隔符；US：单元分隔符；SP：空格；DEL：删除。

思考

（1）什么是 BCD 码？

（2）有哪些常用 BCD 码？

（3）有权码和无权码的区别是什么？

本章小结

1. 数字电路是对数字信号进行传输、处理的电子线路，具有体积小、重量轻、可靠性高、价格低廉等特点。

2. 数字电路中用逻辑 **1** 和逻辑 **0** 分别表示高电平和低电平，它和二进制数中的 **1** 和 **0** 正好对应。因此，数字系统中常用二进制数来表示数据。在二进制数的位数较多时，常用十六进制数或八进制数作为二进制数的简写。各种数制之间可以相互转换。

3. 数字电路中的有符号数有原码、反码和补码几种表示方法，为简化数字电路，通常用有符号数的补码来实现加减运算。

4. 常用 BCD 码有 8421 码、2421 码、5211 码、余 3 码等，其中 8421 码使用最广泛。另外，格雷码的可靠性高，也是一种常用码。

自我检测题

一、填空题

1. $(58)_{10}=(\quad\quad)_2$。

2. 有 4 个数分别是$(5B)_{16}$、$(\mathbf{11001000})_2$、$(138)_{10}$、$(\mathbf{001010010110})_{8421BCD}$，其中最大的数是__________。

3. 十进制数 $(53)_{10}$表示为余 3 码时为__________。

4. $(210)_{10}=(\underline{\quad\quad\quad\quad})_2=(\underline{\quad\quad\quad\quad})_8=(\underline{\quad\quad\quad\quad})_{16}=(\underline{\quad\quad\quad\quad})_{8421BCD}$。

5. 在八进制数$(253)_8$中，第二位数 5 的权值为__________。

6. $(45.36)_{10}=(\quad\quad\quad\quad)_{8421BCD}$。

7. $(\mathbf{01101000})_{8421BCD}=(\underline{\quad\quad\quad\quad})_{10}$。

8. +21 的原码为__________，－46 的补码为__________（无论原码、补码都用 8 位二进制数表示）。

9. 已知 X 的原码为 **10011000**，则它的补码为__________。

10. 已知 $[X]_{补}=\mathbf{110011}$，$[Y]_{补}=\mathbf{001010}$，则 $[X+Y]_{补}=$__________，$[X+Y]_{原}=$__________。

二、选择题

1. 下列各进制数中，值最大的是（　　）。

A. $(\mathbf{10110101})_2$　　B. $(56)_8$　　C. $(413)_{10}$　　D. $(3A)_{16}$

2. 欲表示十进制数的 10 个数码，需要二进制数码的位数至少是（　　）。

A. 2 位　　B. 3 位　　C. 4 位　　D. 5 位

3. 与十六进制数 8F 对应的十进制数是（　　）。

A. 141　　B. 142　　C. 143　　D. 144

4. 格雷码的特点是相邻两个代码之间有（　　）位发生变化。

A. 1　　B. 2　　C. 3　　D. 4

5. 数字电路系统中，采用（　　）可以将减法运算转化为加法运算。

A. 原码　　B. ASCII 码　　C. 补码　　D. BCD 码

6. 已知二进制数 **01001010**，其对应的十进制数是（　　）。

A. 48　　B. 74　　C. 92　　D. 106

7. 下面 4 个数中，数值最小的是（　　）。

A. $(\mathbf{10100000})_2$　　B. $(198)_{10}$

C. $(\mathbf{001010000011})_{8421BCD}$　　D. $(AF)_{16}$

习　题

【题 1.1】把下列不同进制数写成按权展开式的形式。

（1）$(701.346)_{10}$　（2）$(10011.101)_2$　（3）$(236.17)_8$　（4）$(672.3FC)_{16}$

【题 1.2】将下列二进制数转换为等值的十进制数。

（1）$(\mathbf{1101})_2$　（2）$(\mathbf{10010111})_2$　（3）$(\mathbf{0.01011})_2$　（4）$(\mathbf{11.001})_2$

【题 1.3】将下列十六进制数转换为等值的二进制数和十进制数。

（1）$(8C)_{16}$　（2）$(3D.B)_{16}$　（3）$(8F.3A)_{16}$　（4）$(12.03)_{16}$

【题 1.4】将下列十进制数转换为等值的二进制数和十六进制数。要求二进制数保留小数点后 4 位有效数字。

（1）$(28)_{10}$　（2）$(312)_{10}$　（3）$(0.56)_{10}$　（4）$(6.375)_{10}$

【题 1.5】将下列二进制数转换为等值的十进制数、八进制数和十六进制数。

（1）$(\mathbf{1010111})_2$　（2）$(\mathbf{10001101})_2$　（3）$(\mathbf{10101.01})_2$

【题 1.6】将下列 8421BCD 码转换为十进制数。

（1）$(\mathbf{010110010011})_{8421BCD}$　（2）$(\mathbf{01010001.0110})_{8421BCD}$

【题 1.7】将下列十进制数转换为 8421BCD 码和余 3 码。

（1）$(36)_{10}$　（2）$(73.5)_{10}$　（3）$(168)_{10}$

【题 1.8】将下列 8421BCD 码、2421BCD 码和余 3 码转换为相应的十进制数。

（1）$(\mathbf{100100110101})_{8421BCD}$　（2）$(\mathbf{010011011011})_{2421BCD}$

（3）$(\mathbf{10100011.0101})_{余3码}$

【题 1.9】写出下列有符号数的原码、反码和补码。

（1）$(+\mathbf{1011010})_2$　（2）$(-\mathbf{1101100})_2$

（3）$(-\mathbf{1000101})_2$　（4）$(+\mathbf{0001011})_2$

【题 1.10】用 8 位的二进制补码表示下列十进制数。

（1）$(+17)_{10}$　（2）$(+35)_{10}$　（3）$(-13)_{10}$

（4）$(-47)_{10}$　（5）$(-89)_{10}$　（6）$(-121)_{10}$

【题 1.11】计算下列用补码表示的二进制数的代数和。如果和为负数，则求出负数的绝对值。

（1）**01001101 + 00100101**　　（2）**00011110 + 10011100**

（3）**11010001 + 00111011**　　（4）**11111000 + 10001001**

【题 1.12】用二进制补码运算计算下列各式，式中的 4 位二进制数是不带符号位的绝对值。如果和为负数，求出负数的绝对值。（提示：所用补码的有效位数应足够表示代数和的最大绝对值。）

（1）**1001 + 0011**　　（2）**1100 + 1001**　　（3）**−1101 − 1011**　　（4）**0100 − 1001**

【题 1.13】用二进制补码运算计算下列各式。（提示：所用补码的有效位数应足够表示代数和的最大绝对值。）

（1）3 + 16　　（2）−9 + 7　　（3）−13 − 11

（4）7 − 13　　（5）23 − 6　　（6）−25 + 20

【题 1.14】已知两个十进制数 $N_1 = 12$，$N_2 = 23$，用二进制补码运算计算 $N_1 + N_2$ 和 $N_1 - N_2$。

第2章　逻辑代数基础

众所周知，计算机归根结底是对**0**和**1**进行处理，它们是通过电子开关电路（如门电路、触发器等）实现的。这些开关电路的基本特点：从线路内部看，电路或是导通，或是截止；从外部输入输出端口看，或是高电平，或是低电平。开关电路的工作状态可以用二元布尔代数描述，通常又称开关代数，或逻辑代数。

逻辑代数是分析和设计数字逻辑系统所需的重要数学工具。本章将介绍逻辑代数的变量及其基本运算、逻辑代数的函数及其表示方法、逻辑代数中的常用公式和定理以及逻辑函数的化简方法。

2.1　逻辑变量及其基本运算

能力目标

- 认识逻辑变量和逻辑代数。
- 知道逻辑代数的基本运算及其图形逻辑符号和运算符号。

逻辑指的是事物间的"因果"关系，在数字逻辑电路中，用1位二进制数码表示事物的两种不同逻辑状态。例如，**1**表示信号的"有"，**0**就表示信号的"无"；**1**表示命题的"真"，**0**就表示命题的"假"等。这种只有两种对立逻辑状态的逻辑关系称为二值逻辑。

逻辑运算表示的是逻辑变量以及常量**0**、**1**之间逻辑状态的推理运算，而不是数量之间的运算。其中逻辑变量可以用任何字母表示，但每一变量的取值只可能为**0**或**1**。1849年，英国数学家乔治·布尔（George Boole）首先提出了进行逻辑运算的数学方法——布尔代数（也称开关代数或逻辑代数）。本章所讲的逻辑代数就是布尔代数在二值逻辑电路中的应用，是研究逻辑函数运算和化简的一种数学系统，其基本运算有三种：**与**、**或**、**非**。

下面通过一个简单的例子对三种基本运算加以说明，图2.1给出了三种基本运算的电路。

在图2.1（a）电路中，要想指示灯亮，两个开关必须同时闭合；在图2.1（b）中只要有一个开关闭合，指示灯就会亮；而在图2.1（c）中只有开关断开，指示灯才会亮。如果把开关闭合作为导致指示灯亮的原因，把指示灯亮作为结果，那么图2.1的三种电路代表了三种不同的因果关系。

图2.1（a）表明只有决定事物结果的全部条件同时具备时，结果才会发生，这种因果

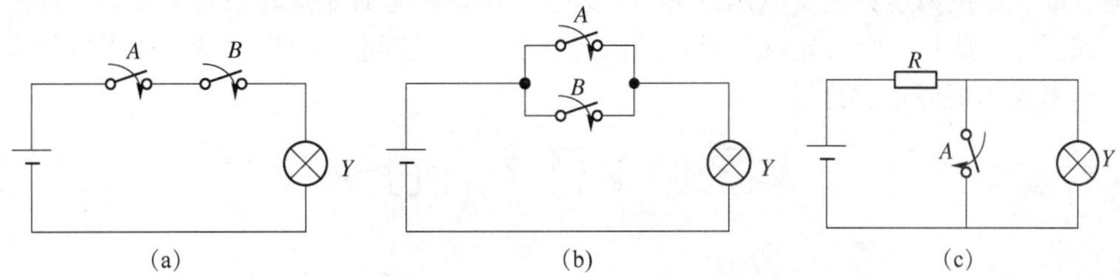

图 2.1　三种基本运算的电路

（a）双开关串联电路；（b）双开关并联电路；（c）单开关电路

关系称为逻辑**与**，也称逻辑相乘。图 2.1（b）表明决定事物结果的诸多条件中只要有任何一个满足，结果就会发生，这种因果关系称为逻辑**或**，也称逻辑相加。图 2.1（c）表明只要条件具备了，结果反而不会发生，反之，当条件不具备时，结果就会发生，这种因果关系称为逻辑**非**，也称逻辑求反。

若以变量 A、B 表示图 2.1 中开关的状态，**1** 表示开关闭合，**0** 表示开关断开；变量 Y 表示指示灯的状态，**1** 表示灯亮，**0** 表示灯不亮，则图 2.1 所示的 3 种逻辑运算关系可如表 2.1、表 2.2 和表 2.3 所示。

表 2.1　与逻辑运算关系

A	B	Y
0	**0**	**0**
0	**1**	**0**
1	**0**	**0**
1	**1**	**1**

表 2.2　或逻辑运算关系

A	B	Y
0	**0**	**0**
0	**1**	**1**
1	**0**	**1**
1	**1**	**1**

表 2.3　非逻辑运算关系

A	Y
0	**1**
1	**0**

上面这种表示逻辑运算关系的表称为逻辑真值表，简称真值表。在逻辑代数中，**与**、**或**、**非**是三种最基本的逻辑运算，并以“·”表示**与**逻辑运算（简称**与**运算），以“+”表示**或**逻辑运算（简称**或**运算），以变量上方划“—”表示**非**逻辑运算（简称**非**运算）。

表 2.1 中，A 和 B 进行**与**运算可写成：

$$Y = A \cdot B \tag{2.1}$$

表 2.2 中，A 和 B 进行**或**运算时可写成：

$$Y = A + B \tag{2.2}$$

表 2.3 中，A 进行**非**逻辑运算时可写成：

$$Y = \overline{A} \tag{2.3}$$

与、或、非逻辑运算还可以用图形符号表示。图形符号有矩形轮廓符号和特定外形符号两种，如图 2.2 所示。矩形轮廓符号也是国际标准符号，特定外形符号常见于大规模集成电路中，本书采用矩形轮廓符号。

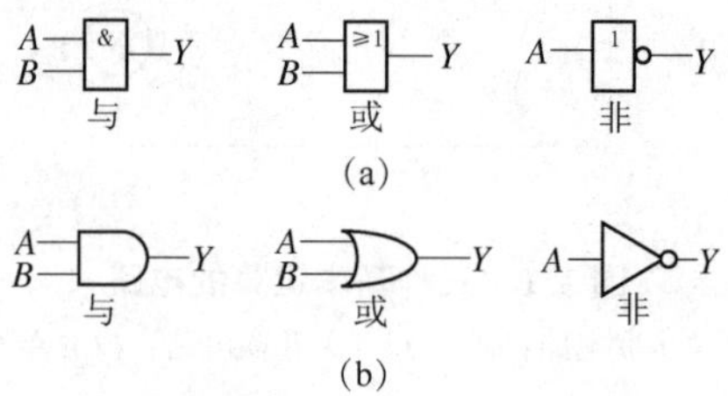

图 2.2 与、或、非的图形符号

(a) 矩形轮廓符号；(b) 特定外形符号

实际中的复杂逻辑问题可以用**与**、**或**、**非**的组合来实现。最常见的复合逻辑有**与非**、**或非**、**与或非**、**异或**、**同或**等。表 2.4 ~ 表 2.8 给出了这些复合逻辑的真值表。

表 2.4 与非逻辑运算的真值表

A	B	Y
0	0	1
0	1	1
1	0	1
1	1	0

表 2.5 或非逻辑运算的真值表

A	B	Y
0	0	1
0	1	0
1	0	0
1	1	0

表 2.6 与或非逻辑运算的真值表

A B	C D	Y
0 0	0 0	1
0 0	0 1	1
0 0	1 0	1
0 0	1 1	0
0 1	0 0	1
0 1	0 1	1
0 1	1 0	1
0 1	1 1	0
1 0	0 1	1
1 0	1 0	1
1 0	1 1	0
1 1	0 0	0
1 1	0 1	0
1 1	1 0	0
1 1	1 1	0

表 2.7 异或逻辑运算的真值表

A	B	Y
0	0	0
0	1	1
1	0	1
1	1	0

表 2.8 同或逻辑运算的真值表

A	B	Y
0	0	1
0	1	0
1	0	0
1	1	1

表 2.9 是它们的图形逻辑符号和逻辑表达式。这些图形符号同样也有矩形轮廓符号和特定外形符号两种。

表 2.9　常用复合逻辑门列表

逻辑门的名称	矩形轮廓符号	特定外形符号	逻辑表达式
与非	A B & Y	A B Y	$Y=\overline{A\cdot B}$
或非	A B ≥1 Y	A B Y	$Y=\overline{A+B}$
异或	A B =1 Y	A B Y	$Y=A\oplus B$
同或	A B = Y	A B Y	$Y=A\odot B$
与或非	A B C D & ≥1 Y	A B C D Y	$Y=\overline{A\cdot B+C\cdot D}$

思考

(1) 现实生活中，有哪些事物之间符合异或的逻辑关系？请举例说明。

(2) 实际数字电路中，高电平和低电平指的是一定的电压范围，还是一个固定不变的数值？

2.2　逻辑函数及其表示方法

能力目标

- 知道逻辑函数的定义和表示方法。
- 能够对逻辑函数的几种常用形式进行相互转换。

从逻辑关系中可以看到，如果以逻辑变量作为输入，以运算结果作为输出，那么当输入变量的取值确定之后，输出的取值便随之而定。因此，输入输出之间是一种函数关系，这种函数关系称为逻辑函数。

2.2.1　逻辑函数的定义

逻辑函数是数字电路的特点及描述工具，其输入、输出是高、低电平，且输入和输出间存在一种逻辑上的因果关系，可以定义为

$$Y=F(A,B,C) \tag{2.4}$$

式中，A、B、C 为输入逻辑变量（简称输入变量），取值为 **0** 或 **1**；Y 为输出逻辑变量（简称输出变量），称为 A、B、C 的输出逻辑函数，取值为 **0** 或 **1**。

任何一种具体的因果关系都可以用一个逻辑函数来描述。下面以某比赛评委所使用的表决器为例，介绍逻辑函数的应用。

三个评委分别控制 A、B、C 按键，以少数服从多数的原则表决选手是否晋级，按键按下表示同意，否则为不同意。

输入变量：三个评委的评判信息 A、B、C；

输出变量：对事件的表决结果 Y；

则这一事件的逻辑函数为 $Y=F(A,B,C)$。

2.2.2 逻辑函数的表示方法

常用的逻辑函数表示方法有真值表、逻辑函数式（简称逻辑式或函数式）、逻辑图、波形图、卡诺图和硬件描述语言等。本节主要介绍前 4 种表示方法，卡诺图的表示方法将在 2.6.3 节中详细介绍，硬件描述语言在本书中不赘述。

1. 真值表

真值表，就是将输入变量所有取值对应的输出值列成表格。仍以 2.2.1 节中的表决器为例，规定三个评委同意为**1**，不同意为**0**，选手晋级为**1**，淘汰为**0**，三个输入中至少有两个为**1**，Y 才会为**1**，得到真值表 2.10。

表 2.10 三人表决器的真值表

输　入			输出
A	B	C	Y
0	**0**	**0**	**0**
0	**0**	**1**	**0**
0	**1**	**0**	**0**
0	**1**	**1**	**1**
1	**0**	**0**	**0**
1	**0**	**1**	**1**
1	**1**	**0**	**1**
1	**1**	**1**	**1**

2. 逻辑函数式

逻辑函数式，就是将输出与输入之间的逻辑关系写成**与**、**或**、**非**等运算的组合式。基于三人表决器的设计要求，A、B、C 至少有两个为**1**时，输出 Y 才会为**1**，则逻辑函数式为

$$Y=AB+BC+CA \tag{2.5}$$

3. 逻辑图

逻辑图，就是将逻辑函数式中各变量之间的**与**、**或**、**非**等运算用图形符号表示出来。为了画出三人表决器的逻辑图，只需用逻辑运算的图形符号替代式（2.5）中的代数运算符号即可，如图 2.3 所示。

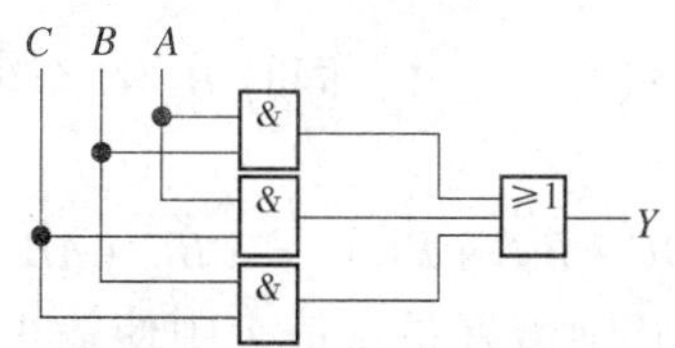

图 2.3　三人表决器的逻辑图

4. 波形图

波形图，就是将逻辑函数输入变量每一种可能出现的取值与对应的输出值按时间顺序依次排列起来，也称为时序图。在逻辑分析仪和一些电子仿真工具中，经常以波形图的形式给出分析结果。此外，也可以通过观察波形图，检验实际逻辑电路的功能是否正确。三人表决器的波形图如图 2.4 所示。

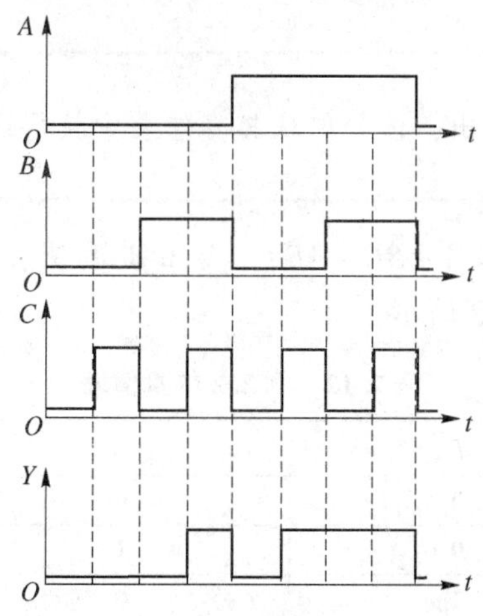

图 2.4　三人表决器的波形图

5. 各种表示方法间的相互转换

同一个逻辑函数可以通过多种不同的方法表示，这几种表示方法之间的转换方法如下。

1）真值表↔逻辑函数式

【**例 2.1**】举重裁判电路的真值表如表 2.11 所示，试写出它的逻辑函数式。

表 2.11　举重裁判电路的真值表

主裁判 A	副裁判 B	副裁判 C	Y
0	0	0	0
0	0	1	0
0	1	0	0
0	1	1	0
1	0	0	0
1	0	1	1
1	1	0	1
1	1	1	1

【解】由真值表2.11可知，只有$A=1$，同时B、C至少有一个为**1**时，选手的成绩才判定为有效，Y才等于**1**，即

$$Y=A(\overline{B}C+B\overline{C}+BC)=A\overline{B}C+AB\overline{C}+ABC$$

可见逻辑函数式中的三个乘积项恰好是真值表中使输出$Y=1$的那些输入变量的组合。具体来说，由真值表写出逻辑函数式的一般方法和步骤如下：

(1) 找出真值表中使输出变量$Y=1$的行；

(2) 每行的输入变量组合对应一个乘积项，其中取值为**1**的写入原变量，取值为**0**的写入反变量；

(3) 将这些乘积项相加，即得到Y的逻辑函数式。

由逻辑函数式得到真值表比较简单，只要将输入A、B、C的各种取值逐一代入逻辑函数式中，计算出输出变量并将计算结果列表即可。

思考

一个逻辑函数若有多个输出，该如何从其真值表中获得逻辑函数式呢？

【例2.2】已知逻辑函数$Y=A+\overline{B}C+\overline{A}B\overline{C}$，列出其真值表。

【解】列出真值表如表2.12所示。

表2.12 例2.2的真值表

A	B	C	Y
0	0	0	0
0	0	1	1
0	1	0	1
0	1	1	0
1	0	0	1
1	0	1	1
1	1	0	1
1	1	1	1

2）逻辑函数式↔逻辑图

由逻辑函数式可以直接画出逻辑图，只需将式中所有的逻辑运算用图形符号表示出来即可。

【例2.3】已知逻辑函数$Y=AB+\overline{A}BC+\overline{A}B\overline{C}$，画出逻辑图。

【解】画出的逻辑图如图2.5所示。

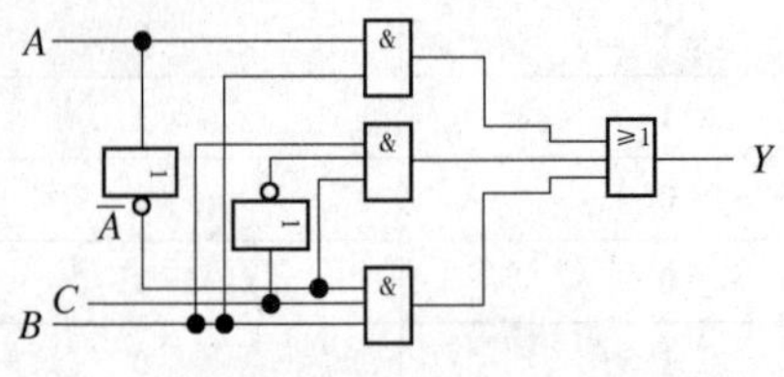

图2.5 例2.3的逻辑图

转换过程中需要注意以下两点。

(1) 若没有附加限制条件，则只需用逻辑图形符号取代逻辑函数式中的代数运算符号，将这些图形符号按输入到输出的顺序连起来，即可得到所求的逻辑图。

(2) 若对使用的逻辑运算符有限制，则往往还需将逻辑函数式变换为适于使用限定运算符的形式，然后再用图形符号代替代数运算符号。例如，规定只能用**与非**运算画出逻辑图，那么就必须先将逻辑函数式化为由**与非**运算组成的形式。

由逻辑图变换为逻辑函数式，只需从输入端向输出端逐级写出每个门的输出逻辑函数式即可。

【例 2.4】 写出图 2.6 所示逻辑图对应的逻辑函数式。

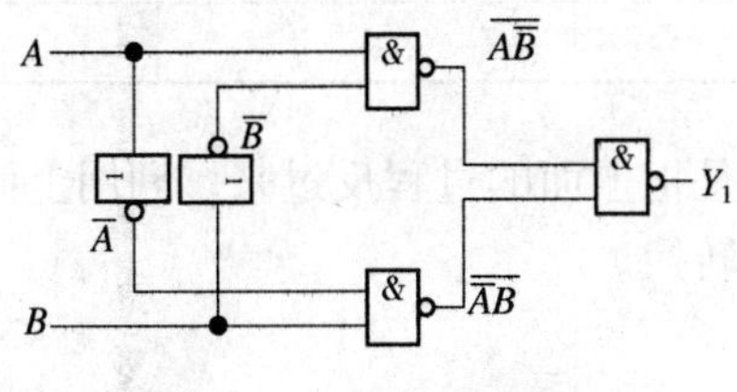

图 2.6　例 2.4 的逻辑图

【解】 逻辑图对应的逻辑函数式为

$$Y_1 = \overline{\overline{A\overline{B}} \cdot \overline{\overline{A}B}}$$

3）真值表↔波形图

由波形图变换为真值表，只需在周期性重复的波形中，将每个时间段内输入变量和输出的取值对应列表。

【例 2.5】 画出图 2.7 所示波形图对应的真值表。

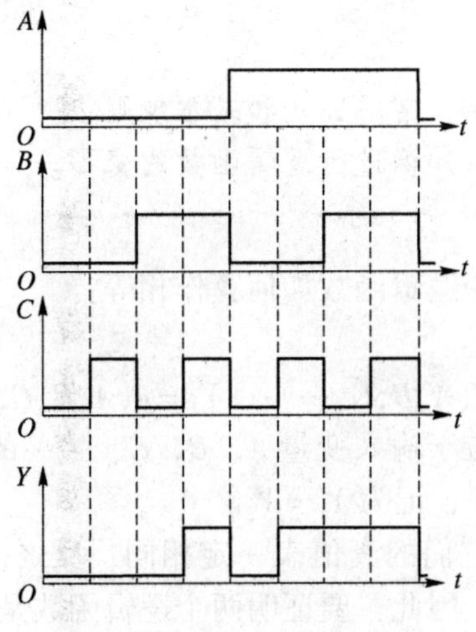

图 2.7　例 2.5 的波形图

【解】 波形图对应的真值表如表 2.13 所示。

表 2.13 例 2.5 所示的真值表

输　入			输出
A	*B*	*C*	*Y*
0	**0**	**0**	**0**
0	**0**	**1**	**0**
0	**1**	**0**	**0**
0	**1**	**1**	**1**
1	**0**	**0**	**0**
1	**0**	**1**	**1**
1	**1**	**0**	**1**
1	**1**	**1**	**1**

由真值表画出波形图，就是把上面的过程反过来。利用上面几种基本的转换方法，可以实现任意两种表示方法之间的转换。

思考

若波形中有些输入变量状态组合始终没有出现，应该如何理解？

2.3 逻辑代数的基本定律、常用公式和基本规则

能力目标

- 知道逻辑代数的基本定律、常用公式和基本规则。
- 能够根据逻辑代数的基本知识进行逻辑函数的变形。

首先需明确一个问题：两个逻辑函数如何算作相等？

设两个逻辑函数：

$$Y_1=f(A,B,C,\cdots)；\quad Y_2=g(A,B,C,\cdots)$$

它们的输入变量相同，如果对应于输入变量 A、B、C、……的任何一组变量取值，Y_1 和 Y_2 的值都相同，则称 Y_1 和 Y_2 相等，记为 $Y_1=Y_2$。

若两个逻辑函数相等，则它们的真值表一定相同；反之，若两个函数的真值表完全相同，则这两个函数也一定相等。因此，要证明两个逻辑函数是否相等，只要分别列出它们的真值表，看它们的真值表是否相同即可。

2.3.1 基本定律

表 2.14 给出了逻辑代数的一些基本定律。

表 2.14　逻辑代数的基本定律

序号	名称	公式	说明
1	0-1 律	$A\cdot 0=0\quad A+1=1$	与门有 0 得 0，或门有 1 得 1
2	自等律	$A\cdot 1=A\quad A+0=A$	与 1、或 0 是自身
3	重叠律	$A\cdot A=A\quad A+A=A$	自身或、与是自身
4	互补律	$A\cdot\overline{A}=0\quad A+\overline{A}=1$	与补是 0，或补是 1
5	交换律	$A\cdot B=B\cdot A\quad A+B=B+A$	变量前后交换，等式不变
6	结合律	$A(BC)=(AB)C$ $A+(B+C)=(A+B)+C$	同级运算，变量自由结合，等式不变
7	分配律	$A(B+C)=AB+AC$ $A+BC=(A+B)(A+C)$	不管是先与后或，还是先或后与，都满足分配律
8	反演律	$\overline{AB}=\overline{A}+\overline{B}\quad\overline{A+B}=\overline{A}\,\overline{B}$	用在逻辑函数的化简和变换中，也称摩根定理
9	双重否定律	$\overline{\overline{A}}=A$	否定的否定是肯定，也称非非律、还原律

可以用列真值表的方法对以上定律加以验证。

【例 2.6】 用真值表证明 $A+BC=(A+B)(A+C)$。

【证明】 $A+BC$ 和 $(A+B)(A+C)$ 的真值表如表 2.15 所示。

表 2.15　例 2.6 的真值表

$A\ B\ C$	BC	$A+BC$	$A+B$	$A+C$	$(A+B)(A+C)$
0 0 0	0	0	0	0	0
0 0 1	0	0	0	1	0
0 1 0	0	0	1	0	0
0 1 1	1	1	1	1	1
1 0 0	0	1	1	1	1
1 0 1	0	1	1	1	1
1 1 0	0	1	1	1	1
1 1 1	1	1	1	1	1

由表 2.15 可知，等式两边对应的真值表相同，故等式成立。

2.3.2　常用公式

表 2.16 给出了逻辑代数的几个常用公式，这些公式是利用基本定律推导出的，直接运用这些公式可以给后面的逻辑函数化简带来极大的便利。

表 2.16　逻辑代数的常用公式

序号	名称	公式	证明及推论
1	吸收律	$A+AB=A$　$A(A+B)=A$	$A+AB=A(1+B)=A$ $A(A+B)=A\cdot A+A\cdot B=A+AB=A$
2	消因律	$A+\overline{A}B=A+B$	$A+\overline{A}B=(A+\overline{A})(A+B)=A+B$ 推论：$A(\overline{A}+B)=AB$
3	合并律	$AB+A\overline{B}=A$	$AB+A\overline{B}=A(B+\overline{B})=A$ 推论：$(A+B)(A+\overline{B})=A$
4	包含律	$AB+\overline{A}C+BC$ $=AB+\overline{A}C$	$AB+\overline{A}C+BC=AB+\overline{A}C+BC(A+\overline{A})=AB+\overline{A}C+ABC+$ $\overline{A}BC=AB(1+C)+\overline{A}C(1+B)=AB+\overline{A}C$

关于包含律的说明：

在与或表达式中，两个乘积项分别包含同一因子的原变量和反变量，而两项的剩余因子组成第三个乘积项，则第三项是多余的。

推论 1：$AB+\overline{A}C+BCD=AB+\overline{A}C$

证明：

$$\begin{aligned}AB+\overline{A}C+BCD &= AB+\overline{A}C+BCD(A+\overline{A})\\ &= AB+\overline{A}C+ABCD+\overline{A}BCD\\ &= AB+\overline{A}C\end{aligned}$$

推论 2：$(A+B)(\overline{A}+C)(B+C)=(A+B)(\overline{A}+C)$

思考

推论 2 应用了哪些基本定律来证明？

【例 2.7】 用基本定律证明 $A+BC=(A+B)(A+C)$。

【证明】

$$\begin{aligned}(A+B)(A+C) &= AA+AB+AC+BC\\ &= A+AB+AC+BC\\ &= A(\mathbf{1}+B+C)+BC\\ &= A+BC\end{aligned}$$

思考

例 2.7 证明过程中都用到了哪些基本定律？

2.3.3　基本规则

逻辑代数中的基本规则主要有代入规则、反演规则和对偶规则，熟练地掌握和使用这些规则将为化简逻辑函数带来极大的便利。

1. 代入规则

任何一个含有变量 A 的等式中，如果将所有出现 A 的位置都用同一个逻辑函数式来代替，则等式仍然成立。

【例 2.8】 证明将 $B(A+C)=BA+BC$ 中的 B 用 $B+D$ 代入，能使等式成立。

【证明】 左 $=(B+D)(A+C)=B(A+C)+D(A+C)=AB+BC+AD+CD$

右 $=(B+D)A+(B+D)C=AB+AD+BC+CD$

左 = 右，结论成立。

思考

如何应用代入规则来证明摩根定理？

2. 反演规则

对于任意一个逻辑函数式 Y，若把式中的运算符“·”换成“+”，“+”换成“·”；常量 **0** 换成 **1**，**1** 换成 **0**；原变量换成反变量，反变量换成原变量，那么得到的新函数式称为原函数式 Y 的反函数式，记为 $\overline{Y}$。

在求反函数式时需要注意以下规则。

(1) 保持原函数的运算优先级，先括号，然后**与**运算，最后**或**运算，必要时适当地加入括号。

(2) 不属于单个变量上的“非”号有两种处理方法，一种是非号保留，而非号下面的函数式按反演规则变换；另一种是将非号去掉，而非号下的函数式保留不变。

【例 2.9】 已知 $Y=A\overline{B}+\overline{(A+C)B}+\overline{A}\,\overline{B}\,\overline{C}$，求其反函数。

【解】 $Y=A\overline{B}+\overline{(A+C)B}+\overline{A}\,\overline{B}\,\overline{C}$的反函数如下：

$$\overline{Y}=\overline{A\overline{B}+\overline{(A+C)B}+\overline{A}\,\overline{B}\,\overline{C}}=(\overline{A}+B)(\overline{A}\,\overline{C}+\overline{B})(A+B+C)$$

或者 $\overline{Y}=\overline{A\overline{B}+\overline{(A+C)B}+\overline{A}\,\overline{B}\,\overline{C}}=(\overline{A}+B)(A+C)B(A+B+C)$

3. 对偶规则

对于任意一个逻辑函数式 Y，若把式中的运算符“·”换成“+”，“+”换成“·”；常量 **0** 换成 **1**，**1** 换成 **0**，那么得到的新函数式称为原函数式 Y 的对偶式，记为 Y^{D}。

对偶规则如下：

(1) 如果两个函数式相等，则它们对应的对偶式也相等，即若 $F_1=F_2$，则 $F_1^{D}=F_2^{D}$。

(2) 求对偶式时运算顺序不变，且它只变换运算符和常量，其变量是不变的。

(3) 若函数式中有“⊕”和“⊙”运算符，在求反函数或对偶式时，要将运算符“⊕”换成“⊙”，“⊙”换成“⊕”。

【例 2.10】 已知 $Y=\overline{AB+\overline{A}C}+\mathbf{1}\cdot B$，求其对偶式。

【解】 $Y^{D}=\overline{(A+B)(\overline{A}+C)}(\mathbf{0}+B)$

【例 2.11】 已知 $Y_1=A\overline{B}+\overline{A}B$，$Y_2=\overline{A}\,\overline{B}+AB$，证明：$Y_1^{D}=Y_2$。

【证明】 $Y_1^{D}=(A+\overline{B})(\overline{A}+B)=A\overline{A}+AB+\overline{A}\,\overline{B}+\overline{B}B=AB+\overline{A}\,\overline{B}=Y_2$

2.4 逻辑函数表达式的常用形式

能力目标

- 知道逻辑函数表达式的常用形式。
- 能够对逻辑函数表达式的几种形式进行互相转换。

逻辑函数的表达式有多种形式。本节首先介绍逻辑函数表达式的 5 种常用形式，接着介绍最小项的概念及逻辑函数的最小项表达式，然后再介绍最大项的概念及逻辑函数的最大项表达式，最后介绍最小项和最大项之间的关系。

2.4.1 逻辑函数表达式的常用形式

1. 基本形式

1）**与 - 或**表达式

与 - 或表达式是指由若干**与**项进行**或**运算构成的表达式，如

$$Y=\overline{A}\,\overline{B}+CD \tag{2.6}$$

式中，$\overline{A}\,\overline{B}$和 CD 两项都是由**与**运算符把变量连接起来的，故称之为**与**项（或乘积项），然后将这两个**与**项用**或**运算符连接起来，称这种类型的表达式为**与 - 或**表达式，或称之为“积之和”表达式。

2）**或 - 与**表达式

或 - 与表达式是指由若干**或**项进行**与**运算构成的表达式，如

$$Y=(\overline{A}+\overline{B})(C+D) \tag{2.7}$$

式中，$\overline{A}+\overline{B}$和 $C+D$ 都是通过**或**运算符把变量连接起来的，故称之为**或**项。两个**或**项又通过**与**运算符连接起来，称这种类型的表达式为**或 - 与**表达式，有时也称之为“和之积”表达式。

2. 其他形式

逻辑函数表达式的其他常用形式如表 2.17 所示。

表 2.17 逻辑函数表达式的其他常用形式

常用形式	公式
与非 - 与非	$Y=\overline{\overline{AB}}\;\overline{\overline{CD}}$
或非 - 或非	$Y=\overline{\overline{A+B}}+\overline{\overline{C+D}}$
与 - 或 - 非	$Y=\overline{AB+CD}$

思考

你还能想到更多其他形式的逻辑函数表达式吗?

3. 逻辑函数表达式之间的变换

逻辑函数表达式之间可以互相变换，这在有些情况下是非常必要的。比如设计过程中得到了**与 – 或**形式的逻辑函数，但要求用**与非**门器件进行设计，这时就必须把**与 – 或**形式的逻辑函数变换成**与非 – 与非**形式。

【**例 2.12**】将下面的**与 – 或**形式逻辑函数化为**与非 – 与非**形式。

$$Y = A\overline{B} + \overline{A}BD + C\overline{D}$$

【**解**】利用摩根定理，将整个**与 – 或**两次求反。

将上式两次求反，得到

$$Y = \overline{\overline{Y}} = \overline{\overline{A\overline{B} + \overline{A}BD + C\overline{D}}} = \overline{\overline{A\overline{B}}\;\overline{\overline{A}BD}\;\overline{C\overline{D}}}$$

**思考**

你能想到将**与 – 或**形式变换成**与 – 或 – 非**形式的方法吗？

2.4.2　最小项与最小项表达式

1. 最小项的定义和性质

在 n 变量逻辑函数中，若 m 为包含 n 个因子的乘积项，且这 n 个变量均以原变量或反变量的形式在 m 中出现一次，则乘积项 m 称为该函数的一个标准积项，通常称为最小项。例如，3 个变量 A、B、C 的最小项有 ABC、$\overline{A}\,\overline{B}\,\overline{C}$、$\overline{A}\,BC$ 等。

n 变量有 2^n 个最小项，记作 m_i，下标 i 即最小项编号，用十进制数表示。

将最小项中的原变量用 **1** 表示，反变量用 **0** 表示，可得到最小项的编号。表 2.18 为 3 变量最小项的编号。

表 2.18　3 变量最小项的编号

变量取值			最小项	十进制数	编号
A	B	C			
0	**0**	**0**	$\overline{A}\,\overline{B}\,\overline{C}$	0	m_0
0	**0**	**1**	$\overline{A}\,\overline{B}C$	1	m_1
0	**1**	**0**	$\overline{A}B\overline{C}$	2	m_2
0	**1**	**1**	$\overline{A}BC$	3	m_3
1	**0**	**0**	$A\overline{B}\,\overline{C}$	4	m_4
1	**0**	**1**	$A\overline{B}C$	5	m_5
1	**1**	**0**	$AB\overline{C}$	6	m_6
1	**1**	**1**	ABC	7	m_7

最小项具有以下性质。

(1) 任意一个最小项，输入变量只有一组取值使其为 **1**，而其他各组取值均使其为 **0**。并且，最小项不同，使其值为 **1** 的输入变量取值也不同。

(2) 任意两个不同的最小项之积为**0**。

(3) 所有最小项之和为**1**。

2. 最小项表达式

由若干最小项相或构成的逻辑表达式称为最小项表达式，也称为标准**与－或**表达式：

$$Y=\sum m(i) \tag{2.8}$$

一个逻辑函数变换为最小项表达式，需将其化为若干乘积项之和的形式（**与－或**表达式）。对于不满足最小项形式的乘积项，可通过公式$\overline{A}+A=1$和$A(B+C)=AB+AC$将缺少的因子补全。

【例 2.13】 将逻辑函数$Y=AB\overline{C}+AC$变换为最小项表达式。

【解】

$$\begin{aligned} Y &= AB\overline{C}+AC = AB\overline{C}+AC(B+\overline{B}) \\ &= AB\overline{C}+ABC+A\overline{B}C = m_6+m_7+m_5 \\ &= \sum_i m(i),(i=5,6,7) \end{aligned}$$

【例 2.14】 真值表如表 2.19 所示，写出该真值表对应的逻辑函数的最小项表达式。

表 2.19　例 2.14 的真值表

输入			输出
A	B	C	Y
0	**0**	**0**	**0**
0	**0**	**1**	**1**
0	**1**	**0**	**1**
0	**1**	**1**	**1**
1	**0**	**0**	**0**
1	**0**	**1**	**1**
1	**1**	**0**	**0**
1	**1**	**1**	**0**

【解】 若列出了函数的真值表，则只需将函数值为**1**的那些最小项相加，便是函数的最小项表达式。

$$Y=m_1+m_2+m_3+m_5=\sum m(1,2,3,5)=\overline{A}\,\overline{B}C+\overline{A}B\overline{C}+\overline{A}BC+A\overline{B}C$$

思考

将真值表中函数值为**0**的那些最小项相加，得到的是什么？

2.4.3　最大项与最大项表达式

1. 最大项的定义和性质

在n变量逻辑函数中，若M为包含n个因子的**或**项，且这n变量均以原变量或反变量的形式在M中出现一次，则**或**项M称作该函数的一个最大项。

n 变量有 2^n 个最大项，记作 M_i，下标 i 即最大项编号，用十进制数表示。将最大项中的原变量用 **0** 表示，非变量用 **1** 表示，可得到最大项的编号。表 2.20 为 3 变量最大项的编号。

表 2.20　3 变量最大项的编号

变量取值			最大项	十进制数	编号
A	B	C			
0	**0**	**0**	$A+B+C$	0	M_0
0	**0**	**1**	$A+B+\bar{C}$	1	M_1
0	**1**	**0**	$A+\bar{B}+C$	2	M_2
0	**1**	**1**	$A+\bar{B}+\bar{C}$	3	M_3
1	**0**	**0**	$\bar{A}+B+C$	4	M_4
1	**0**	**1**	$\bar{A}+B+\bar{C}$	5	M_5
1	**1**	**0**	$\bar{A}+\bar{B}+C$	6	M_6
1	**1**	**1**	$\bar{A}+\bar{B}+\bar{C}$	7	M_7

最大项具有以下性质。

(1) 任意一个最大项，输入变量只有一组取值使其为 **0**，而其他各组取值均使其为 **1**。并且，最大项不同，使其值为 **1**、**0** 的输入变量取值也不同。

(2) 任意两个不同的最大项之和为 **1**。

(3) 所有最大项之积为 **0**。

2. 最大项表达式

由若干最大项相**与**构成的逻辑表达式称为最大项表达式，也称标准**或**-**与**表达式。

$$Y = \prod M(i) \tag{2.9}$$

3. 最小项和最大项的关系

由最小项和最大项的性质可知，相同变量构成的最小项与最大项之间存在互补关系，即 $m_i=\overline{M_i}$ 或者 $M_i=\overline{m_i}$。

【例 2.15】 将逻辑函数 $F(A,B,C)=AB+\bar{A}C$ 变换成最大项表达式。

【解】 方法一：利用摩根定理，将逻辑函数式变换成**或**-**与**表达式，即

$$\begin{aligned}
F(A,B,C) &= \overline{\overline{AB+\bar{A}C}} = \overline{(\bar{A}+\bar{B})(A+\bar{C})} = \overline{\bar{A}A+\bar{A}\,\bar{C}+\bar{B}A+\bar{B}\,\bar{C}} \\
&= (A+C)(B+\bar{A})(B+C) \\
&= (A+C+B\bar{B})(B+\bar{A}+C\bar{C})(B+C+A\bar{A}) \\
&= (A+C+B)(A+C+\bar{B})(\bar{A}+B+C)(\bar{A}+B+\bar{C})(B+C+A)(B+C+\bar{A}) \\
&= (A+B+C)(A+\bar{B}+C)(\bar{A}+B+\bar{C})(\bar{A}+B+C) \\
&= M_0M_2M_5M_4 = \prod M(0,2,4,5)
\end{aligned}$$

方法二：利用最小项和最大项的关系。

$$\begin{aligned}
F(A,B,C) &= AB+\bar{A}C = AB(C+\bar{C})+\bar{A}(B+\bar{B})C \\
&= ABC+AB\,\bar{C}+\bar{A}BC+\bar{A}\,\bar{B}C = m_7+m_6+m_3+m_1 \\
&= \overline{\bar{m}_7\bar{m}_6\bar{m}_3\bar{m}_1} = \overline{M_7M_6M_3M_1} = M_0M_2M_4M_5
\end{aligned}$$

思考

如何根据逻辑函数的真值表写出其最大项表达式？

2.5 逻辑函数的化简

能力目标

- 知道逻辑函数的最简表达式、两种化简方法及包含无关项逻辑函数的表示方法。
- 能够利用代数化简法和卡诺图化简法对逻辑函数进行化简。

设计逻辑电路时，一般要求逻辑函数式是最简的，其目的一是减少电路体积，降低电路实现成本；二是减少电路可能潜在的故障，提高电路的工作速度和可靠性。

简化逻辑函数的方法很多，本节主要介绍代数化简法和卡诺图化简法。

2.5.1 逻辑函数的最简表达式

1. 最简与－或表达式

当与－或表达式中的乘积项不能再减少，且乘积项的因子不能再减少时，则为最简与－或形式。例如，$Y=ABC+A\overline{B}C+AB\overline{C}$不是最简形式，而$Y=AB+AC$是最简形式。

2. 最简与非－与非表达式

最简与非－与非表达式可以由最简与－或表达式变换而来：

（1）将逻辑函数式化为最简与－或表达式；

（2）对最简与－或表达式取反两次，再利用摩根定理，去掉或运算。

最简与非－与非表达式：

$$Y = AB + AC = \overline{\overline{AB + AC}} = \overline{\overline{AB}\,\overline{AC}} \tag{2.10}$$

3. 最简或－与表达式

最简或－与表达式可以由最简与－或表达式变换而来：

（1）求出反函数的最简与－或表达式：

$$\overline{Y} = \overline{\overline{A}B + A\overline{C}} = (A+\overline{B})(\overline{A}+C) = \overline{A}\,\overline{B} + \overline{B}C + AC = \overline{A}\,\overline{B} + AC \tag{2.11}$$

（2）利用反演规则写出函数的最简或－与表达式：

$$Y = \overline{\overline{Y}} = \overline{\overline{A}\,\overline{B} + AC} = (A+B)(\overline{A}+\overline{C}) \tag{2.12}$$

4. 最简或非－或非表达式

最简或非－或非表达式可以由最简与－或表达式变换而来：

（1）求出最简或－与表达式，如式（2.12）所示；

（2）对最简或－与表达式进行两次取反，利用摩根定理去掉下面的非号，其表达式如下：

$$Y = \overline{\overline{(A+B)(\bar{A}+\bar{C})}} = \overline{\overline{A+B}+\overline{\bar{A}+\bar{C}}} \tag{2.13}$$

5. 最简与 – 或 – 非表达式

最简**与 – 或 – 非**表达式的变换过程为：

（1）求出最简**或非 – 或非**表达式，如式（2.13）所示；

（2）利用摩根定理去掉大**非**号下面的非号，其表达式如下：

$$Y = \overline{\overline{A+B}+\overline{\bar{A}+\bar{C}}} = \overline{\bar{A}\,\bar{B}+AC} \tag{2.14}$$

2.5.2　逻辑函数的代数化简法

代数化简法（简称代数法）是运用逻辑代数中的定理、恒等式或规则对逻辑函数进行化简，这种方法需要一些技巧，没有固定的步骤，下面介绍一些常用的方法。

1. 并项法

并项法利用公式 $AB+A\bar{B}=A$ 将两项合并为一项，消去 B 和$\bar{B}$这一对因子。A 和 B 都可以是任意的逻辑函数式。

【例 2.16】 用并项法化简 Y_1、Y_2、Y_3、Y_4。$Y_1=A\overline{\bar{B}CD}+A\bar{B}CD$；$Y_2=A\bar{B}+ACD+\bar{A}\bar{B}+\bar{A}CD$；$Y_3=\bar{A}B\bar{C}+A\bar{C}+\bar{B}\bar{C}$；$Y_4=B\bar{C}D+BC\bar{D}+B\bar{C}\bar{D}+BCD$。

【解】 $Y_1=A\overline{\bar{B}CD}+A\bar{B}CD=A\overline{\bar{B}CD}+\bar{B}CD=A$

$Y_2=A\bar{B}+ACD+\bar{A}\bar{B}+\bar{A}CD=\bar{B}(A+\bar{A})+CD(A+\bar{A})=\bar{B}+CD$

$Y_3=\bar{A}B\bar{C}+A\bar{C}+\bar{B}\bar{C}=\bar{A}B\bar{C}+(A+\bar{B})\bar{C}=\bar{A}B\bar{C}+\overline{\bar{A}B}\bar{C}=\bar{C}(\bar{A}B+\overline{\bar{A}B})=\bar{C}$

$Y_4=B\bar{C}D+BC\bar{D}+B\bar{C}\bar{D}+BCD=B(\bar{C}D+C\bar{D})+B(\bar{C}\bar{D}+CD)$

$=B(C\oplus D)+B\overline{C\oplus D}=B$

注：若两个乘积项中分别包含同一个因子的原变量和反变量，而其他因子都相同时，则这两项可以合并成一项，并消去互为反变量的因子。

2. 吸收法

吸收法：利用公式 $A+AB=A$，消去多余的项 AB。根据代入规则，A 和 B 都可以是任意的逻辑函数式。

【例 2.17】 用吸收法化简 Y_1、Y_2。$Y_1=AB+AB\bar{C}+ABD+AB(\bar{C}+\bar{D})$；$Y_2=A+\overline{\bar{B}+\overline{CD}}+\overline{\overline{AD}\,\bar{B}}$。

【解】 $Y_1=AB+AB\bar{C}+ABD+AB(\bar{C}+\bar{D})=AB+AB(\bar{C}+D+C+\bar{D})=AB$

$Y_2=A+\overline{\bar{B}+\overline{CD}}+\overline{\overline{AD}\,\bar{B}}=A+BCD+AD+B=(A+AD)+(B+BCD)=A+B$

3. 消项法

消项法：利用公式 $AB+\bar{A}C+BC=AB+\bar{A}C$ 及 $AB+\bar{A}C+BCD=AB+\bar{A}C$ 消去多余乘积项。

【例 2.18】 用消项法化简 Y_1、Y_2。$Y_1=AC+A\bar{B}+\overline{B+C}$；$Y_2=A\bar{B}C\bar{D}+\overline{A\bar{B}}E+\bar{A}C\bar{D}E$。

【解】 $Y_1=AC+A\bar{B}+\overline{B+C}=AC+A\bar{B}+\bar{B}\bar{C}=AC+\bar{B}\bar{C}$

$Y_2=A\bar{B}C\bar{D}+\overline{A\bar{B}}E+\bar{A}C\bar{D}E=(A\bar{B})C\bar{D}+\overline{A\bar{B}}E+AC\bar{D}E=A\bar{B}C\bar{D}+\overline{A\bar{B}}E$

思考

能否先求出逻辑函数的对偶式，对其进行化简，再求该对偶式的对偶式得到逻辑函数的最简或－与表达式呢？

4. 消因子法

消因子法：利用公式 $A+\overline{A}B=A+B$ 消去多余的因子$\overline{A}$。

【例 2.19】 用消因子法化简 Y_1、Y_2、Y_3。$Y_1=\overline{B}+ABC$；$Y_2=A\overline{B}+B+\overline{A}B$；$Y_3=AC+\overline{A}D+\overline{C}D$。

【解】 $Y_1=\overline{B}+ABC=\overline{B}+AC$

$$Y_2=A\overline{B}+B+\overline{A}B=B+A+\overline{A}B=A+B$$

$$Y_3=AC+\overline{A}D+\overline{C}D=AC+(\overline{A}+\overline{C})D=AC+\overline{AC}D=AC+D$$

5. 配项法

配项法：利用公式 $A(B+\overline{B})=A$ 为某一项配上其所缺的变量，以便用其他方法进行化简。

【例 2.20】 用配项法化简 $Y=\overline{A}\,\overline{B}+\overline{B}\,\overline{C}+BC+AB$。

【解】

$$\begin{aligned}Y&=\overline{A}\,\overline{B}+\overline{B}\,\overline{C}+BC+AB=\overline{A}\,\overline{B}(C+\overline{C})+\overline{B}\,\overline{C}(A+\overline{A})+BC(A+\overline{A})+AB(C+\overline{C})\\&=\overline{A}\,\overline{B}C+\overline{A}\,\overline{B}\,\overline{C}+A\overline{B}\,\overline{C}+\overline{A}\,\overline{B}\,\overline{C}+ABC+\overline{A}BC+ABC+AB\overline{C}\\&=\overline{A}\,\overline{B}C+\overline{A}\,\overline{B}\,\overline{C}+A\overline{B}\,\overline{C}+ABC+\overline{A}BC+AB\overline{C}\\&=\overline{A}C(\overline{B}+B)+\overline{B}\,\overline{C}(\overline{A}+A)+AB(C+\overline{C})=\overline{A}C+\overline{B}\,\overline{C}+AB\end{aligned}$$

利用公式 $A+A=A$ 在逻辑函数式中重复写入某一项，以达到进一步简化的目的。

【例 2.21】 用配项法化简 $Y=ABC+A\overline{B}C+A\overline{B}\,\overline{C}$。

【解】 $Y=ABC+A\overline{B}C+A\overline{B}\,\overline{C}=(ABC+A\overline{B}C)+(A\overline{B}C+A\overline{B}\,\overline{C})$

$$=AC(B+\overline{B})+A\overline{B}(C+\overline{C})=AC+A\overline{B}=A(C+\overline{B})$$

思考

通常对逻辑函数式进行化简时，要综合利用上述技巧。请将 $Y=AC+\overline{B}C+B\overline{D}+C\overline{D}+A(B+\overline{C})+\overline{A}BC\overline{D}+A\overline{B}DE$ 进行化简。

2.5.3 逻辑函数的卡诺图化简法

利用代数化简法可实现逻辑函数的化简，但化简得到的逻辑函数式是否为最简有时很难判断。而卡诺图化简法（简称卡诺图法）可以比较简便地得到最简的逻辑表达式。

1. 卡诺图表示法

将 n 变量的全部最小项各用一个小方格表示，并使具有逻辑相邻性的最小项在几何位置上也相邻地排列，所得到的图形称为 n 变量最小项的卡诺图。逻辑相邻是指相邻的两个最小项只有一个变量不同。图 2.8、图 2.9 和图 2.10 分别给出了不同变量的卡诺图。

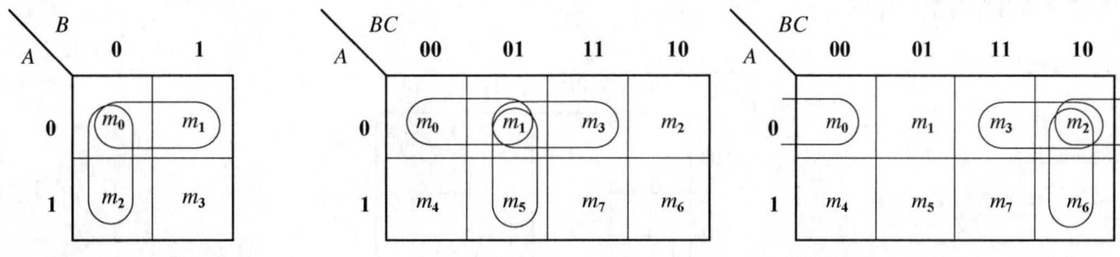

图 2.8　2 变量卡诺图　　　　图 2.9　3 变量卡诺图

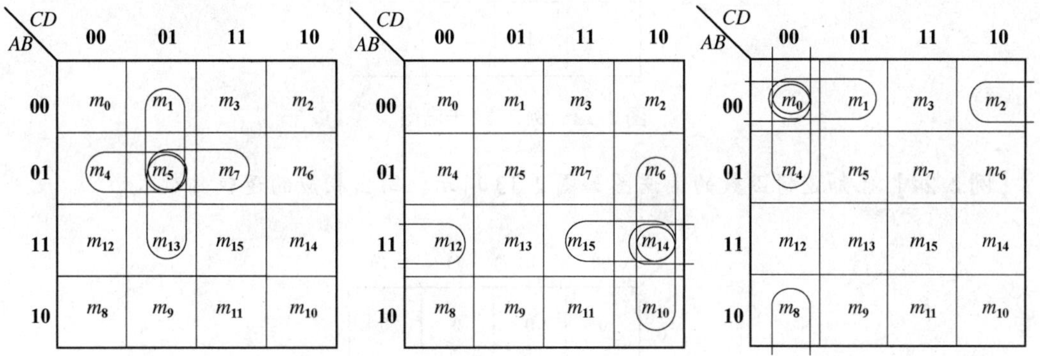

图 2.10　4 变量卡诺图

对于 n 变量卡诺图，每个最小项有 n 个最小项与它相邻。卡诺图是逻辑函数的一种图形表示，能够与逻辑函数的其他几种表示方法相互转换。

根据标准**与 - 或**表达式画卡诺图，具体方法是：首先将逻辑函数化成最小项之和形式；其次在卡诺图上对应于函数式中最小项的位置填 **1**，其余位置填 **0**。

【例 2.22】 画出 $Y=A+BC$ 的卡诺图。

【解】 最小项之和：

$$
\begin{aligned}
Y &= A+BC=A(B+\overline{B})(C+\overline{C})+(A+\overline{A})BC \\
&= ABC+AB\overline{C}+A\overline{B}C+A\overline{B}\,\overline{C}+\overline{A}BC=m_7+m_6+m_5+m_4+m_3
\end{aligned}
$$

则卡诺图如图 2.11 所示。

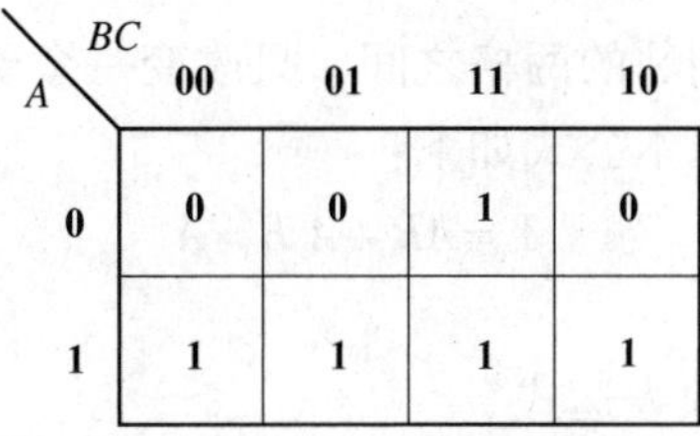

图 2.11　例 2.22 卡诺图

【例 2.23】 画出 $Y=\overline{A}B\overline{C}+\overline{C}D+BD$ 的卡诺图。

【解】 首先要看清楚这是一个 4 变量的逻辑函数，第一项 $\overline{A}B\overline{C}$ 中缺少变量 D，则在 $A=$ **0**，$B=$**1**，$C=$**0**，$D=$**0**、**1** 处都填 **1**；第二项 $\overline{C}D$ 中缺少变量 A 和 B，则在 $C=$**0**，$D=$**1**，A、$B=$**0**、**1** 处都填 **1**；同理，BD 项中缺少 A 和 C，则在 $B=$**1**，$D=$**1**，A、$C=$**0**、**1** 处都填 **1**，

则卡诺图如图 2. 12 所示。

AB \ CD	00	01	11	10
00		1		
01	1	1	1	
11		1	1	
10		1		

图 2. 12　例 2. 23 卡诺图

【例 2. 24】 已知逻辑函数的卡诺图如图 2. 13 所示，写出相应的逻辑函数式。

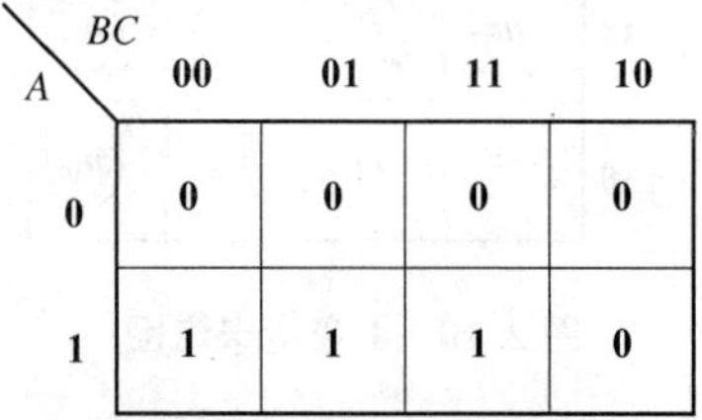

A \ BC	00	01	11	10
0	0	0	0	0
1	1	1	1	0

图 2. 13　例 2. 24 卡诺图

【解】 由卡诺图中为 **1** 的项可得到原函数的逻辑函数式为

$$Y = A\overline{B}\,\overline{C} + A\overline{B}C + ABC$$

思考

如何由卡诺图直接得到反函数的逻辑函数式？

2. 用卡诺图化简逻辑函数式

1）化简的依据

因为卡诺图上下左右任意相邻的两格之间，只改变一个变量，因此，当两个相邻项为 **1** 时，可合并为一项。其依据的基本公式如下：

$$Y = AB + A\overline{B} = A \tag{2.15}$$

2）化简的步骤

（1）将逻辑函数写成最小项表达式。

（2）按最小项表达式画卡诺图。

（3）找出为 **1** 的相邻最小项，用实线画一个包围圈，每个包围圈含 2^n 个方格，写出每个包围圈的乘积项。画包围圈的原则如下：

① 先圈大，后圈小，即先圈八格，后圈四格、二格——保证所得乘积项数目最少且每个乘积项包含的因子最少；

② 必须是相邻方格的 **1**，才能圈起来；

③ 允许方格重叠被圈，但每个圈内至少要包含一个以上的 **1** 未被其他圈圈过；

④ 没有相邻项的 **1**，要单独圈出；

⑤ 不能漏掉任何一个标 **1** 的方格。

(4) 将所有包围圈对应的乘积项相加。

注：有时也可以由真值表直接画卡诺图，以上的 (1) (2) 两步就可以合为一步。

3) 卡诺图化简举例

(1) 化简逻辑函数为最简**与 – 或**表达式（圈 **1**）。

【例 2.25】 化简逻辑函数 $Y=\overline{A}\,\overline{B}\,\overline{C}+\overline{A}B\overline{C}\,\overline{D}+AB\overline{C}\,\overline{D}+BC\overline{D}+A\overline{B}CD$。

【解】 首先画出 4 变量的卡诺图，如图 2.14 所示。

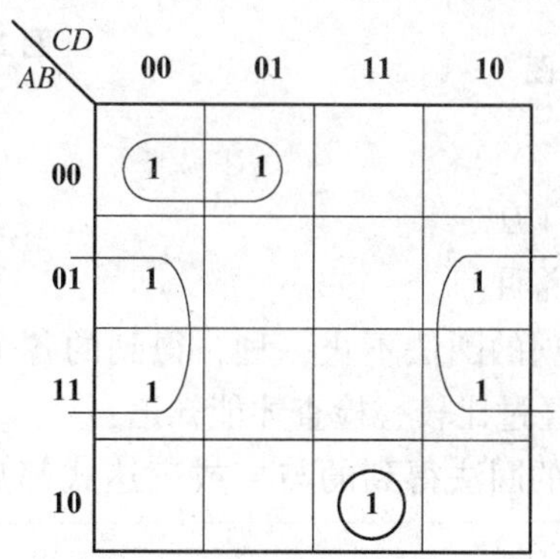

图 2.14　例 2.25 卡诺图

化简后得 $Y=\overline{A}\,\overline{B}\,\overline{C}+B\overline{D}+A\overline{B}CD$。

【例 2.26】 化简逻辑函数 $Y=A\overline{C}+\overline{A}C+B\overline{C}+\overline{B}C$。

【解】 首先画出 3 变量卡诺图，如图 2.15 所示。

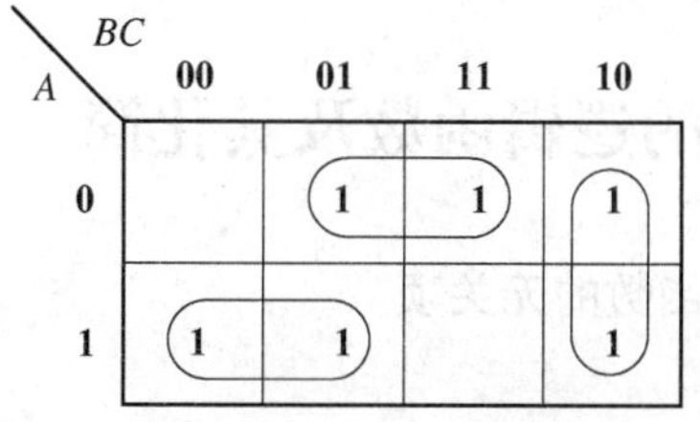

图 2.15　例 2.26 卡诺图

化简后得 $Y=A\overline{B}+\overline{A}C+B\overline{C}$。

(2) 化简逻辑函数为最简**与 – 或 – 非**表达式（圈 **0**）。

【例 2.27】 化简逻辑函数 $Y=AB+BC+AC+BD$。

【解】 首先画出卡诺图，如图 2.16 所示。

其反函数的最简**与 – 或**表达式为 $\overline{Y}=\overline{A}\,\overline{B}+\overline{B}\,\overline{C}+\overline{A}\,\overline{C}\,\overline{D}$。

则原函数的最简**与 – 或 – 非**表达式为 $Y=\overline{\overline{Y}}=\overline{\overline{A}\,\overline{B}+\overline{B}\,\overline{C}+\overline{A}\,\overline{C}\,\overline{D}}$。

(3) 卡诺图中 **0** 的数目远小于 **1** 的数目，且圈 **0** 只有一个圈（圈 **0**）。

【例 2.28】 化简逻辑函数 $Y=ABC+ABD+A\overline{C}D+\overline{C}\,\overline{D}+A\overline{B}C+\overline{A}C\overline{D}$。

【解】 首先画出卡诺图，如图 2.17 所示。

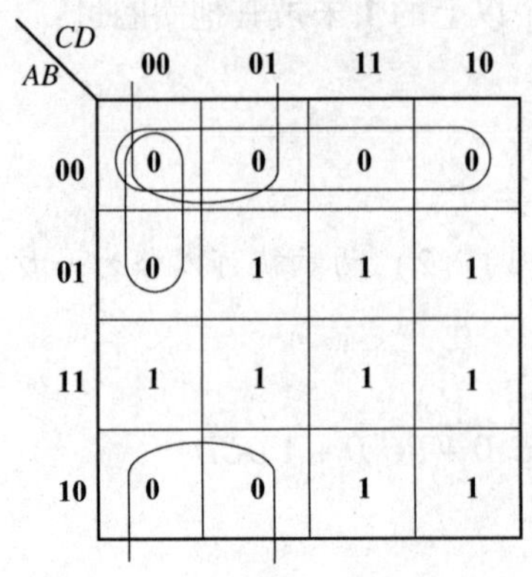

图 2.16 例 2.27 卡诺图

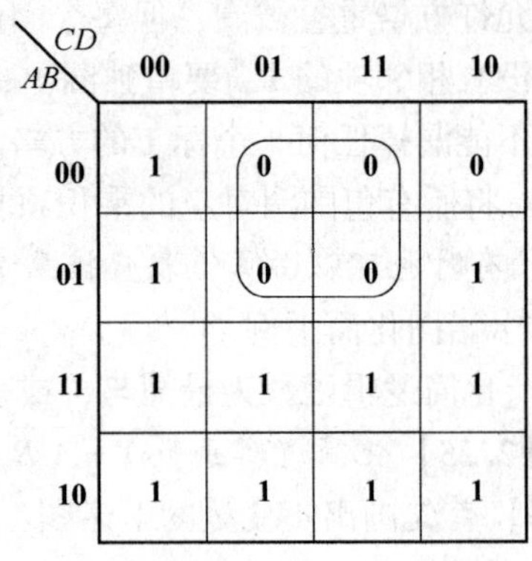

图 2.17 例 2.28 卡诺图

化简得反函数为 $\overline{Y}=\overline{A}D$。

则原函数为 $Y=\overline{\overline{Y}}=\overline{\overline{A}D}=A+\overline{D}$。

关于卡诺图法化简的两点说明：

（1）在有些情况下，最小项的圈法不止一种，得到的各个乘积项组成的**与－或**表达式各不相同，哪个是最简的，要经过比较、检查才能知道；

（2）在有些情况下，不同的圈法得到的**与－或**表达式都是最简形式，即一个函数的最简**与－或**表达式不是唯一的。

思考

虽然一个函数的最简与－或表达式不是唯一的，但这些不同的与－或表达式之间有哪些共同点呢？

2.5.4 具有无关项的逻辑函数及其化简

1. 约束项、任意项和逻辑函数的无关项

1）约束

对输入变量取值所加的限制称为约束，同时把这一组变量称为具有约束的一组变量。例如，电动机的正常工作情况：$A=\mathbf{1}$ 表示电动机正转，$B=\mathbf{1}$ 表示电动机反转，$C=\mathbf{1}$ 表示电动机停止工作。则 $A=\mathbf{1}$ 时，必须 $B=\mathbf{0}$，$C=\mathbf{0}$；$B=\mathbf{1}$ 时，必须 $A=\mathbf{0}$，$C=\mathbf{0}$；$C=\mathbf{1}$ 时，必须 $A=\mathbf{0}$，$B=\mathbf{0}$。电动机任何时候只能执行且必须执行其中的一个指令，所以不允许两个或两个以上的变量同时为 **1**，所以 ABC 的取值不能是 **000**、**011**、**101**、**110**、**111** 中的任何一种，即逻辑变量 A、B、C 之间互相制约，取值有限制，这就是约束。

2）约束条件

用于描述约束的具体内容，称为约束条件。根据上文电动机的约束关系，其约束条件可以表示如下：

$$\overline{A}\,\overline{B}\,\overline{C}=\mathbf{0},\ \overline{A}BC=\mathbf{0},\ A\overline{B}C=\mathbf{0},\ AB\overline{C}=\mathbf{0},\ ABC=\mathbf{0} \tag{2.16}$$

或写成：

$$\overline{A}\,\overline{B}\,\overline{C}+\overline{A}BC+A\overline{B}C+AB\overline{C}+ABC=\mathbf{0} \tag{2.17}$$

3）约束项

约束条件中的每个最小项称为约束项，且每个约束项的值恒等于 **0**。在存在约束项的情况下，由于约束项的值始终等于 **0**，所以既可以将约束项写入逻辑函数式中，也可以将约束项从逻辑函数式中删掉，而不影响函数值。一般约束项往往就是任意项。

4）无关项

约束项和任意项统称为无关项。因为在逻辑函数式中加与不加约束项、任意项，都不影响函数值，故在卡诺图中，无关项用“ × ”号或“ϕ ”号表示，它可以代表 **0**，也可以代表 **1**，根据需要而定。

2. 具有约束条件的逻辑函数及其化简

（1）求原函数时，将“ × ”看成 **1**，求反函数时，将“ × ”看成 **0**；

（2）画圈由大到小，与前述方法一样，但必须每个圈中含有 **1** 或 **0**；

（3）化简约束条件时，圈子中只有“ × ”，不可含有 **1** 或 **0**。

【例 2.29】 化简具有约束条件的逻辑函数 $Y=\overline{A}\,\overline{B}\,\overline{C}D+\overline{A}BCD+A\overline{B}\,\overline{C}\,\overline{D}$，给定的约束条件为

$$\overline{A}\,\overline{B}CD+\overline{A}B\overline{C}D+AB\overline{C}\,\overline{D}+A\overline{B}\,\overline{C}D+ABCD+ABC\overline{D}+A\overline{B}C\overline{D}=\mathbf{0}。$$

【解】 首先画出卡诺图，如图 2.18 所示。

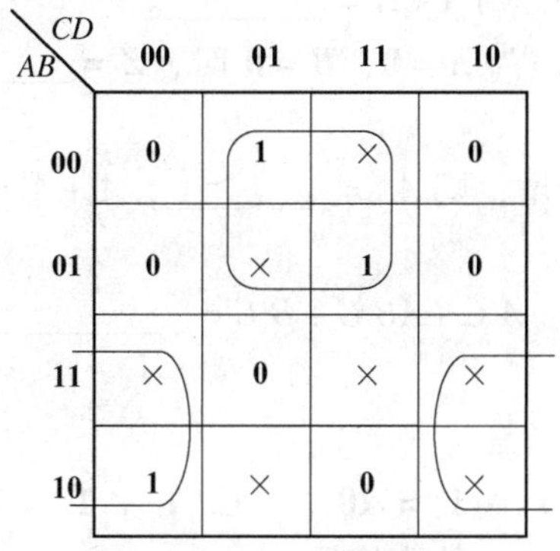

图 2.18　例 2.29 卡诺图

化简得到最后结果：

$$\begin{aligned}Y&=(\overline{A}\,\overline{B}\,\overline{C}D+\overline{A}\,\overline{B}CD)+(\overline{A}BCD+\overline{A}B\overline{C}D)+(AB\overline{C}\,\overline{D}+A\overline{B}\,\overline{C}\,\overline{D})+\\&\quad(ABC\overline{D}+A\overline{B}C\overline{D})\\&=(\overline{A}\,\overline{B}D+\overline{A}BD)+(A\overline{C}\,\overline{D}+AC\overline{D})\\&=\overline{A}D+A\overline{D}\end{aligned}$$

本章小结

逻辑代数是分析和设计逻辑电路的数学工具。一个逻辑问题可用逻辑函数来描述，逻辑函数可用真值表、逻辑函数式、卡诺图和逻辑图等来表示。

逻辑代数的基本定律、常用公式和基本规则。这些公式的主要作用：证明逻辑等式；对逻辑函数式进行变换和化简。

逻辑函数的**与**－**或**表达式和**或**－**与**表达式是两种常见的形式，但其表达式的形式不是唯一的。任一个逻辑函数经过变换，都能得到唯一的最小项表达式或者最大项表达式。

常用的逻辑函数化简方法有代数化简法和卡诺图化简法。逻辑函数的最简形式通常是**与**－**或**表达式，经过变换，很容易得到其他形式的表达式。判别**与**－**或**表达式是否最简的条件：表达式中包含的乘积项数目最少；每个乘积项中所包含的变量数最少。

自我检测题

一、填空题

1. 最基本的逻辑门有________门、________门和________门。

2. 对于二值逻辑问题，若输入变量有 n 个，则完整的真值表有________种不同输入组合。

3. 逻辑代数的三种基本运算是________、________和________。

4. 一个逻辑门，当只有全部输入为高电平时，输出才为低电平，则该逻辑门是________；当只有全部输入为低电平时，输出才为高电平，则该逻辑门是________。

5. 逻辑函数常用的 4 种描述方法：真值表、____________、____________和波形图。

6. 设 A 和 B 为两个二进制数，并且 $A=\mathbf{1}$，$B=\mathbf{1}$，则 $A+B=$________；若 A 和 B 为两个逻辑变量，并且 $A=\mathbf{1}$，$B=\mathbf{1}$，则 $A+B=$________。

7. 逻辑函数 $Z=A\overline{B}+AB$，当 $A=\mathbf{0}$，$B=\mathbf{0}$ 时，$Z=$________；当 $A=\mathbf{1}$，$B=\mathbf{1}$ 时，$Z=$________。

8. 设 A ________为逻辑变量，则 $AA=$________，$A+\overline{A}=$________，$A\oplus A=$________，$A\oplus\overline{A}=$________。

9. 根据逻辑代数的吸收律：$A\overline{C}+AB\overline{C}+B\overline{C}=$________________。

二、选择题

1. 符合**或**逻辑关系的表达式是（　　）。

A. $\mathbf{1}+\mathbf{1}=2$　　B. $\mathbf{1}+\mathbf{1}=\mathbf{10}$　　C. $\mathbf{1}+\mathbf{1}=\mathbf{1}$　　D. $\mathbf{1}+\mathbf{1}=\mathbf{11}$

2. 使 $F=ABC$ 的值为 **1** 的 ABC 的取值是（　　）。

A. **111**　　B. **000**　　C. **010**　　D. **101**

3. n 变量的卡诺图共有（　　）个小方格。

A. n　　B. $2n$　　C. n^2　　D. 2^n

4. 下列关于**异或**运算的式子中，不正确的是（　　）。

A. $A\oplus A=\mathbf{0}$　　B. $A\oplus\overline{A}=\mathbf{0}$　　C. $A\oplus\mathbf{0}=A$　　D. $A\oplus\mathbf{1}=\overline{A}$

5. 在逻辑函数 $F=AB+CD$ 的真值表中，$F=\mathbf{1}$ 的状态有（　　）个。

A. 2　　B. 4　　C. 7　　D. 6

6. 逻辑函数 $F=A\oplus B$ 和 $G=A\odot B$ 满足关系（　　）。

A. $F=\overline{G}$　　B. $\overline{F}=\overline{G}$　　C. $F=G\oplus\mathbf{0}$　　D. $F=\overline{G}\oplus\mathbf{1}$

习　题

【题 2.1】设 A、B、C 为逻辑变量，试判断下面语句是否正确。

（1）若已知 $A+B=A+C$，则 $B=C$。

（2）若已知 $AB=AC$，则 $B=C$。

（3）若已知 $A+B=A+C$，$AB=AC$，则 $B=C$。

【题 2.2】试用逻辑代数的基本公式，化简下列逻辑函数。

（1）$(A+\bar{B}C)(\bar{A}B+C)$　　（2）$AB(BC+A)$

（3）$AB+B\bar{C}+ABC+AB\bar{C}$　　（4）$(A+\bar{B}+C)(A+C+\bar{D})$

【题 2.3】已知下列逻辑函数，给出它们的真值表、卡诺图和逻辑图（限用**非门**和**与非门**）。

（1）$F=\bar{A}\,\bar{B}+AB$　　（2）$AB+A\bar{B}C+\bar{A}BC$

【题 2.4】将下列逻辑函数展开为最小项表达式。

（1）$F(A,B,C)=A+\bar{B}C+\bar{A}BC$　　（2）$F(A,B,C,D)=AB+BC+CD+DA$

【题 2.5】将下列逻辑函数展开为最大项表达式。

（1）$F(A,B,C)=(A+B)(\bar{B}+C)$　　（2）$F(A,B,C)=A\bar{B}C+A\bar{C}$

【题 2.6】用真值表验证下列等式。

（1）$A\bar{B}+\bar{A}B=(\bar{A}+\bar{B})(A+B)$　　（2）$A\bar{B}+B\bar{C}+\bar{A}C=\overline{\bar{A}\,\bar{B}\,\bar{C}+ABC}$

【题 2.7】求下列逻辑函数的反函数和对偶式。

（1）$F=AB+\bar{A}\,\bar{B}$　　（2）$F=AB+\overline{C+D}$

（3）$F=\bar{A}\,\bar{B}+\overline{\overline{AB}\,\overline{CD}}$　　（4）$F=\sum m(4,5,6,7)$

【题 2.8】用代数化简法将下列逻辑函数化简成最简**与**–**或**表达式。

（1）$\overline{AB+\bar{A}\,\bar{B}+\bar{A}B+A\bar{B}}$　　（2）$\overline{\overline{\bar{A}+B}+\overline{A+B}+\overline{\bar{A}B}\,\overline{A\bar{B}}}$

（3）$\bar{B}+ABC+\overline{AC}+\overline{AB}$　　（4）$\overline{ABC}+A\bar{B}C+ABC+A+B\bar{C}$

（5）$ABC\bar{D}+ABD+BC\bar{D}+ABCD+B\bar{C}$

（6）$\overline{\overline{AC+\bar{A}BC}+\bar{B}C+AB\bar{C}}$

【题 2.9】用卡诺图化简法化简下列逻辑函数。

（1）$Y=A\bar{B}CD+D(\bar{B}\,\bar{C}D)+(A+C)B\bar{D}+\bar{A}(\bar{B}+\bar{C})$

（2）$Y(A,B,C,D)=\sum m(0,2,4,8,10,12)$

（3）$L(A,B,C,D)=\sum m(0,4,6,13,14,15)+\sum d(1,2,3,5,7,9,10,11)$

（4）$L(A,B,C,D)=A\bar{C}+AD+\bar{B}\,\bar{C}+\bar{B}D$

（5）$Y=\bar{A}\,\bar{B}+AC+\bar{B}C$

（6）$Y=A\bar{B}\,\bar{C}+\bar{A}\,\bar{B}+\bar{A}D+C+BD$

第3章 组合逻辑电路

组合逻辑电路（简称组合电路）在任何时刻的输出信号只取决于该时刻电路的各输入信号的组合，而与电路原来的状态无关，即与电路之前输入信号的取值无关。

组合逻辑电路在电路结构上具有以下特点：

(1) 电路由逻辑门电路组合而成，不含任何记忆元件，电路没有记忆能力；

(2) 输入信号是单向传输的，电路中没有反馈通路。

本章首先介绍组合逻辑电路的分析与设计方法，然后介绍几种常用的中规模集成组合逻辑电路——编码器、译码器、数据选择器、数值比较器及加法器的逻辑功能、使用方法及应用。

3.1 组合逻辑电路的分析方法

能力目标

- 知道分析组合逻辑电路的逻辑功能的步骤。
- 能够分析由门电路构成的组合逻辑电路的逻辑功能。

分析一个给定的组合逻辑电路，得出该电路的逻辑功能的步骤为：首先由逻辑电路图出发，从电路的输入到输出逐级写出逻辑函数式；然后将得到的逻辑函数式进行化简（代数法/卡诺图法）或变换，得到最简或最合理的逻辑函数式，使逻辑关系简单明了，便于列写真值表；最后根据真值表对该组合逻辑电路的逻辑功能进行描述。分析组合逻辑电路的步骤如图3.1所示。

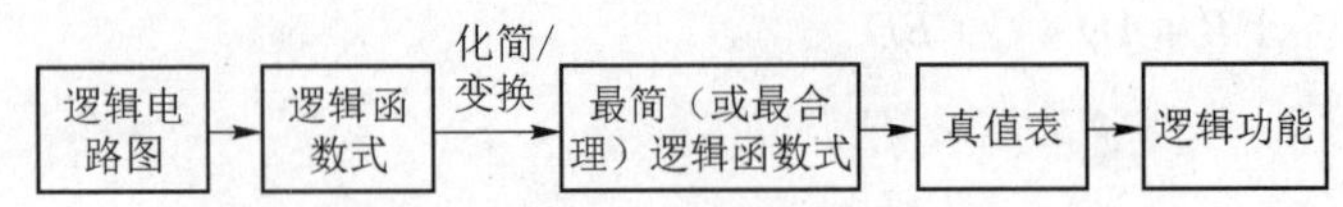

图3.1 分析组合逻辑电路的步骤

【例3.1】 组合电路的逻辑电路图如图3.2所示，请分析该电路的逻辑功能。

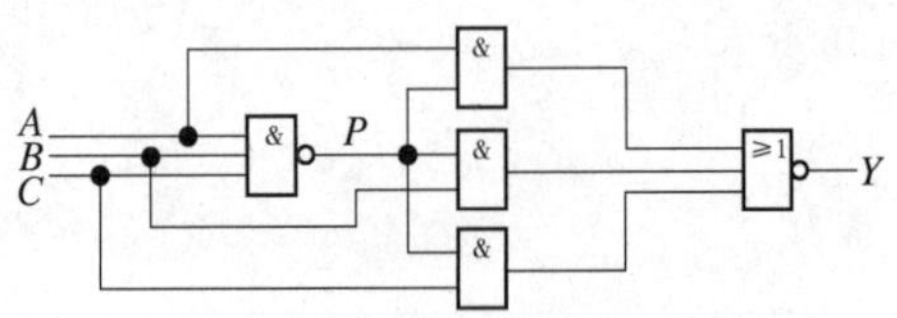

图3.2 例3.1逻辑电路图

【解】（1）由逻辑电路图逐级写出逻辑函数式。

为了书写逻辑函数式方便，这里借助中间变量 P，得

$$P=\overline{ABC}$$

$$Y=\overline{AP+BP+CP}$$

$$=\overline{A\,\overline{\overline{ABC}}+B\,\overline{\overline{ABC}}+C\,\overline{\overline{ABC}}} \quad (3.1)$$

（2）化简或变换。

为使逻辑关系简单明了，利于列写真值表，有必要对逻辑函数式进行化简或变换。一般将其化简或变换成**与-或**表达式或最小项表达式，得

$$Y=\overline{\overline{ABC}(A+B+C)}=ABC+\overline{A+B+C}=ABC+\overline{A}\ \overline{B}\ \overline{C} \quad (3.2)$$

（3）由逻辑函数式列出真值表。

经过化简变换的逻辑函数式（3.2）为两个最小项之和，逻辑关系更加直观，很容易列出真值表，如表3.1所示。

表3.1　例3.1真值表

A	B	C	Y
0	**0**	**0**	**1**
0	**0**	**1**	**0**
0	**1**	**0**	**0**
0	**1**	**1**	**0**
1	**0**	**0**	**0**
1	**0**	**1**	**0**
1	**1**	**0**	**0**
1	**1**	**1**	**1**

（4）分析逻辑功能。

由表3.1可知，当 A、B、C 三个变量一致时，电路输出为 **1**，否则输出为 **0**，所以这个电路的逻辑功能为“判别变量是否一致”。可见，一旦列出真值表，其逻辑功能也就一目了然了。

【例3.2】组合电路的逻辑电路图如图3.3所示，请分析该电路的逻辑功能。

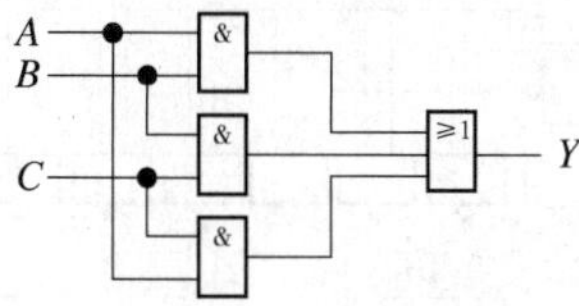

图3.3　例3.2逻辑电路图

【解1】（1）由逻辑电路图写出逻辑函数式，得

$$Y=AB+AC+BC \quad (3.3)$$

（2）化简或变换。

逻辑函数式（3.3）已经是最简**与-或**表达式，不需再化简。

（3）由逻辑函数式列出真值表。

根据此最简**与-或**表达式，列出真值表如表3.2所示。

表3.2　例3.2真值表

A	B	C	Y
0	**0**	**0**	**0**
0	**0**	**1**	**0**
0	**1**	**0**	**0**
0	**1**	**1**	**1**
1	**0**	**0**	**0**
1	**0**	**1**	**1**
1	**1**	**0**	**1**
1	**1**	**1**	**1**

【解2】（1）由逻辑电路图写出逻辑函数式，得到式（3.3）。

（2）化简或变换。

为使逻辑关系简单明了，可以将逻辑函数式（3.3）变换成最小项表达式，得

$$Y=\overline{A}BC+A\overline{B}C+AB\overline{C}+ABC \tag{3.4}$$

（3）由逻辑函数式列出真值表。

根据此最小项表达式，列出真值表如表3.2所示。

（4）分析逻辑功能。

由表3.2可知，当输入的A、B、C中有2个或3个为**1**时，输出Y为**1**；否则输出Y为**0**。所以此电路实际上是一个3人表决电路，只要有2人或3人同意，表决就通过。

例3.1和例3.2中输出变量只有一个，对于具有多个输出变量的组合逻辑电路，分析方法与之相似。

【例3.3】组合电路的逻辑电路图如图3.4所示，请分析该电路的逻辑功能。

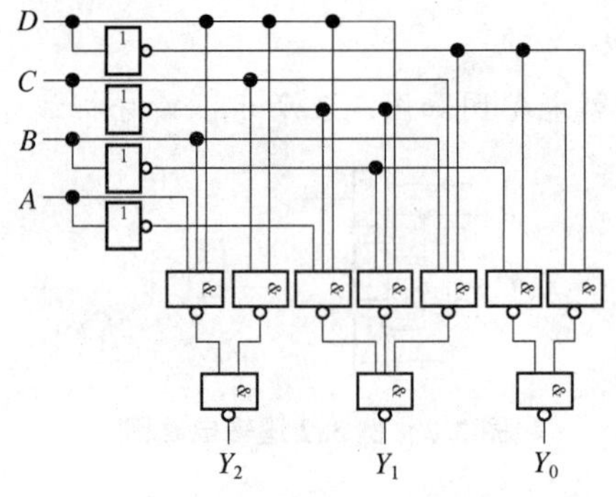

图3.4　例3.3逻辑电路图

【解】（1）由逻辑电路图写出逻辑函数式，得

$$
\begin{cases}
Y_2 = \overline{\overline{DC}\ \overline{DBA}} \\
Y_1 = \overline{\overline{\bar{D}CB}\ \overline{D\bar{C}\bar{B}}\ \overline{D\bar{C}\bar{A}}} \\
Y_0 = \overline{\overline{\bar{D}\bar{C}}\ \overline{\bar{D}\bar{B}}}
\end{cases}
\tag{3.5}
$$

（2）化简或变换。

将式（3.5）变换成**与**－**或**表达式，得

$$
\begin{cases}
Y_2 = DC + DBA \\
Y_1 = \bar{D}CB + D\bar{C}\bar{B} + D\bar{C}\bar{A} \\
Y_0 = \bar{D}\bar{C} + \bar{D}\bar{B}
\end{cases}
\tag{3.6}
$$

（3）由逻辑函数式列出真值表。

列出真值表，如表 3.3 所示。

表 3.3　例 3.3 真值表

D	C	B	A	Y_2	Y_1	Y_0
0	**0**	**0**	**0**	**0**	**0**	**1**
0	**0**	**0**	**1**	**0**	**0**	**1**
0	**0**	**1**	**0**	**0**	**0**	**1**
0	**0**	**1**	**1**	**0**	**0**	**1**
0	**1**	**0**	**0**	**0**	**0**	**1**
0	**1**	**0**	**1**	**0**	**0**	**1**
0	**1**	**1**	**0**	**0**	**1**	**0**
0	**1**	**1**	**1**	**0**	**1**	**0**
1	**0**	**0**	**0**	**0**	**1**	**0**
1	**0**	**0**	**1**	**0**	**1**	**0**
1	**0**	**1**	**0**	**0**	**1**	**0**
1	**0**	**1**	**1**	**1**	**0**	**0**
1	**1**	**0**	**0**	**1**	**0**	**0**
1	**1**	**0**	**1**	**1**	**0**	**0**
1	**1**	**1**	**0**	**1**	**0**	**0**
1	**1**	**1**	**1**	**1**	**0**	**0**

（4）分析逻辑功能。

由表 3.3 可知，当 $DCBA$ 表示的二进制数小于或等于 5 时，Y_0 为 **1**；当这个二进制数在 6～10 之间时，Y_1 为 **1**；当这个二进制数大于或等于 11 时，Y_2 为 **1**。因此，电路的逻辑功能可用来判别输入的 4 位二进制数数值的范围。

思考

分析组合电路逻辑功能时，根据逻辑电路图写出逻辑函数式后，需要化简再列写真值表，化简时是否一定要将逻辑函数式化为最简与－或表达式？

3.2　组合逻辑电路的设计方法

能力目标

- 知道设计组合逻辑电路的步骤。
- 能够利用门电路设计特定逻辑功能的组合逻辑电路。

组合逻辑电路的设计是根据给出的实际逻辑问题，求出实现这一逻辑功能的最简单逻辑电路。一般应以电路所用的器件数量、种类最少，且器件之间的连线最少为设计目标，因此在设计过程中要用到前面介绍的代数法或卡诺图法来化简或变换逻辑函数。设计组合逻辑电路的步骤如图 3.5 所示。

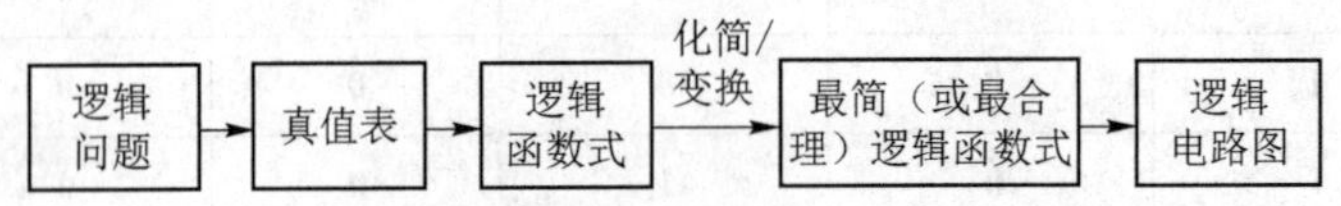

图 3.5　设计组合逻辑电路的步骤

组合逻辑电路的设计包括“多输入、单输出组合逻辑电路”“多输入、多输出组合逻辑电路”和“具有无关项的多输入、多输出组合逻辑电路”的设计。

1. 多输入、单输出组合逻辑电路的设计

【例 3.4】 在举重比赛中有三名裁判，包括一名主裁判和两名副裁判。比赛时，只有主裁判判定运动员成绩有效，且至少一名副裁判判定运动员成绩有效时，该运动员的成绩才有效。请列出真值表，并用门电路实现该逻辑电路。

【解】（1）根据设计要求进行逻辑抽象：

取三名裁判分别为输入变量 A、B、C，其中 A 为主裁判，B、C 为副裁判，规定同意时为逻辑 **1**，不同意时为逻辑 **0**；取表决结果为输出变量 Y，规定表决结果通过为逻辑 **1**，未通过为逻辑 **0**。

根据设计要求列出真值表如表 3.4 所示。

表 3.4　例 3.4 真值表

A	B	C	Y
0	**0**	**0**	**0**
0	**0**	**1**	**0**
0	**1**	**0**	**0**

续表

A	B	C	Y
0	1	1	0
1	0	0	0
1	0	1	1
1	1	0	1
1	1	1	1

（2）由真值表3.4，写出逻辑函数式，即

$$Y = A\overline{B}C + AB\overline{C} + ABC \tag{3.7}$$

该逻辑函数式不是最简函数式，需要化简。

（3）由于卡诺图法比较方便易行，易于掌握，故一般采用卡诺图法进行化简。根据式（3.7），画出相应的卡诺图，如图3.6所示。合并相邻最小项，得到最简**与－或**表达式为

$$Y = AB + AC \tag{3.8}$$

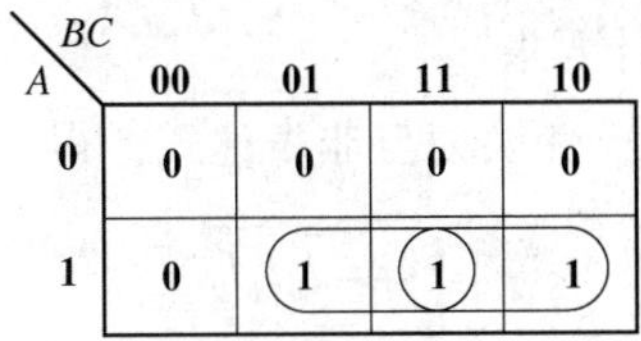

图3.6　例3.4的卡诺图

（4）根据此最简**与－或**表达式，画出逻辑电路图如图3.7所示。

（5）如果要求用**与非**门实现该逻辑电路，则应将该最简**与－或**表达式转换成最简**与非－与非**表达式，即

$$Y = AB + AC = \overline{\overline{AB}\ \overline{AC}} \tag{3.9}$$

画出逻辑电路图如图3.8所示。

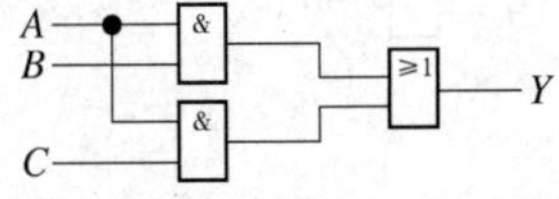

图3.7　用与门、或门设计的逻辑电路图

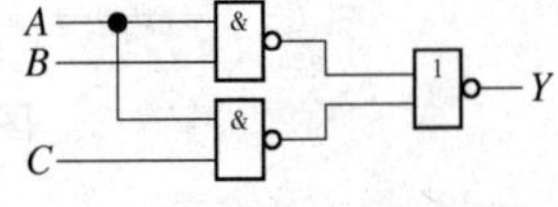

图3.8　用与非门设计的逻辑电路图

2. 多输入、多输出组合逻辑电路的设计

【例3.5】设计一个电话机信号控制电路。电路有 I_0（火警）、I_1（盗警）和 I_2（日常业务）三种输入信号，通过排队电路分别从 Y_0、Y_1、Y_2 输出，在同一时间只能有一个信号通过。如果同时有两个及以上输入信号出现时，应首先接通火警信号，其次为盗警信号，最后是日常业务信号。按照上述优先级设计该信号控制电路。要求用集成门电路 74×00 芯片（每片含4路2输入**与非**门）实现。

【解】（1）列出真值表。

对于输入，设有信号为逻辑**1**，没信号为逻辑**0**。对于输出，设允许通过为逻辑**1**，不允许通过为逻辑**0**。真值表如表3.5所示。

表3.5　例3.5真值表

I_0	I_1	I_2	Y_0	Y_1	Y_2
0	0	0	0	0	0
1	×	×	1	0	0
0	1	×	0	1	0
0	0	1	0	0	1

（2）由真值表3.5写出各输出的逻辑函数式：

$$\begin{cases} Y_2 = \overline{I_0}\,\overline{I_1}I_2 \\ Y_1 = \overline{I_0}I_1 \\ Y_0 = I_0 \end{cases} \tag{3.10}$$

（3）这三个逻辑函数式已是最简，不需化简，但需要用**非**门和**与**门实现，且Y_2需用三输入**与**门才能实现，故不符合设计要求。

（4）根据要求，将式（3.10）变换为**与非**表达式，得

$$\begin{cases} Y_2 = \overline{\overline{\overline{I_0}\,\overline{I_1}}\,I_2} \\ Y_1 = \overline{\overline{\overline{I_0}I_1}} \\ Y_0 = I_0 \end{cases} \tag{3.11}$$

（5）画出逻辑电路图如图3.9所示，可用两片集成**与非**门74×00芯片来实现。

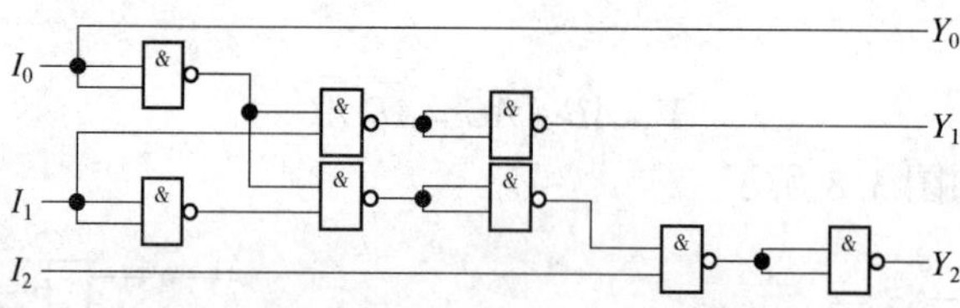

图3.9　例3.5的逻辑电路图

可见，在实际设计组合逻辑电路时，有时并不是逻辑函数式最简，就能满足设计要求，还应考虑所使用集成器件的种类。将逻辑函数式转换为所要求的集成器件实现的形式，并尽量使所用集成器件数目最少，就是设计步骤框图中所说的“最合理”。

3. 具有无关项的多输入、多输出组合逻辑电路的设计

【例3.6】设计一个将余3码变换成8421BCD码的组合逻辑电路。

【解】（1）取$A_3A_2A_1A_0$表示输入的余3码，取$Y_3Y_2Y_1Y_0$表示输出的8421BCD码。根据题意列出真值表如表3.6所示。在余3码中，**0000**、**0001**、**0010**、**1101**、**1110**、**1111**未使用，所以在真值表中作为无关项处理。

表 3.6　例 3.6 真值表

输入（余 3 码）				输出（8421BCD 码）			
A_3	A_2	A_1	A_0	Y_3	Y_2	Y_1	Y_0
0	0	0	0	×	×	×	×
0	0	0	1	×	×	×	×
0	0	1	0	×	×	×	×
0	0	1	1	0	0	0	0
0	1	0	0	0	0	0	1
0	1	0	1	0	0	1	0
0	1	1	0	0	0	1	1
0	1	1	1	0	1	0	0
1	0	0	0	0	1	0	1
1	0	0	1	0	1	1	0
1	0	1	0	0	1	1	1
1	0	1	1	1	0	0	0
1	1	0	0	1	0	0	1
1	1	0	1	×	×	×	×
1	1	1	0	×	×	×	×
1	1	1	1	×	×	×	×

需要注意的是，在真值表中输出变量的位置画“×”，表示这个最小项是无关项；而在输入变量的位置画“×”，只是表示将真值表的若干行压缩为一行，并不是无关项，如表 3.5所示。

（2）用卡诺图法进行化简。本题有 4 个输入变量、4 个输出变量，故分别画出与 4 个输出变量对应的卡诺图，如图 3.10（a）、（b）、（c）、（d）所示。

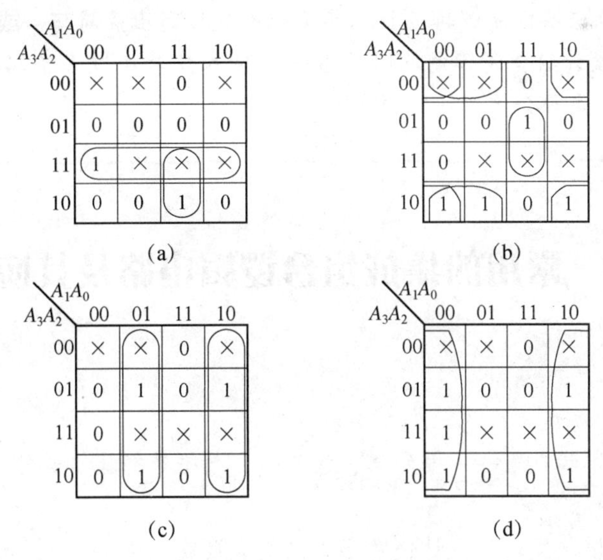

图 3.10　例 3.6 的卡诺图

（a）与 Y_3对应；（b）与 Y_2对应；（c）与 Y_1对应；（d）与 Y_0对应

注：余 3 码中有 6 个无关项，应充分利用，使其逻辑函数式尽量简单。

则化简后的逻辑函数式为

$$\begin{cases} Y_3 = A_3A_2 + A_3A_1A_0 = \overline{\overline{A_3A_2}\ \overline{A_3A_1A_0}} \\ Y_2 = \overline{A}_2\overline{A}_1 + \overline{A}_2\overline{A}_0 + A_2A_1A_0 = \overline{\overline{\overline{A}_2\overline{A}_1}\ \overline{\overline{A}_2\overline{A}_0}\ \overline{A_2A_1A_0}} \\ Y_1 = A_1\overline{A}_0 + \overline{A}_1A_0 = \overline{\overline{A_1\overline{A}_0}\ \overline{\overline{A}_1A_0}} \\ Y_0 = \overline{A}_0 \end{cases} \tag{3.12}$$

（3）由逻辑函数式画出逻辑电路图，如图 3.11 所示。

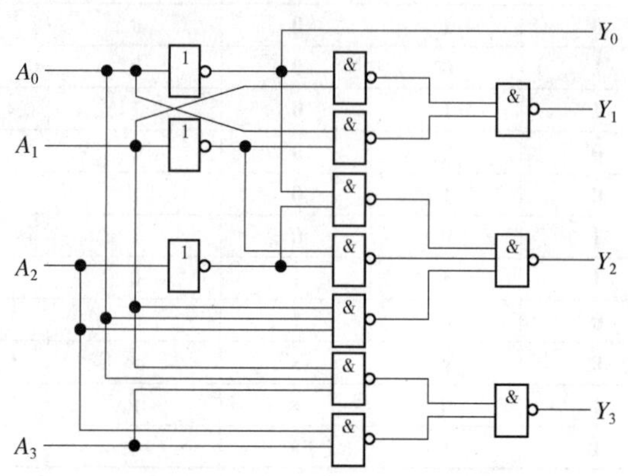

图 3.11　例 3.6 的逻辑电路图

思考

（1）设计组合逻辑电路时是否一定要列出真值表，并写出最小项表达式？有些实际问题能否直接画出卡诺图化简逻辑函数？甚至能否直接写出最简**与-或**表达式？

（2）在分析和设计组合逻辑电路时，当一个输入信号经过多条路径传输后又重新会合到某个门电路时，是否会产生逻辑错误？

3.3　常用的集成组合逻辑电路及其应用

能力目标

- 知道集成组合逻辑电路——编码器、译码器、数据选择器、数值比较器及加法器的逻辑功能。
- 能够利用中规模集成芯片设计任意形式的组合逻辑电路。

人们在实践中遇到的逻辑问题层出不穷，为解决这些逻辑问题就要设计相应的逻辑电路。有些逻辑电路经常、大量地出现在各种数字系统中，为了使用上的方便，已经把这些常用的组合逻辑电路制成了中规模集成电路（Medium Scale Integration，MSI）的标准化产品，不需要用户再用门电路设计。本节将介绍编码器、译码器、数据选择器、数值比较器及加法器等常用的集成组合逻辑电路，重点介绍这些电路的逻辑功能、工作原理及使用方法。

3.3.1 编码器

编码是将字母、数字、符号等信息编成一组二进制代码。在逻辑电路中，信号都是以高、低电平的形式给出，因此编码器的逻辑功能就是将输入的每一个高、低电平信号编成一个对应的二进制代码。编码器有若干个输入，在某一时刻只有一个输入信号被转换为二进制代码。

编码器按照输入信号有无优先级别，可以分为普通编码器和优先编码器；按照输入端和输出端的数目，可以分为二进制编码器和二－十进制编码器（即8421BCD码编码器）。

1. 二进制普通编码器

用 n 位二进制代码对 2^n 个信号进行编码的电路称为二进制编码器。

对于普通编码器，在任何时刻只允许一个输入信号有效，即只允许输入一个编码信号，否则输出将发生混乱。这种编码器要求输入信号之间存在约束关系，互相排斥，所以在使用中受到一定限制。

3位二进制普通编码器的功能如表3.7所示，$I_0 \sim I_7$ 为8个高电平有效的输入信号，$Y_2Y_1Y_0$ 为输出的3位二进制代码，所以常称为8线－3线编码器。

表3.7 8线－3线普通编码器功能表

输入								输出		
I_0	I_1	I_2	I_3	I_4	I_5	I_6	I_7	Y_2	Y_1	Y_0
1	0	0	0	0	0	0	0	0	0	0
0	1	0	0	0	0	0	0	0	0	1
0	0	1	0	0	0	0	0	0	1	0
0	0	0	1	0	0	0	0	0	1	1
0	0	0	0	1	0	0	0	1	0	0
0	0	0	0	0	1	0	0	1	0	1
0	0	0	0	0	0	1	0	1	1	0
0	0	0	0	0	0	0	1	1	1	1

由表3.7写出各输出的逻辑函数式为

$$\begin{cases} Y_2 = I_4 + I_5 + I_6 + I_7 = \overline{\overline{I_4}\ \overline{I_5}\ \overline{I_6}\ \overline{I_7}} \\ Y_1 = I_2 + I_3 + I_6 + I_7 = \overline{\overline{I_2}\ \overline{I_3}\ \overline{I_6}\ \overline{I_7}} \\ Y_0 = I_1 + I_3 + I_5 + I_7 = \overline{\overline{I_1}\ \overline{I_3}\ \overline{I_5}\ \overline{I_7}} \end{cases} \tag{3.13}$$

可以用或门或者与非门实现逻辑电路，其逻辑电路图如图 3.12 所示。

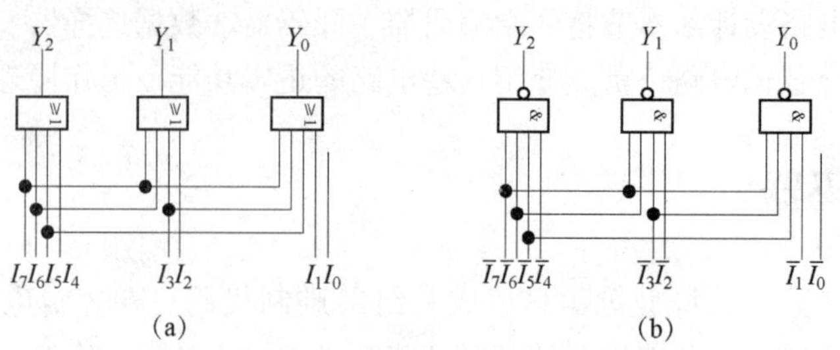

图 3.12　8 线 -3 线普通编码器的逻辑电路图

(a) 用或门构成的编码器；(b) 用与非门构成的编码器

2. 二进制优先编码器

在二进制优先编码器中，允许同时输入两个及两个以上的编码信号，编码器为所有的输入信号规定了优先顺序，当多个输入信号同时出现时，只对其中优先级最高的一个输入信号进行编码。优先编码器不必对输入信号提出严格要求，使用方便，从而得到了广泛应用。例如，当计算机外部设备工作时，经编码器向主机提出申请，就需要把所有外部设备按轻重缓急进行排队，确定出优先级别，并采用优先编码器实现。

74×148 是一种常用的 8 线 -3 线优先编码器，其功能如表 3.8 所示。

表 3.8　74×148 优先编码器功能表

输　入									输　出				
$\overline{EI}$	$\overline{I_0}$	$\overline{I_1}$	$\overline{I_2}$	$\overline{I_3}$	$\overline{I_4}$	$\overline{I_5}$	$\overline{I_6}$	$\overline{I_7}$	$\overline{Y_2}$	$\overline{Y_1}$	$\overline{Y_0}$	$\overline{GS}$	EO
1	×	×	×	×	×	×	×	×	1	1	1	1	1
0	1	1	1	1	1	1	1	1	1	1	1	1	0
0	×	×	×	×	×	×	×	0	0	0	0	0	1
0	×	×	×	×	×	×	0	1	0	0	1	0	1
0	×	×	×	×	×	0	1	1	0	1	0	0	1
0	×	×	×	×	0	1	1	1	0	1	1	0	1
0	×	×	×	0	1	1	1	1	1	0	0	0	1
0	×	×	0	1	1	1	1	1	1	0	1	0	1
0	×	0	1	1	1	1	1	1	1	1	0	0	1
0	0	1	1	1	1	1	1	1	1	1	1	0	1

其逻辑功能如下。

(1) $\overline{EI}$为使能输入端，低电平有效。当$\overline{EI}=\mathbf{0}$时，编码器正常工作；当$\overline{EI}=\mathbf{1}$时，所有的输出均被封锁在无效的高电平。

(2) $\overline{I_0}\sim\overline{I_7}$为编码输入端，低电平有效，优先顺序为$\overline{I_7}\rightarrow\overline{I_0}$，即$\overline{I_7}$的优先级最高，$\overline{I_0}$的优先级最低。当$\overline{EI}=\mathbf{0}$时，允许$\overline{I_0}\sim\overline{I_7}$中同时有几个输入端输入有效的低电平，即有编码输入。

(3) $\overline{Y_2}\sim\overline{Y_0}$ 为编码输出端，反码输出。

当编码器正常工作时，若编码器输入端$\overline{I_0}\sim\overline{I_7}$均为输入无效的高电平，则输出 $\overline{Y_2}\sim\overline{Y_0}$ 均

被封锁在无效的高电平；当$\overline{I_7}=\mathbf{0}$时，无论其他输入端有无输入信号（表3.8中以“×”表示），输出端只给出$\overline{I_7}$的编码，即$\overline{Y_2}\,\overline{Y_1}\,\overline{Y_0}=\mathbf{000}$；当$\overline{I_7}=\mathbf{1}$、$\overline{I_6}=\mathbf{0}$时，无论其他输入端有无输入信号，输出端只给出$\overline{I_6}$的编码，即$\overline{Y_2}\,\overline{Y_1}\,\overline{Y_0}=\mathbf{001}$。

（4）$\overline{GS}$为编码器的工作标志端，低电平有效。当电路正常工作且有编码输入时，$\overline{GS}$输出低电平。

（5）EO为使能输出端，高电平有效。当电路正常工作且有编码输入时，EO输出高电平。

3. 编码器的扩展

集成编码器的输入、输出端的数目都是一定的，利用编码器的使能输入端$\overline{EI}$、使能输出端EO和工作标志端$\overline{GS}$，可以扩展编码器的输入、输出端的数目。

图3.13所示为用两片74×148优先编码器串行扩展实现的16线-4线优先编码器。

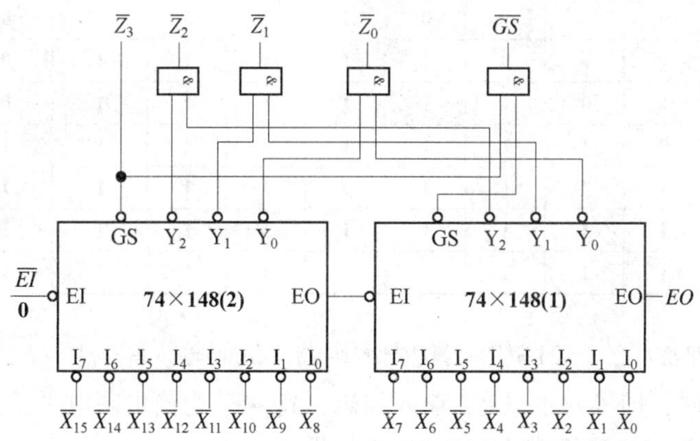

图3.13　扩展实现的16线-4线优先编码器

它共有16个编码输入端，用$\overline{X_{15}}\sim\overline{X_0}$表示；有4个编码输出端，用$\overline{Z_3}\sim\overline{Z_0}$表示。片（1）为低位片，其输入端$\overline{I_7}\sim\overline{I_0}$作为总输入端$\overline{X_7}\sim\overline{X_0}$；片（2）为高位片，其输入端$\overline{I_7}\sim\overline{I_0}$作为总输入端$\overline{X_{15}}\sim\overline{X_8}$。两片的输出端$\overline{Y_2}$、$\overline{Y_1}$、$\overline{Y_0}$分别按位相**与**，作为总输出端$\overline{Z_2}$、$\overline{Z_1}$、$\overline{Z_0}$，片（2）的$\overline{GS}$端作为总输出端$\overline{Z_3}$。片（1）的使能输出端$EO$作为电路总的使能输出端$EO$；片（2）的使能输入端$\overline{EI}$作为电路总的使能输入端$\overline{EI}$，在本电路中接**0**，处于允许编码状态。片（2）的使能输出端EO接片（1）的使能输入端$\overline{EI}$，控制片（1）工作。两片的工作标志端$\overline{GS}$相**与**，作为总的工作标志端$\overline{GS}$。

电路的工作原理如下。

当片（2）的输入端没有信号输入，即$\overline{X_{15}}\sim\overline{X_8}$全为**1**时，$\overline{GS_2}=\mathbf{1}$（即$\overline{Z_3}=\mathbf{1}$），$EO_2=\mathbf{0}$（即$\overline{EI_1}=\mathbf{0}$），片（1）处于允许编码状态。设此时$\overline{X_7}=\mathbf{1}$、$\overline{X_6}=\mathbf{1}$、$\overline{X_5}=\mathbf{0}$，则片（1）的输出为$\overline{Y_2}\,\overline{Y_1}\,\overline{Y_0}=\mathbf{010}$，由于此时片（2）的输出$\overline{Y_2}\,\overline{Y_1}\,\overline{Y_0}=\mathbf{111}$，所以总输出$\overline{Z_3}\,\overline{Z_2}\,\overline{Z_1}\,\overline{Z_0}=\mathbf{1010}$，即为5的反码。

当片（2）有信号输入，$EO_2=\mathbf{1}$（即$\overline{EI_1}=\mathbf{1}$）时，片（1）处于禁止编码状态。设此时$\overline{X_{15}}=\mathbf{1}$、$\overline{X_{14}}=\mathbf{1}$、$\overline{X_{13}}=\mathbf{1}$、$\overline{X_{12}}=\mathbf{0}$（即片（2）的$\overline{I_4}=\mathbf{0}$），则片（2）的输出为$\overline{Y_2}\,\overline{Y_1}\,\overline{Y_0}=\mathbf{011}$，且$\overline{GS_2}=\mathbf{0}$（即$\overline{Z_3}=\mathbf{0}$）。由于此时片（1）的输出$\overline{Y_2}\,\overline{Y_1}\,\overline{Y_0}=\mathbf{111}$，所以总输出$\overline{Z_3}\,\overline{Z_2}\,\overline{Z_1}\,\overline{Z_0}=\mathbf{0011}$，即为12的反码。

4. 8421BCD 码优先编码器

8421BCD 码优先编码器的功能如表 3.9 所示，其中$\overline{I_0}\sim\overline{I_9}$为编码输入端，代表输入的 10 个 1 位的十进制数 0 ~ 9，低电平有效，优先顺序为$\overline{I_9}\rightarrow\overline{I_0}$，即$\overline{I_9}$的优先级最高，$\overline{I_0}$的优先级最低。输出为对应的 8421BCD 码，$\overline{Y_3}\sim\overline{Y_0}$ 为编码输出端，为反码输出。

表 3.9　8421BCD 码优先编码器功能表

输入										输出			
$\overline{I_0}$	$\overline{I_1}$	$\overline{I_2}$	$\overline{I_3}$	$\overline{I_4}$	$\overline{I_5}$	$\overline{I_6}$	$\overline{I_7}$	$\overline{I_8}$	$\overline{I_9}$	$\overline{Y_3}$	$\overline{Y_2}$	$\overline{Y_1}$	$\overline{Y_0}$
×	×	×	×	×	×	×	×	×	0	0	1	1	0
×	×	×	×	×	×	×	×	0	1	0	1	1	1
×	×	×	×	×	×	×	0	1	1	1	0	0	0
×	×	×	×	×	×	0	1	1	1	1	0	0	1
×	×	×	×	×	0	1	1	1	1	1	0	1	0
×	×	×	×	0	1	1	1	1	1	1	0	1	1
×	×	×	0	1	1	1	1	1	1	1	1	0	0
×	×	0	1	1	1	1	1	1	1	1	1	0	1
×	0	1	1	1	1	1	1	1	1	1	1	1	0
0	1	1	1	1	1	1	1	1	1	1	1	1	1

74×147 是一种常用的 8421BCD 码优先编码器，编码输入端为$\overline{I_1}\sim\overline{I_9}$，当输入端$\overline{I_1}\sim\overline{I_9}$均输入无效的高电平时，即等效于只有$\overline{I_0}$输入编码，$\overline{Y_3}\sim\overline{Y_0}$ 均输出高电平。

5. 用 74×148 和门电路组成 8421BCD 编码器

图 3.14 所示是用 74×148 和门电路组成的 8421BCD 编码器，输入仍为低电平有效，输出为 8421BCD 码。其工作原理如下。

当$\overline{I_9}$、$\overline{I_8}$无输入（即$\overline{I_9}$、$\overline{I_8}$均为高电平）时，与非门 G_3的输出 $Z_3=\mathbf{0}$，同时使 74×148 的 $\overline{EI}=\mathbf{0}$，允许 74×148 工作，74×148 对输入$\overline{I_7}\sim\overline{I_0}$进行编码。若$\overline{I_7}=\mathbf{1}$、$\overline{I_6}=\mathbf{1}$、$\overline{I_5}=\mathbf{0}$，则 $\overline{Y_2}\,\overline{Y_1}\,\overline{Y_0}=\mathbf{010}$，经门电路 G_2、G_1、G_0 处理后，$Z_2Z_1Z_0=\mathbf{101}$，所以总输出 $Z_3Z_2Z_1Z_0=\mathbf{0101}$，这正好是 5 的 8421BCD 码。

当$\overline{I_9}$或$\overline{I_8}$有输入（即为低电平）时，与非门 G_3的输出 $Z_3=\mathbf{1}$，同时使 74×148 的$\overline{EI}=\mathbf{1}$，禁止 74×148 工作，使 $\overline{Y_2}\,\overline{Y_1}\,\overline{Y_0}=\mathbf{111}$。如果此时$\overline{I_9}=\mathbf{0}$，总输出 $Z_3Z_2Z_1Z_0=\mathbf{1001}$，正好是 9 的 8421BCD 码。如果$\overline{I_9}=\mathbf{1}$、$\overline{I_8}=\mathbf{0}$，则总输出 $Z_3Z_2Z_1Z_0=\mathbf{1000}$，正好是 8 的 8421BCD 码。

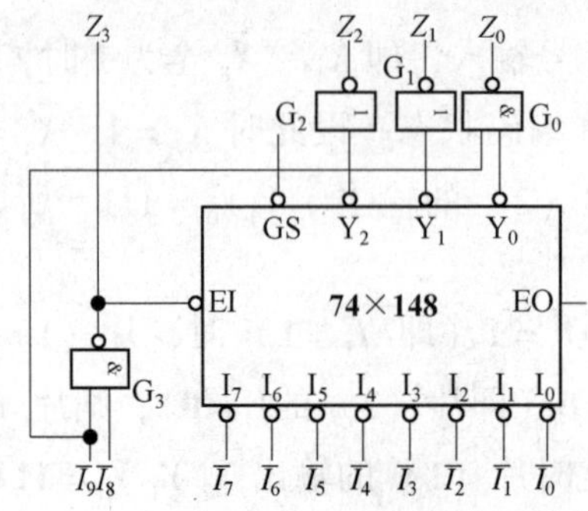

3.14　用 74×148 和门电路组成 8421BCD 编码器

3.3.2 译码器

译码是编码的逆过程，其功能是将具有特定含义的二进制数码的组合转换成对应的信号，具有译码功能的逻辑电路称为译码器。

常用的译码器可以分为通用译码器和显示译码器，而通用译码器根据输入端和输出端的数目又有二进制译码器和二 – 十进制译码器之分。

假设通用译码器有 n 个输入信号和 N 个输出信号，如果 $N=2^n$，则称为二进制译码器，即全译码器。常见的二进制译码器有 2 线 – 4 线译码器、3 线 – 8 线译码器、4 线 – 16 线译码器等。如果 $N<2^n$，则称为部分译码器，如二 – 十进制译码器（也称作 4 线 – 10 线译码器）等。

1. 二进制译码器

以 2 线 – 4 线译码器为例说明译码器的工作原理和电路结构。2 线 – 4 线译码器的功能如表 3.10 所示。其中$\overline{EI}$为使能输入端，低电平有效；A_1、A_0 为输入端，高电平有效；$\overline{Y_0}\sim\overline{Y_3}$ 为 4 个输出端，低电平有效。其逻辑功能为：只有当$\overline{EI}=\mathbf{0}$ 时，译码器才能正常工作；而当 $\overline{EI}=\mathbf{1}$ 时，所有的输出均被封锁在无效的高电平；译码器正常工作时，对应于输入代码的每一种组合，4 个输出端中只有 1 个输出有效的低电平，其余的均输出无效的高电平。

表 3.10　2 线 –4 线译码器功能表

输　入			输　出			
$\overline{EI}$	A_1	A_0	$\overline{Y_0}$	$\overline{Y_1}$	$\overline{Y_2}$	$\overline{Y_3}$
1	×	×	1	1	1	1
0	0	0	0	1	1	1
0	0	1	1	0	1	1
0	1	0	1	1	0	1
0	1	1	1	1	1	0

由表 3.10 可写出各输出的逻辑函数式为

$$\begin{cases}\overline{Y_3}=\overline{EI\cdot A_1A_0}=\overline{EI\cdot m_3}\\ \overline{Y_2}=\overline{EI\cdot A_1\overline{A_0}}=\overline{EI\cdot m_2}\\ \overline{Y_1}=\overline{EI\cdot \overline{A_1}A_0}=\overline{EI\cdot m_1}\\ \overline{Y_0}=\overline{EI\cdot \overline{A_1}\,\overline{A_0}}=\overline{EI\cdot m_0}\end{cases}\tag{3.14}$$

由此可见，当$\overline{EI}=\mathbf{0}$ 时，$\overline{Y_0}\sim\overline{Y_3}$同时又是 A_1、A_0 这两个变量的全部最小项的译码输出，所以也将这种译码器称为最小项译码器。它常应用于实现多输出的组合逻辑函数、数据分配器及计算机系统中的地址译码。

用门电路实现 2 线 – 4 线译码器的逻辑电路图如图 3.15 所示，其中与$\overline{EI}$对应的非门将"∘"提前是为了强调使能输入端$\overline{EI}$为低电平有效。

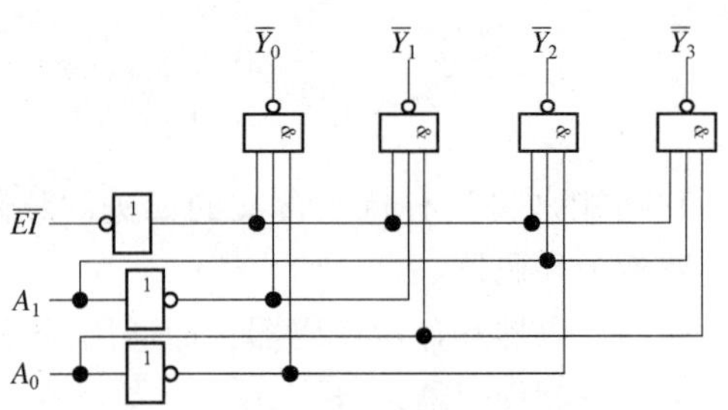

图 3.15　2 线 –4 线译码器的逻辑电路图

2. 集成译码器

74×138 是一种典型的二进制译码器，它有 3 个输入端 $A_2 \sim A_0$，高电平有效；8 个输出端$\overline{Y_7} \sim \overline{Y_0}$，低电平有效，所以常称为 3 线 –8 线译码器，属于全译码器；G_1、$\overline{G}_{2A}$和 $\overline{G}_{2B}$为使能输入端，其功能如表 3.11 所示。当 $G_1 = \mathbf{1}$，$\overline{G}_{2A} = \overline{G}_{2B} = \mathbf{0}$ 时，译码器处于工作状态；否则，译码器被禁止，所有的输出均被封锁在无效的高电平。当译码器正常工作时，对应于输入代码 $A_2 \sim A_0$ 的每一种组合，8 个输出端$\overline{Y_7} \sim \overline{Y_0}$中有且只有一个输出有效的低电平，即 8 个输出端是 3 个输入变量的全部最小项的译码输出，利用附加的门电路将这些最小项适当地组合起来，便可产生任意形式的输入变量数目小于或等于 3 的组合逻辑函数。

由此可知，由于 n 位二进制译码器的输出给出了 n 变量的全部最小项，因此将 n 变量二进制译码器和适当的门电路组合在一起，则一定能实现任何形式的输入变量数目小于或等于 n 的组合逻辑函数。

表 3.11　3 线 –8 线译码器 74×138 功能表

输　入						输　出							
G_1	$\overline{G}_{2A}$	$\overline{G}_{2B}$	A_2	A_1	A_0	$\overline{Y_0}$	$\overline{Y_1}$	$\overline{Y_2}$	$\overline{Y_3}$	$\overline{Y_4}$	$\overline{Y_5}$	$\overline{Y_6}$	$\overline{Y_7}$
×	**1**	×	×	×	×	**1**	**1**	**1**	**1**	**1**	**1**	**1**	**1**
×	×	**1**	×	×	×	**1**	**1**	**1**	**1**	**1**	**1**	**1**	**1**
0	×	×	×	×	×	**1**	**1**	**1**	**1**	**1**	**1**	**1**	**1**
1	**0**	**0**	**0**	**0**	**0**	**0**	**1**	**1**	**1**	**1**	**1**	**1**	**1**
1	**0**	**0**	**0**	**0**	**1**	**1**	**0**	**1**	**1**	**1**	**1**	**1**	**1**
1	**0**	**0**	**0**	**1**	**0**	**1**	**1**	**0**	**1**	**1**	**1**	**1**	**1**
1	**0**	**0**	**0**	**1**	**1**	**1**	**1**	**1**	**0**	**1**	**1**	**1**	**1**
1	**0**	**0**	**1**	**0**	**0**	**1**	**1**	**1**	**1**	**0**	**1**	**1**	**1**
1	**0**	**0**	**1**	**0**	**1**	**1**	**1**	**1**	**1**	**1**	**0**	**1**	**1**
1	**0**	**0**	**1**	**1**	**0**	**1**	**1**	**1**	**1**	**1**	**1**	**0**	**1**
1	**0**	**0**	**1**	**1**	**1**	**1**	**1**	**1**	**1**	**1**	**1**	**1**	**0**

3. 译码器的扩展

利用译码器的使能输入端可以方便地扩展译码器的容量。图 3.16 所示是将两片74×138 扩展为 4 线 –16 线译码器。片（2）为高位片，片（1）为低位片。

4 线 –16 线译码器的其工作原理为：当$\overline{EI} = \mathbf{1}$ 时，两个译码器都禁止工作，输出全为 **1**；

当$\overline{EI}=\mathbf{0}$时，译码器工作。这时，如果$A_3=\mathbf{0}$，则高位片禁止，则低位片工作，输出$\overline{Z}_0 \sim \overline{Z}_7$由输入二进制代码$A_2A_1A_0$决定，如$A_3A_2A_1A_0=\mathbf{0011}$，则只有低位片的$\overline{Y_3}$（即$\overline{Z}_3$）输出低电平；如果$A_3=\mathbf{1}$，低位片禁止，高位片工作，输出$\overline{Z}_8 \sim \overline{Z}_{15}$由输入二进制代码$A_2A_1A_0$决定，如$A_3A_2A_1A_0=\mathbf{1011}$，则只有高位片的$\overline{Y_3}$（即$\overline{Z}_{11}$）输出低电平，从而实现了4线－16线译码器的功能。

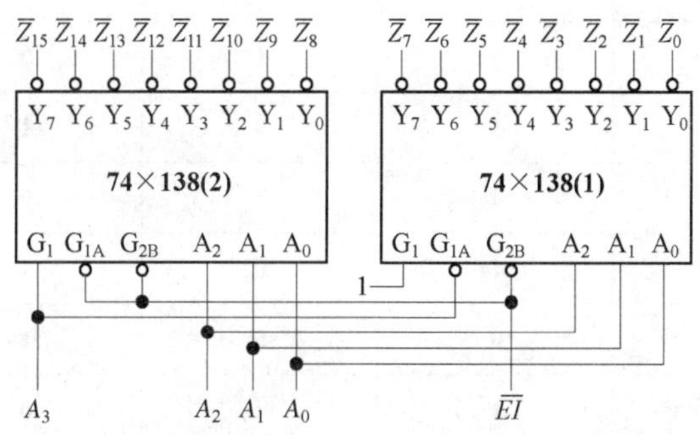

图3.16　扩展实现的4线－16线译码器

4. 译码器的应用

译码器应用于两个方面，分别是实现组合逻辑电路和构成数据分配器。

1）实现组合逻辑电路

由于译码器的每个输出端分别与一个最小项相对应，因此辅以适当的门电路，便可实现任何形式的组合逻辑函数。

【例3.7】试用译码器和适当的门电路实现单输出的组合逻辑函数$Y=AB+AC+BC$。

【解】（1）将组合逻辑函数转换成最小项表达式，再转换成**与非－与非**表达式，得

$$Y=AB\overline{C}+A\overline{B}C+\overline{A}BC+ABC=m_6+m_5+m_3+m_7=\overline{\overline{m_6}\ \overline{m_5}\ \overline{m_3}\ \overline{m_7}} \tag{3.15}$$

（2）该函数有3个变量，所以选用3线－8线译码器74×138。用一片74×138和一个**与非**门就可实现该组合逻辑函数Y，逻辑电路图如图3.17所示。

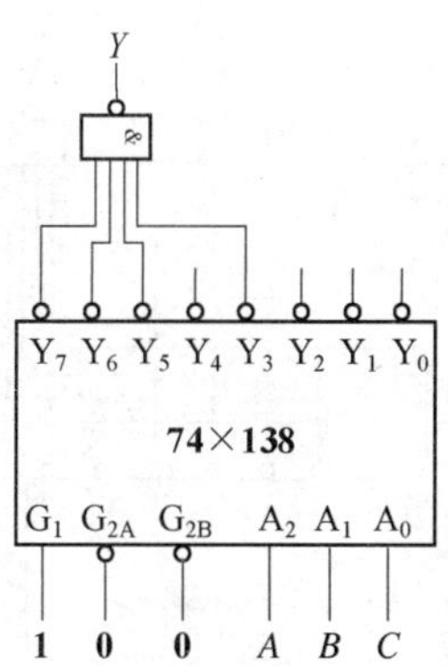

图3.17　例3.7的逻辑电路图

【例3.8】某组合逻辑函数的真值表如表3.12所示，试用译码器和必要的门电路实现该多输出的逻辑函数。

表 3.12　例 3.8 真值表

输入			输出		
A	*B*	*C*	*L*	*M*	*N*
0	0	0	0	0	1
0	0	1	1	0	0
0	1	0	1	0	1
0	1	1	0	1	0
1	0	0	1	0	1
1	0	1	0	1	0
1	1	0	0	1	1
1	1	1	1	0	0

【解】（1）写出各输出的最小项表达式，再转换成**与非 - 与非**表达式，得

$$\begin{cases} L=\overline{A}\,\overline{B}C+\overline{A}B\overline{C}+A\overline{B}\,\overline{C}+ABC=m_1+m_2+m_4+m_7=\overline{\overline{m_1}\;\overline{m_2}\;\overline{m_4}\;\overline{m_7}} \\ M=\overline{A}BC+A\overline{B}C+AB\overline{C}=m_3+m_5+m_6=\overline{\overline{m_3}\;\overline{m_5}\;\overline{m_6}} \\ N=\overline{A}\,\overline{B}\,\overline{C}+\overline{A}B\overline{C}+A\overline{B}\,\overline{C}+AB\overline{C}=m_0+m_2+m_4+m_6=\overline{\overline{m_0}\;\overline{m_2}\;\overline{m_4}\;\overline{m_6}} \end{cases} \tag{3.16}$$

（2）选用 3 线 - 8 线译码器 74×138。设 $A_2=A$、$A_1=B$、$A_0=C$，将 L、M、N 的逻辑函数式与 74×138 的输出函数式相比较，得

$$\begin{cases} L=\overline{\overline{Y_1}\;\overline{Y_2}\;\overline{Y_4}\;\overline{Y_7}} \\ M=\overline{\overline{Y_3}\;\overline{Y_5}\;\overline{Y_6}} \\ N=\overline{\overline{Y_0}\;\overline{Y_2}\;\overline{Y_4}\;\overline{Y_6}} \end{cases} \tag{3.17}$$

用一片 74×138 和三个**与非**门即可实现该组合逻辑电路，逻辑电路图如图 3.18 所示。

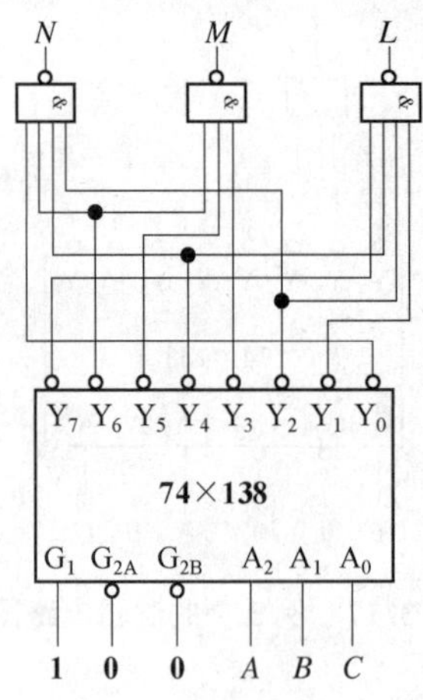

图 3.18　例 3.8 的逻辑电路

思考

（1）用集成译码器设计组合逻辑函数时，结果是否是唯一的？

（2）若用集成译码器 74×138 及必要的**与非**门设计【例 3.7】所示组合逻辑函数，则共有几种结果？

2）构成数据分配器

数据分配是将一个从数据源来的数据，根据需要送到多个不同的通道上去，实现数据分配功能的逻辑电路称为数据分配器，它的功能与图 3.19 中的单刀多掷开关相似。数据分配器有一个数据输入端和多个数据输出端，输入数据到底分配到哪个输出端上，则是由加到通道选择输入端上的通道选择信号（即地址选择信号）决定。

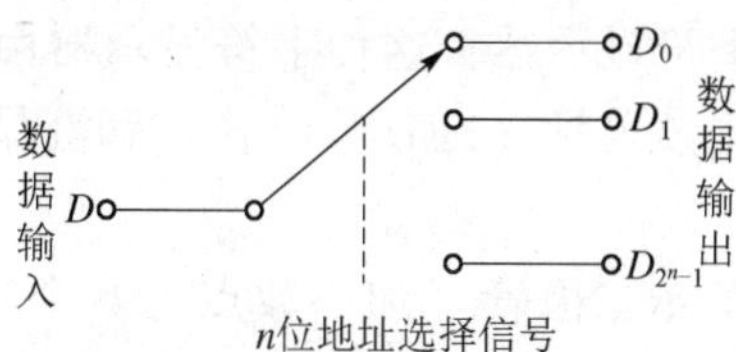

图 3.19　数据分配器的功能示意图

由于译码器和数据分配器的功能非常接近，所以译码器一个很重要的应用就是构成数据分配器。正因为如此，市场上没有集成数据分配器产品，只有集成译码器产品，当需要数据分配器时，可以用二进制译码器改接。

【例 3.9】用译码器 74×138 设计一个 1 线 -8 线数据分配器。

【解】用带选通控制端的二进制译码器改接成数据分配器时，与数据通道 D 对应的是译码器的一个选通控制端，与地址选择信号相对应的是二进制译码器输入的二进制代码，即数据分配器就是带选通控制端（又称使能输入端）的集成二进制译码器。只要在使用时把二进制译码器的选通控制端当作数据输入端、二进制代码输入端当作地址选择控制端即可，逻辑电路图如图 3.20 所示，表 3.13 是对应的真值表。

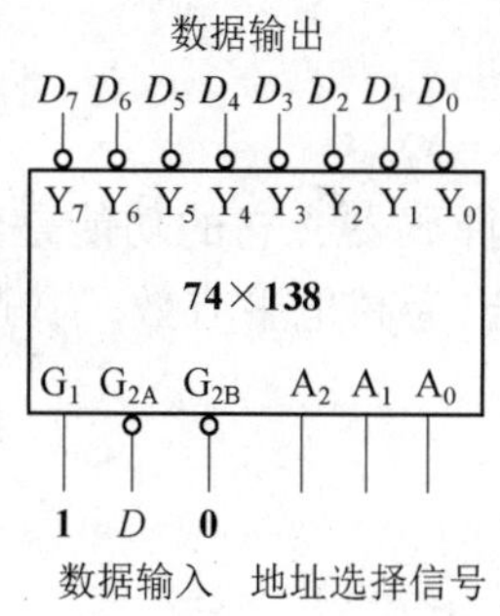

图 3.20　例 3.9 逻辑电路图

表 3.13　例 3.9 真值表

地址选择信号			输　出
A_2	A_1	A_0	
0	0	0	$D_0=D$
0	0	1	$D_1=D$
0	1	0	$D_2=D$
0	1	1	$D_3=D$
1	0	0	$D_4=D$
1	0	1	$D_5=D$
1	1	0	$D_6=D$
1	1	1	$D_7=D$

5. 显示译码器

在实际工作中，常常需要将数字、字母、符号等直观地显示出来，供人们读取或监视系统的工作情况。能够显示数字、字母或符号的器件称为字符显示器。数字显示电路是许多数字设备中不可缺少的部分，其通常由显示译码器、驱动器和字符显示器等部分组成。

在数字电路中，数字量都是以一定的代码形式出现的，所以这些数字量要先经过译码，才能送到字符显示器去显示。这种能将数字量翻译成字符显示器所能识别的信号的译码器称为数字显示译码器（简称显示译码器）。通常，显示译码器也包含了驱动的功能。

常用的字符显示器有多种类型：按显示方式分，有点阵式、分段式等；按发光物质分，有半导体显示器（又称发光二极管 LED 显示器）、荧光显示器、液晶显示器、气体放电管显示器等。

目前应用最广泛的是七段字符显示器，这种字符显示器由七段可发光的线段拼合而成。常见的七段字符显示器有半导体数码管（LED 数码管）和液晶显示器（LCD）两种。

1）半导体数码管

半导体数码管就是将七个发光二极管（加小数点为八个）按一定的方式排列起来，七段 a、b、c、d、e、f、g（小数点 Dp）各对应一个发光二极管，利用不同发光段的组合，显示不同的阿拉伯数字。半导体数码管如图 3. 21 所示。

按内部连接方式不同，半导体数码管分为共阴极和共阳极两种。

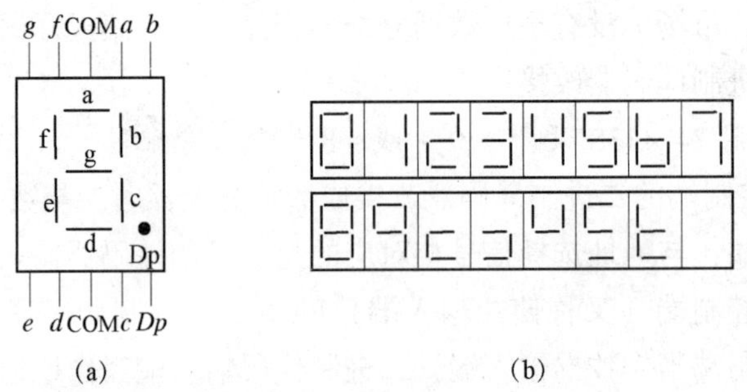

图 3. 21　半导体数码管及发光段组合图

(a) 显示器；(b) 段组合图

2）七段显示译码器 74 × 48

74 × 48 是一种与共阴极半导体数码管配合使用的集成译码器，它的功能是将输入的 4 位二进制代码转换成显示器所需要的 7 个段信号 $a \sim g$，输出为高电平有效。其逻辑电路图如图 3. 22 所示。

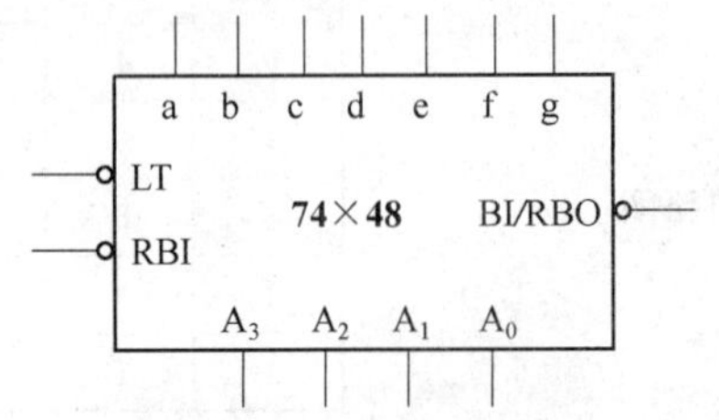

图 3. 22　74 × 48 的逻辑电路图

表 3. 14 为七段显示译码器 74 ×48 的功能表。

表 3. 14　七段显示译码器 74 ×48 的功能表

功能/数字	输入						输入/输出	输出							显示字形
	$\overline{LT}$	$\overline{RBI}$	A_3	A_2	A_1	A_0	$\overline{BI}/\overline{RBO}$	a	b	c	d	e	f	g	
灭灯	×	×	×	×	×	×	0（输入）	0	0	0	0	0	0	0	Blank
灭零	1	0	0	0	0	0	0	0	0	0	0	0	0	0	Blank
试灯	0	×	×	×	×	×	1	1	1	1	1	1	1	1	
0	1	1	0	0	0	0	1	1	1	1	1	1	1	0	
1	1	×	0	0	0	1	1	0	1	1	0	0	0	0	
2	1	×	0	0	1	0	1	1	1	0	1	1	0	1	
3	1	×	0	0	1	1	1	1	1	1	1	0	0	1	
4	1	×	0	1	0	0	1	0	1	1	0	0	1	1	
5	1	×	0	1	0	1	1	1	0	1	1	0	1	1	
6	1	×	0	1	1	0	1	0	0	1	1	1	1	1	
7	1	×	0	1	1	1	1	1	1	1	0	0	0	0	
8	1	×	1	0	0	0	1	1	1	1	1	1	1	1	
9	1	×	1	0	0	1	1	1	1	1	0	0	1	1	
10	1	×	1	0	1	0	1	0	0	0	1	1	0	1	
11	1	×	1	0	1	1	1	0	0	1	1	0	0	1	
12	1	×	1	1	0	0	1	0	1	0	0	0	1	1	
13	1	×	1	1	0	1	1	1	0	0	1	0	1	1	
14	1	×	1	1	1	0	1	0	0	0	1	1	1	1	
15	1	×	1	1	1	1	1	0	0	0	0	0	0	0	Blank

A_3、A_2、A_1、A_0是输入的 4 位二进制代码，$a \sim g$ 为译码输出端，送到七段字符显示器进行显示。另外还有 3 个控制端：试灯输入端$\overline{LT}$、灭零输入端$\overline{RBI}$、灭灯输入/灭零输出端$\overline{BI}/\overline{RBO}$。其功能如下。

（1）正常译码显示。当$\overline{LT}=1$，$\overline{BI}/\overline{RBO}=1$ 时，对输入为十进制数 1 ~ 15 的二进制代码（**0001 ~ 1111**）进行译码，产生对应的七段显示码。

（2）灭零。当输入为 **0** 的二进制代码 **0000** 时，且输入$\overline{RBI}=0$ ，则译码器的 $a \sim g$ 输出全 **0**，使显示器全灭；只有当$\overline{RBI}=1$ 时，才产生 **0** 的七段显示码。所以$\overline{RBI}$称为灭零输入端。

（3）试灯。当$\overline{LT}=0$ 时，无论输入怎样，$a \sim g$ 输出全为 **1**，数码管七段全亮。由此可以检测显示器 7 个发光段及显示译码器的好坏。$\overline{LT}$称为试灯输入端。

(4) 灭灯输入/灭零输出端$\overline{BI}/\overline{RBO}$。$\overline{BI}/\overline{RBO}$可以作输入端，也可以作输出端。作输入端使用时，如果$\overline{BI}=\mathbf{0}$，不管其他输入端为何值，$a \sim g$ 均输出 **0**，显示器全灭，因此称$\overline{BI}$为灭灯输入端。作输出端使用时，受控于$\overline{RBI}$。当$\overline{LT}=\mathbf{1}$，$\overline{RBI}=\mathbf{0}$，输入为 **0** 的二进制代码 **0000** 时，$\overline{RBO}$输出为 **0**，用以指示该片正处于灭零状态。所以，又称$\overline{RBO}$称为灭零输出端。

将$\overline{BI}/\overline{RBO}$和$\overline{RBI}$配合使用，可以实现多位数显示时的“无效 **0** 消隐”功能。在需要显示多位十进制数码时，整数最高位和小数最低位的 **0** 是无意义的，称为“无效 **0**”。在图 3.23 所示的多位数码显示器中，就可将无效 **0** 灭掉。从图中可见，由于整数部分 74×48 除最高位的$\overline{RBI}$接 **0**、最低位的$\overline{RBI}$接 **1** 外，其余各位的$\overline{RBI}$均连接到高位的$\overline{RBO}$输出端。所以整数部分只有在高位是 **0**，而且被熄灭时，低位才有灭零输入信号。同理，小数部分除最高位的$\overline{RBI}$接 **1**、最低位的$\overline{RBI}$接 **0** 外，其余各位的$\overline{RBI}$均连接低位的$\overline{RBO}$输出端。所以小数部分只有在低位是 **0**，而且被熄灭时，高位才有灭零输入信号，从而实现了多位十进制数码显示器的“无效 **0** 消隐”功能。

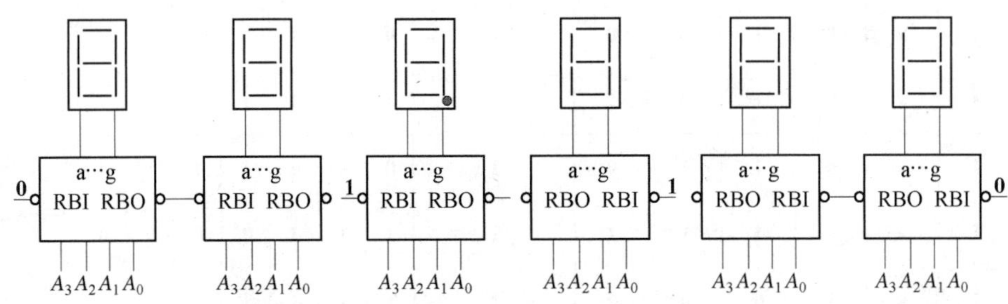

图 3.23　多位数码显示器

74×248 也是一种驱动共阴极数码显示器的集成译码器，其与 74×48 在逻辑功能上的区别仅在于显示数码“6”和“9”时各多了一条横线。如图 3.21 (a) 所示，如用 74×48驱动共阴极数码显示器，当显示“6”时，图中对应 c、d、e、f、g 段发光，显示“9”时，图中对应 a、b、c、f、g 段发光；而用 74×248 驱动共阴极数码显示器，当显示“6”时，图中对应 a、c、d、e、f、g 段发光，显示“9”时，图中对应 a、b、c、d、f、g 段发光。

而 74×47 与 74×247 是驱动共阳极数码显示器的集成显示译码器，使用方法与七段显示译码器 74×48 相似。

3.3.3　数据选择器

在数字信号传输过程中，有时需要从一组输入数据中选出某一个数据，这时就要用到数据选择器。

1. 数据选择器的基本概念及工作原理

数据选择器会根据地址选择码从多路输入数据中选择一路送到输出端，它的作用与图 3.24 中的单刀多掷开关相似。

常用的数据选择器有 4 选 1、8 选 1、16 选 1 等多种类型。下面以 4 选 1 为例介绍数据选择器的基本功能。

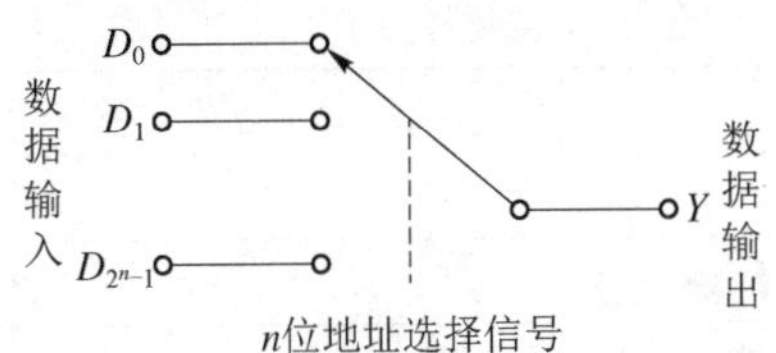

图 3.24　数据选择器的功能示意图

4 选 1 数据选择器的功能如表 3.15 所示。

表 3.15　4 选 1 数据选择器的功能表

输　入			输　出
使能	地址选择		Y
$\overline{G}$	A_1	A_0	
1	×	×	**0**
0	**0**	**0**	D_0
0	**0**	**1**	D_1
0	**1**	**0**	D_2
0	**1**	**1**	D_3

根据功能表，可写出输出逻辑函数式为

$$Y = (\overline{A}_1\overline{A}_0D_0 + \overline{A}_1A_0D_1 + A_1\overline{A}_0D_2 + A_1A_0D_3)G \tag{3.18}$$

2. 集成数据选择器

74×151 是一种典型的集成 8 选 1 数据选择器，其逻辑电路图如图 3.25 所示。它有 8 个数据输入端 $D_7 \sim D_0$，3 个地址输入端 A_2、A_1、A_0，2 个互补的输出端 Y 和 $\overline{W}$（$\overline{W}=\overline{Y}$），1 个使能输入端 $\overline{G}$，使能输入端 $\overline{G}$ 仍为低电平有效。74×151 的功能如表 3.16 所示。

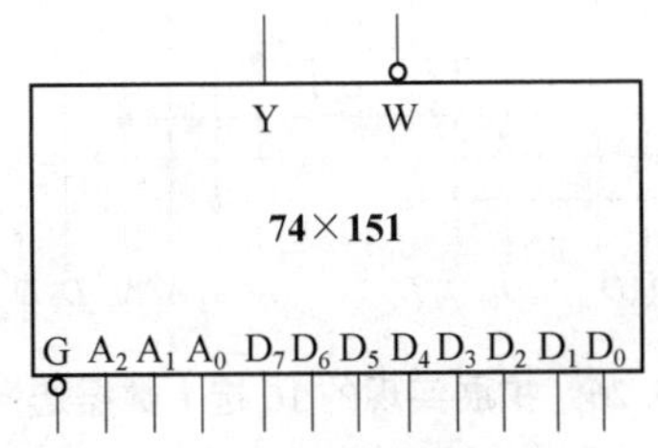

图 3.25　74×151 的逻辑电路图

表 3.16　8 选 1 数据选择器 74×151 的功能表

输　入				输　出
使能	地址选择			Y
$\overline{G}$	A_2	A_1	A_0	
1	×	×	×	**0**
0	**0**	**0**	**0**	D_0
0	**0**	**0**	**1**	D_1

续表

输入				输出
使能	地址选择			Y
$\overline{G}$	A_2	A_1	A_0	
0	**0**	**1**	**0**	D_2
0	**0**	**1**	**1**	D_3
0	**1**	**0**	**0**	D_4
0	**1**	**0**	**1**	D_5
0	**1**	**1**	**0**	D_6
0	**1**	**1**	**1**	D_7

3. 数据选择器的扩展

作为一种集成器件，最大规模的数据选择器是 16 选 1。如果需要更大规模的数据选择器，则可进行扩展。

用两片 74×151 和 3 个门电路组成的 16 选 1 的数据选择器如图 3. 26 所示。

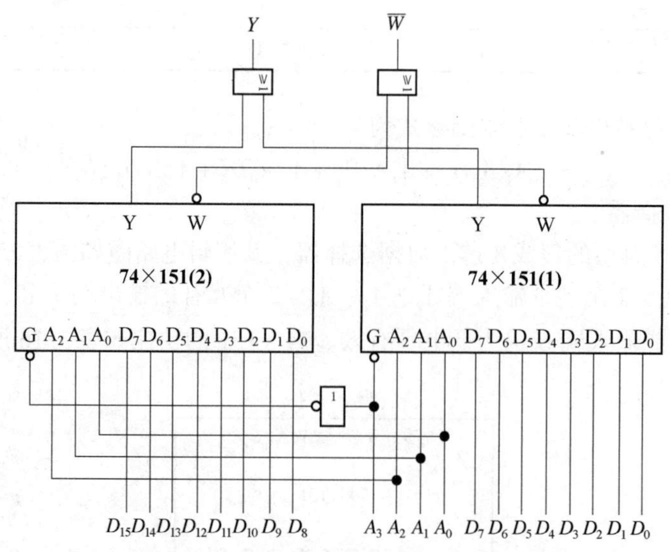

图 3. 26　扩展实现的 16 选 1 数据选择器

思考

图 3. 26 中的两片 74×151，哪片是高位片，哪片是低位片？

4. 数据选择器的应用

在输入数据都为 **1** 时，数据选择器的输出逻辑函数式为地址变量的全部最小项之和，所以数据选择器很适合用于实现多输入、单输出的组合逻辑函数。用具有 n 位地址输入端的数据选择器可以生成任何形式的输入变量数不大于 $n+1$ 的组合逻辑函数。

（1）当逻辑函数的输入变量个数和数据选择器的地址输入端个数相同时，可直接用数据选择器来实现逻辑函数。

【例 3.10】试用 8 选 1 数据选择器 74×151 实现组合逻辑函数 $L=AB+AC+BC$。

【解 1】将逻辑函数式转换成最小项表达式，得

$$L=\overline{A}BC+A\overline{B}C+AB\overline{C}+ABC=m_3+m_5+m_6+m_7 \tag{3.19}$$

将输入变量接至数据选择器的地址输入端，即 $A_2=A$、$A_1=B$、$A_0=C$，将输出变量接至数据选择器的输出端，即 $L=Y$。将逻辑函数 L 的最小项表达式与 74×151 的功能表相比较，显然，式（3.19）中出现的最小项，对应的数据输入端应接 **1**；式（3.19）中没出现的最小项，对应的数据输入端应接 **0**，即 $D_3=D_5=D_6=D_7=\mathbf{1}$；$D_0=D_1=D_2=D_4=\mathbf{0}$。

画出逻辑电路图如图 3.27 所示。

【解 2】列出逻辑函数 L 的真值表如表 3.17 所示。

表 3.17　L 的真值表

A	B	C	L
0	**0**	**0**	**0**
0	**0**	**1**	**0**
0	**1**	**0**	**0**
0	**1**	**1**	**1**
1	**0**	**0**	**0**
1	**0**	**1**	**1**
1	**1**	**0**	**1**
1	**1**	**1**	**1**

将输入变量接至数据选择器的地址输入端，即 $A_2=A$、$A_1=B$、$A_0=C$，将输出变量接至数据选择器的输出端，即 $L=Y$。将真值表中 L 取值为 **1** 的最小项所对应的数据输入端接 **1**；L 取值为 **0** 的最小项所对应的数据输入端接 **0**，即 $D_3=D_5=D_6=D_7=\mathbf{1}$；$D_0=D_1=D_2=D_4=\mathbf{0}$。

画出逻辑电路图如图 3.27 所示。

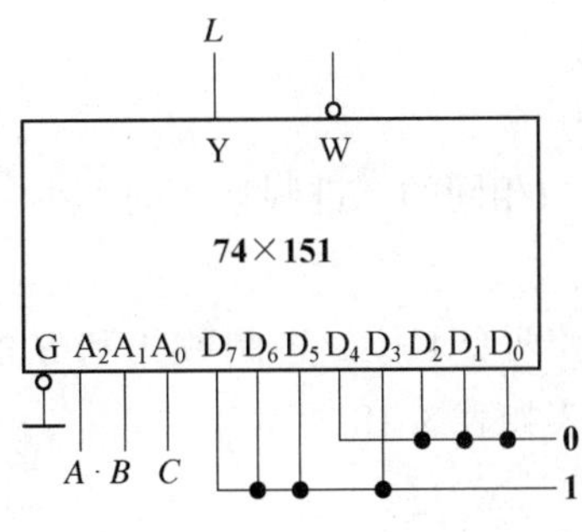

图 3.27　例 3.10 逻辑电路图

思考

与【例 3.10】对应的逻辑电路图是否唯一？

（2）当逻辑函数的输入变量个数大于数据选择器的地址输入端个数时，不能直接用数据选择器来实现。应分离出多余的变量，把它们加到适当的数据输入端。

【例 3.11】 试用双 4 选 1 数据选择器 74×153 实现逻辑函数 $L=AB+AC+BC$。

【解】 由于逻辑函数 L 有三个输入信号 A、B、C，而 4 选 1 数据选择器仅有两个地址输入端 A_1 和 A_0，所以可将 A、B 接到地址输入端，即假设 $A_1=A$、$A_0=B$，则可将 C 加到适当的数据输入端。将输出变量接至数据选择器的输出端，即 $L=Y$。逻辑函数 L 转换为

$$\begin{aligned} L &= AB+AC+BC=AB+ABC+A\overline{B}C+\overline{A}BC \\ &= \overline{A}\,\overline{B}\cdot\mathbf{0}+\overline{A}B\cdot C+A\overline{B}\cdot C+AB\cdot\mathbf{1} \end{aligned} \tag{3.20}$$

又 4 选 1 数据选择器 74×153 输出的逻辑函数式为

$$Y=\overline{A}_1\,\overline{A}_0D_0+\overline{A}_1A_0D_1+A_1\overline{A}_0D_2+A_1A_0D_3 \tag{3.21}$$

将式（3.20）与式（3.21）相比较，则有

$$\begin{cases} L=Y=\overline{A}_1\,\overline{A}_0\cdot\mathbf{0}+\overline{A}_1A_0\cdot C+A_1\overline{A}_0\cdot C+A_1A_0\cdot\mathbf{1} \\ D_0=\mathbf{0},\quad D_1=D_2=C,\quad D_3=\mathbf{1} \end{cases} \tag{3.22}$$

画出逻辑电路图如图 3.28 所示。

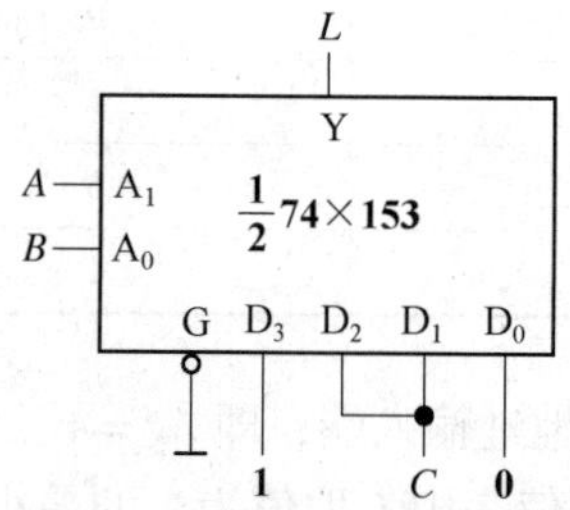

图 3.28 例 3.11 逻辑电路图

3.3.4 数值比较器

数值比较器用于比较两个位数相同的二进制整数的大小。

1. 1 位数值比较器

1 位数值比较器的功能是比较两个 1 位二进制数 A 和 B 的大小，比较结果有三种情况，即 $A>B$、$A<B$、$A=B$，其真值表如表 3.18 所示。

由真值表写出逻辑函数式为

$$\begin{cases} F_{(A>B)}=A\overline{B} \\ F_{(A<B)}=\overline{A}B \\ F_{(A=B)}=\overline{A}\,\overline{B}+AB=\overline{A\overline{B}+\overline{A}B} \end{cases} \tag{3.23}$$

由以上逻辑函数式可画出逻辑电路图如图 3.29 所示。

表 3.18　1 位数值比较器真值表

输　入		输　出		
A	B	$F_{(A>B)}$	$F_{(A<B)}$	$F_{(A=B)}$
0	0	0	0	1
0	1	0	1	0
1	0	1	0	0
1	1	0	0	1

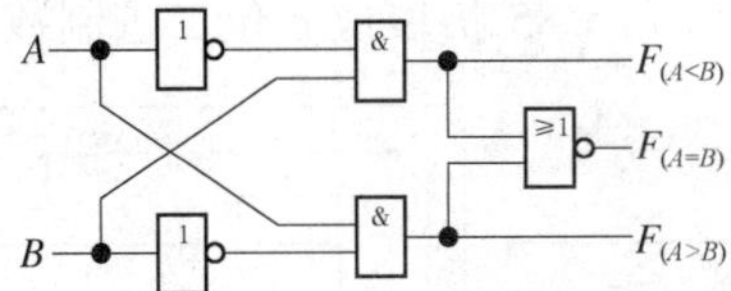

图 3.29　1 位数值比较器的逻辑电路图

2. 考虑低位比较结果的多位数值比较器

1 位数值比较器只能对两个 1 位二进制数进行比较，而实用的数值比较器一般是多位的，而且要考虑低位的比较结果。下面以比较两个 2 位二进制数为例讨论这种数值比较器的逻辑功能。

2 位数值比较器的真值表如表 3.19 所示。其中 A_1、B_1、A_0、B_0 为数值输入端，$I_{(A>B)}$、$I_{(A<B)}$、$I_{(A=B)}$ 为级联输入端，这是为了实现在比较 2 位以上的数码时，表示输入低位片的比较结果而设置的，$F_{(A>B)}$、$F_{(A<B)}$、$F_{(A=B)}$ 为本位片 3 种不同比较结果的输出端。

表 3.19　2 位数值比较器的真值表

数值输入		级联输入			输　出		
A_1　B_1	A_0　B_0	$I_{(A>B)}$	$I_{(A<B)}$	$I_{(A=B)}$	$F_{(A>B)}$	$F_{(A<B)}$	$F_{(A=B)}$
$A_1>B_1$	×	×	×	×	1	0	0
$A_1<B_1$	×	×	×	×	0	1	0
$A_1=B_1$	$A_0>B_0$	×	×	×	1	0	0
$A_1=B_1$	$A_0<B_0$	×	×	×	0	1	0
$A_1=B_1$	$A_0=B_0$	1	0	0	1	0	0
$A_1=B_1$	$A_0=B_0$	0	1	0	0	1	0
$A_1=B_1$	$A_0=B_0$	0	0	1	0	0	1

由真值表可写出逻辑函数式，即

$$\begin{cases} F_{(A>B)} = (A_1>B_1)+(A_1=B_1)(A_0>B_0)+(A_1=B_1)(A_0=B_0)I_{(A>B)} \\ F_{(A<B)} = (A_1<B_1)+(A_1=B_1)(A_0<B_0)+(A_1=B_1)(A_0=B_0)I_{(A<B)} \\ F_{(A=B)} = (A_1=B_1)(A_0=B_0)I_{(A=B)} \end{cases} \tag{3.24}$$

3. 集成数值比较器

74×85 是典型的集成 4 位二进制数值比较器，其逻辑电路图如图 3.30 所示。

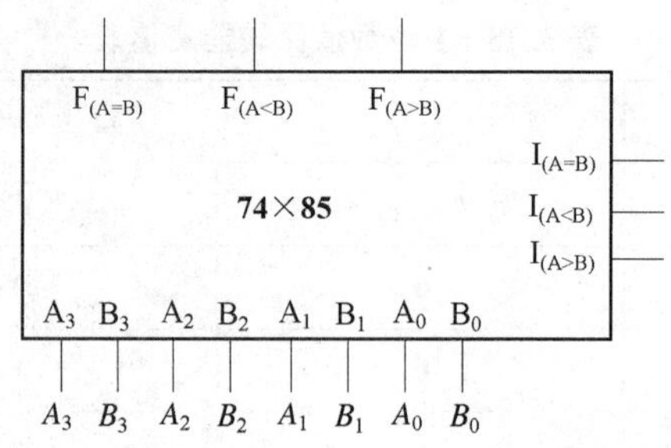

图 3.30　74×85 的逻辑电路图

4. 数值比较器的扩展

如图 3.31 所示，可以将两片 74×85 扩展成 8 位二进制数的数值比较器。

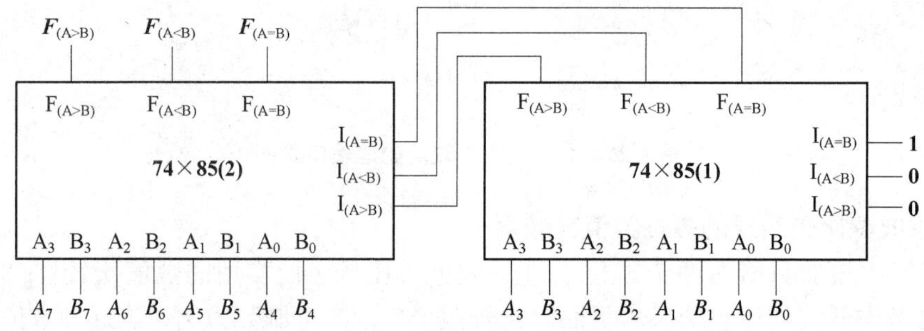

图 3.31　扩展实现的 8 位数值比较器

5. 集成数值比较器的应用

一片 74×85 可以对两个 4 位二进制数进行比较，此时级联输入端 $I_{(A>B)}$、$I_{(A<B)}$、$I_{(A=B)}$ 应分别接 **0**、**0**、**1**。当参与比较的两个二进制数少于 4 位时，高位多余输入端可同时接 **0** 或 **1**。

3.3.5　加法器

在数字计算机中，两个二进制数之间的加、减、乘、除四则运算都是转化为若干步加法运算进行的，因此加法器是构成算术运算器的基本单元和核心部件。加法器分为 1 位加法器和多位加法器，前者是后者的基础。1 位加法器又分为半加器和全加器。

1. 1 位加法器

1）半加器

如果不考虑来自低位的进位，只将两个 1 位二进制数相加，则称为半加运算，实现半加运算的电路称为半加器。半加器的真值表如表 3.20 所示。表中的 A 和 B 分别表示两个加数，S 为输出的本位和，CO 为向相邻高位的进位输出。

表 3.20　半加器的真值表

输　入		输　出	
A	B	S	CO
0	**0**	**0**	**0**

续表

输　入		输　出	
0	1	1	0
1	0	1	0
1	1	0	1

由真值表可直接写出输出逻辑函数式为

$$\begin{cases} S = \overline{A}B + A\overline{B} = A \oplus B \\ CO = AB \end{cases} \tag{3.25}$$

可用一个**异或**门和一个**与**门组成半加器，其逻辑电路图如图 3.32（a）所示，半加器的逻辑符号如图 3.32（b）所示。

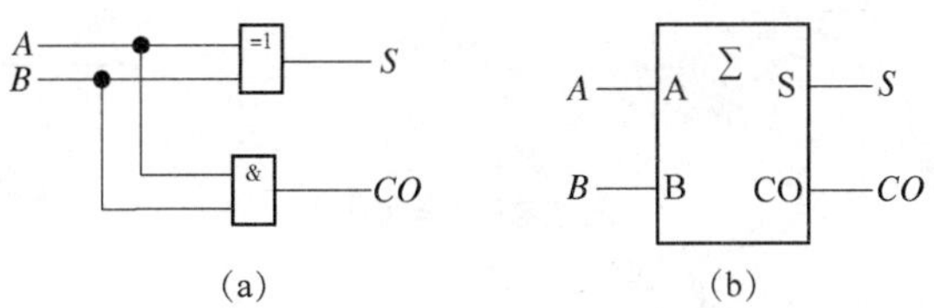

图 3.32　半加器

（a）逻辑电路图；（b）逻辑符号

2）全加器

两个多位二进制数进行加法运算时，除最低位，其他各位都需要考虑来自低位的进位。全加器的功能是实现将两个对应位的加数和来自低位的进位 3 个数相加，其真值表如表 3.21 所示。表中 A 和 B 分别表示两个加数，CI 表示来自相邻低位的进位输入，S 为输出的本位和，CO 为向相邻高位的进位输出。

表 3.21　全加器的真值表

输　入			输　出	
A	B	CI	S	CO
0	0	0	0	0
0	0	1	1	0
0	1	0	1	0
0	1	1	0	1
1	0	0	1	0
1	0	1	0	1
1	1	0	0	1
1	1	1	1	1

由真值表直接写出输出 S 和 CO 的逻辑函数式，并进行化简和转换，得

$$
\begin{cases}
S=\bar{A}\,\bar{B}CI+\bar{A}B\,\overline{CI}+A\,\bar{B}\,\overline{CI}+ABCI \\
\quad =\overline{A\oplus B}CI+(A\oplus B)\,\overline{CI} \\
\quad =A\oplus B\oplus CI \\
CO=\bar{A}BCI+A\,\bar{B}CI+AB\,\overline{CI}+ABCI \\
\quad =(A\oplus B)CI+AB
\end{cases}
\tag{3.26}
$$

根据输出 S 和 CO 的逻辑函数式画出全加器的逻辑电路图如图 3.33（a）所示，图 3.33（b）为全加器的逻辑符号。

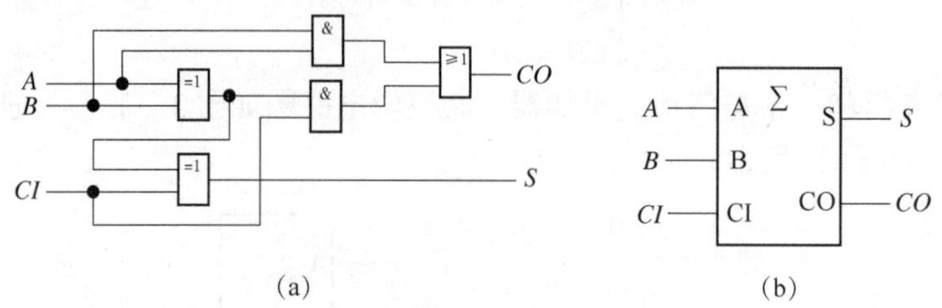

（a） （b）

图 3.33　全加器

（a）逻辑电路图；（b）逻辑符号

思考

（1）如何列写 1 位全减器的真值表？

（2）如何用集成译码器 74×138 及集成数据选择器 74×151 分别设计一个全加器？

2. 多位加法器

要进行多位二进制数相加，最简单的方法是将多个全加器进行级联，称为串行进位加法器。图 3.34 所示是 4 位串行进位加法器，从图中可见，两个 4 位二进制数 $A_3A_2A_1A_0$ 和 $B_3B_2B_1B_0$ 的各位同时送到相应全加器的输入端，进位数串行传送。全加器的个数等于相加数的位数，最低位全加器的 CI 端应接 **0**。

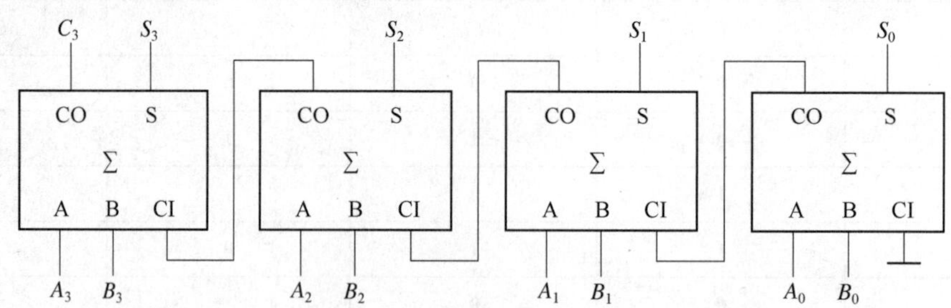

图 3.34　4 位串行进位加法器

串行进位加法器的优点是电路比较简单，缺点是速度比较慢。这种多位加法器的每一位的加法运算只能在低位进位信号产生之后才能进行。因为进位信号是串行传递的，图 3.34 中最后一位的进位输出 C_3 要经过 4 位全加器传递之后才能形成。如果位数增加，传输延迟时间将更长，工作速度更慢。

为了提高运算速度，人们又设计了一种超前进位加法器。超前进位是指在加法运算过程中，各级进位信号同时送到各位全加器的进位输入端。现在的集成加法器，大多采用这种设计方法。

思考

74×283 是一款比较典型的超前进位集成 4 位加法器，通过文献查阅，理解其设计思路。

3. 加法器的应用

1）加法器级联实现多位二进制数的加法运算

1 片 74×283 只能完成两个 4 位二进制数的加法运算，将多片 74×283 进行级联，就可扩展加法运算的位数。用 2 片 74×283 组成的 8 位二进制数加法器如图 3.35 所示。

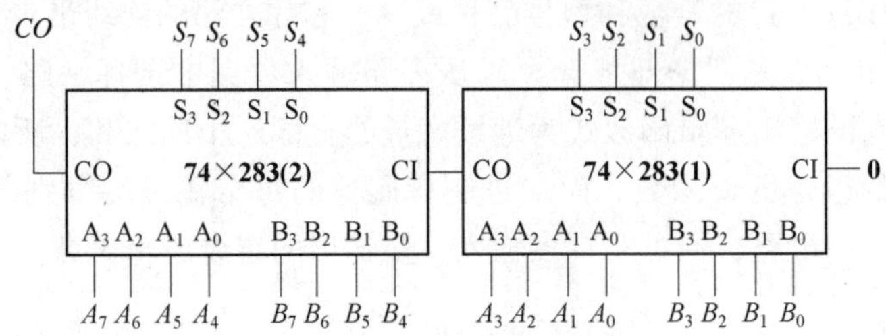

图 3.35　级联组成的 8 位二进制数加法器

2）用 74×283 实现余 3 码到 8421BCD 码的转换

对同一个十进制数码，余 3 码比 8421BCD 码多 3。因此实现从余 3 码到 8421BCD 码的转换，只需从余 3 码中减去 3（即 **0011**）。利用二进制补码的概念，很容易实现上述减法。由于 **0011** 的补码为 **1101**，减 **0011** 与加 **1101** 等效。所以，在 74×283 的 $A_3 \sim A_0$ 输入余 3 码的四位代码 $X_3 \sim X_0$，$B_3 \sim B_0$ 接固定代码 **1101**，CI 接低电平，就能实现相应的转换，其转换电路如图 3.36 所示。

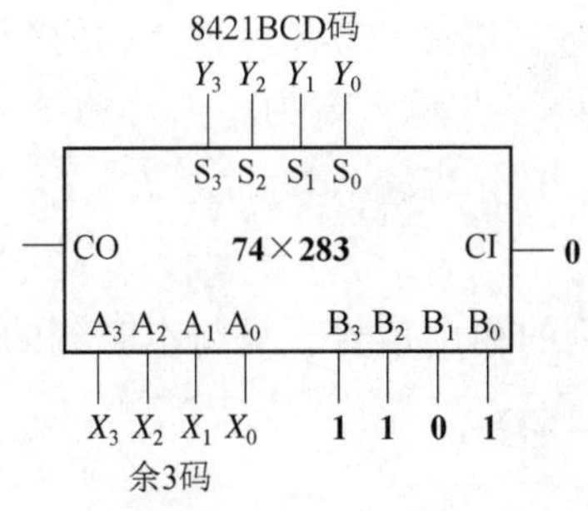

图 3.36　余 3 码到 8421BCD 码的转换电路

本章小结

1. 组合逻辑电路的特点：电路任意时刻的输出信号只取决于该时刻的各输入信号，而与该时刻之前的输入信号的取值无关。组合电路由门电路组合而成，电路中没有记忆单元，没有反馈通路。

2. 组合逻辑电路的分析步骤：从输入到输出逐级写出各门电路输出端的逻辑函数式→化简或变换逻辑函数式→列出真值表→确定电路的逻辑功能。

3. 组合逻辑电路的设计步骤：根据设计要求列出真值表→写出逻辑函数式（或填写卡诺图）→化简或变换逻辑函数式→画出逻辑电路图。

4. 常用的中规模组合逻辑器件包括编码器、译码器、数据选择器、数值比较器、加法器等。为了增加使用的灵活性和便于功能扩展，在多数中规模组合逻辑器件中都设置了输入、输出使能端或输入、输出扩展端。它们既可控制器件的工作状态，又便于构成较复杂的逻辑系统。

5. 中规模组合逻辑器件除了具有其基本功能外，还可用来设计组合逻辑电路。设计组合逻辑电路时应使 MSI 芯片的个数和型号品种最少、芯片之间的连线最少 。

6. 数据选择器的功能是根据地址选择码从多路输入数据中选择一路，送到输出。在输入数据都为 **1** 时，它的输出逻辑函数式为地址变量的全部最小项之和，所以它很适合用于实现多输入、单输出的组合逻辑函数。而二进制译码器的每个输出端分别与一个最小项相对应，因此辅以适当的门电路，便可实现多输入、多输出的组合逻辑函数。

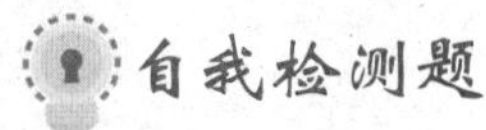

自我检测题

一、填空题

1. 74×138 是 3 线 $-$ 8 线译码器，译码输出为低电平有效，当三个使能端 $G_1=\mathbf{1}$，$\overline{G}_{2A}=\overline{G}_{2B}=\mathbf{0}$ 时，若译码输入 $A_2A_1A_0=\mathbf{110}$，相应的译码输出 $\overline{Y}_7\sim\overline{Y}_0$ 应为____________；当三个使能端 $G_1=\overline{G}_{2A}=\overline{G}_{2B}=\mathbf{0}$ 时，若译码输入 $A_2A_1A_0=\mathbf{110}$ 时，相应的译码输出 $\overline{Y}_7\sim\overline{Y}_0$ 应为____________。

2. 半加器中表示进位输出的输出端 CO 与两个输入端 A、B 的逻辑关系是____________。

3. 具有 16 个数据输入端的数据选择器其地址输入端的个数为____________。

4. 8 线 $-$ 3 线优先编码器 74×148 输入端为 $\overline{I}_7$、$\overline{I}_6$、…、$\overline{I}_0$，其中 $\overline{I}_7$ 的优先级最高，$\overline{I}_0$ 的优先级最低，输出端为 $\overline{Y}_2$、$\overline{Y}_1$、$\overline{Y}_0$，当输入 $\overline{I}_7$、$\overline{I}_6$、$\overline{I}_5$、$\overline{I}_4$、$\overline{I}_3$、$\overline{I}_2$、$\overline{I}_1$、$\overline{I}_0$ 为 **11001000** 时，则输出 $\overline{Y}_2\,\overline{Y}_1\,\overline{Y}_0$ 为____________。

5. 组合逻辑电路中任何时刻的输出信号，只与本时刻的输入信号____________，而与电路以前的输出状态____________。

二、选择题

1. 驱动共阴极半导体数码管的显示译码器的输出电平为（　　）有效。

A. 高电平　　B. 低电平　　C. 高阻态　　D. 悬空

2. 如果对键盘上 108 个符号进行二进制编码，则至少需要（　　）位二进制数码。

A. 5　　B. 6　　C. 7　　D. 8

3. 下列电路中，不属于组合逻辑电路的是（　　）。

A. 译码器　　B. 全加器　　C. 寄存器　　D. 编码器

4. 共阴极的半导体数码管，若要显示字形“2”，则 $abcdefg$ = （　　）。

A. **1101101**　　B. **0001110**　　C. **0111000**　　D. **1000111**

5. 在二进制译码器中，若输入4位代码，则输出（　　）个信号。

A. 2　　B. 4　　C. 8　　D. 16

习　题

【题3.1】有一组合逻辑电路，内部结构不详。测得其输入信号 A、B、C 和输出信号 F 的波形如下图所示。试写出输出信号 F 的标准**与－或**表达式，将其化简为最简**与－或**表达式，并用最少的**与非**门实现该电路。

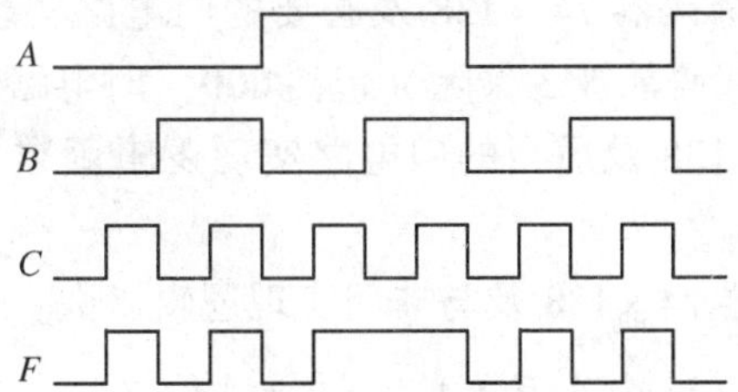

【题3.2】逻辑电路如下图所示，试分析其逻辑功能（列出逻辑函数式、真值表）。

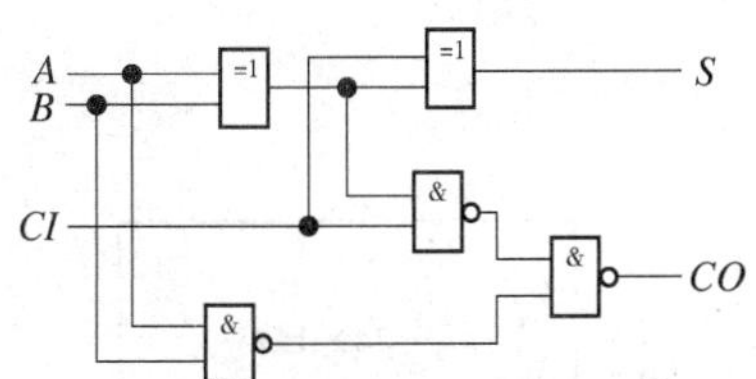

【题3.3】逻辑电路如下图所示，试写出输出变量 Y 的逻辑函数式。

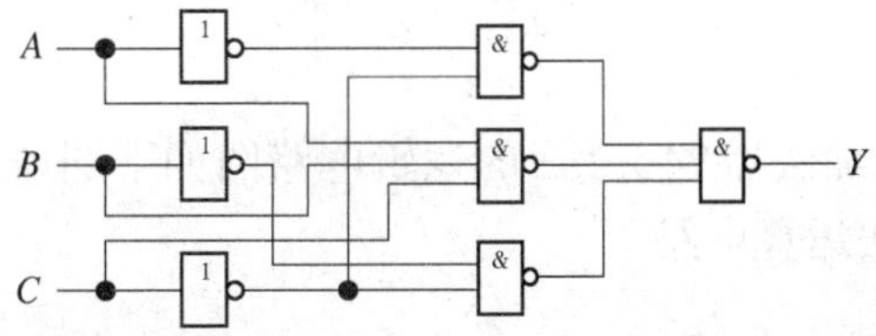

【题3.4】有一个三线排队的组合电路。A、B、C 为三路输入信号，F_A、F_B、F_C 为其对应的输出。电路在同一时间只允许通过一路信号，且优先级的顺序为 A、B、C，试写出对应的逻辑函数式，并用最少的**非**门和**与非**门实现此三线排队电路。

【题3.5】用最少的**非**门和**与非**门设计一个电动机的故障指示电路。要求：当两台电动机同时工作时，绿灯亮；当只有一台电动机发生故障时，黄灯亮；当两台电动机同时发生故障时，红灯亮。

【题3.6】用最少的**与非**门设计一个译码器，译出对应的 ABC = **011**、**101**、**110**、**111** 状态的4个信号。

【题3.7】用最少的**与非**门设计一个组合逻辑电路，要求实现如下表所示的逻辑功能，其中 A、B、C 为输入变量，F 为输出逻辑变量。

A	*B*	*C*	*F*
0	**0**	**0**	**0**
0	**0**	**1**	**1**
0	**1**	**0**	**1**
0	**1**	**1**	**1**
1	**0**	**0**	**0**
1	**0**	**1**	**0**
1	**1**	**0**	**1**
1	**1**	**1**	**0**

【题 3.8】用 3 线 – 8 线译码器 74 × 138 及必要的门电路实现一个判别电路，输入 ABC 为 3 位二进制代码，当输入代码能被 3 整除（包括 **000**）时电路输出为 **1**，否则输出为 **0**。

【题 3.9】用译码器 74 × 138 及适当的门电路实现逻辑函数 $Y=\overline{A}\,\overline{B}\,\overline{C}+A\,\overline{B}\,\overline{C}+AB\overline{C}+ABC$。

【题 3.10】用一片译码器 74 × 138 及**与非**门实现逻辑函数：$F(A,B,C)=AB\overline{C}+\overline{A}(B+C)$；$L(A,B,C)=\sum m(2,5,7)$；$M(A,B,C)=AB+A\overline{C}$。

【题 3.11】如下图所示由 4 选 1 数据选择器构成的组合逻辑电路，写出输出 *Z* 的最简**与 – 或**表达式。

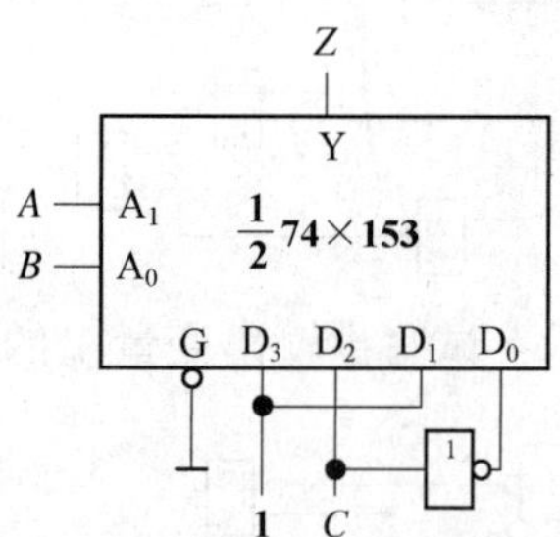

【题 3.12】4 位二进制加法器 74 × 283 的逻辑电路图如下图所示，试用 74 × 283 设计一个 3 位二进制数的 3 倍乘法运算电路。

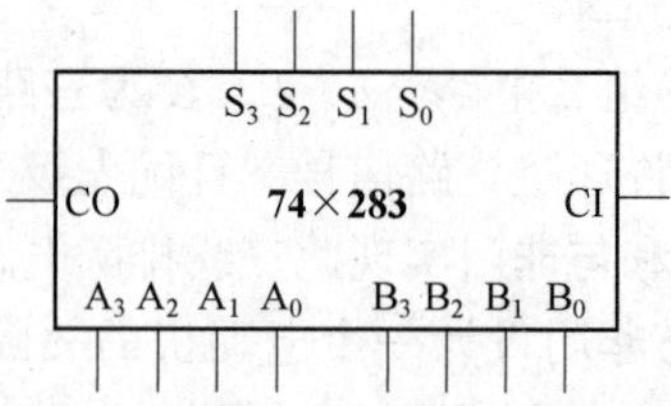

【题 3.13】用 8 选 1 数据选择器 74 × 151 实现如下逻辑函数：

（1）$Y=A\overline{B}\,\overline{C}+A\overline{B}C+\overline{A}\,\overline{B}C$；

（2）$Y=A\oplus B\oplus C$。

【题 3.14】已知 8 选 1 数据选择器 74 × 151 芯片的地址选择输入端 A_2 的引脚折断，相当于 A_2 一直输入高电平，但芯片内部功能完好。试问如何用它来实现逻辑函数 $F(A,B,C)=\sum m(2,3,4,7)$，画出逻辑电路图。

【题3.15】用8选1数据选择器74×151和必要的门电路设计一个3人表决电路。要求在表决一般问题时以多数同意为通过；在表决重要问题时，必须一致同意才能通过。

【题3.16】设计一能实现两个1位二进制数的全减运算的组合逻辑电路，其中A为被减数，B为减数，BI为来自低位的借位输入，D为本位相减的差，BO为向高位的借位输出。要求：

(1) 用双4选1的数据选择器74×153实现，画出逻辑电路图；

(2) 用74×138和必要的门电路实现，画出逻辑电路图。

第 4 章　触发器

本章介绍具有记忆功能的基本逻辑单元——触发器。触发器的电路结构形式有多种，其对应的触发方式和逻辑功能也各有不同。本章首先介绍基本 *SR* 触发器，然后从触发方式和逻辑功能两个方面对触发器进行分类讲解，最后介绍不同逻辑功能触发器之间的转换关系。

4.1　概述

能力目标

- 知道什么是触发器。
- 知道触发器的两种稳定状态及其记忆功能。
- 理解触发器的现态和次态概念。

在复杂的数字系统中，不仅需要对各种数字信号进行算术运算和逻辑运算，还需要把参与这些运算和操作的数据以及结果保存起来。例如，第 3 章介绍的译码器是一种组合逻辑电路，它没有记忆功能，当输入信号消失后，译码输出也会立即消失。因此，在译码器的输出端还需要连接具有记忆功能的部件，将译码的结果保存起来。触发器就是构成记忆功能部件的基本器件。

触发器（Flip-Flop，简称 FF）是数字电路中的一种基本逻辑单元，它与门电路配合，能构成各种各样的时序逻辑部件，如计数器、寄存器、序列信号发生器等。触发器的逻辑符号如图 4.1 所示，它有两个互非的输出端 Q 和 $\overline{Q}$，还有 1 ~ 2 个输入端。

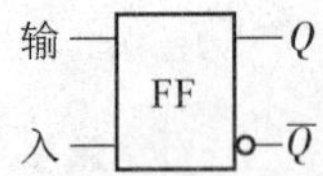

图 4.1　触发器的逻辑符号

根据电路结构和功能的不同，触发器可分为 *SR* 触发器、*D* 触发器、*JK* 触发器、*T* 触发器等常用类型，且都具有以下特点：

（1）具有 **0** 和 **1** 两个稳定的状态，当输出 $Q = \mathbf{0}$（$\overline{Q} = \mathbf{1}$）时，称触发器处于 **0** 态；当 $Q = \mathbf{1}$（$\overline{Q} = \mathbf{0}$）时，称触发器处于 **1** 态。

（2）在没有外加输入信号作用（触发）时，可以保持原来的状态不变，这就是触发器具有的保持或记忆功能。1 个触发器可以记忆 1 位二进制信息，*n* 个触发器可以记忆 *n* 位二进制信息。

(3) 在外加输入信号的作用（触发）下，触发器可以改变原有的状态。为便于描述，一般把触发器原来的状态称为现态（或称为初态、原态），用 Q 表示；把触发器改变后的状态称为次态（或称为新态），用 Q^* 表示。

4.2　基本 *SR* 触发器

能力目标

- 知道基本 *SR* 触发器的电路结构、逻辑符号以及逻辑功能。
- 理解和掌握基本 *SR* 触发器的记忆特性。
- 能够根据基本 *SR* 触发器的逻辑功能作出输入输出波形图。

基本 *SR* 触发器可以根据外加输入信号实现直接置 **0** 或置 **1** 的功能，是构成各种不同功能触发器的基本单元，也是电路结构最简单的一种触发器，通常由两个**或非**门或者**与非**门组成。

4.2.1　由或非门组成的基本 *SR* 触发器

由两个**或非**门构成的基本 *SR* 触发器的电路结构及逻辑符号如图 4.2 所示。

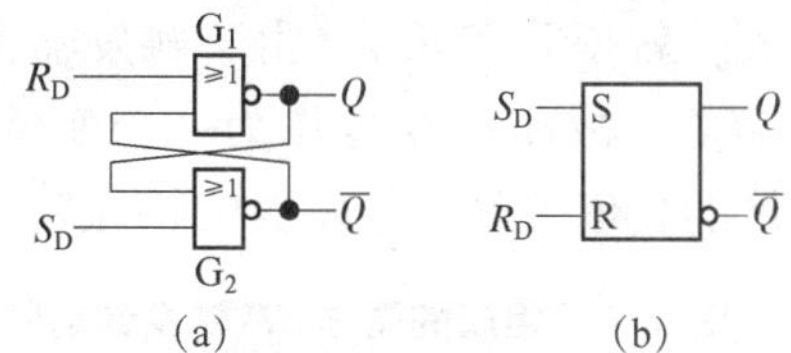

图 4.2　由或非门组成的基本 *SR* 触发器

(a) 电路结构；(b) 逻辑符号

根据**或非**门的工作特性，对图 4.2 所示的基本 *SR* 触发器的工作原理分析如下。

(1) 当 $S_D = \mathbf{0}$，$R_D = \mathbf{0}$ 时，触发器将保持现态不变。

例如：若触发器现态 $Q = \mathbf{1}$（即 $Q = \mathbf{1}$、$\overline{Q} = \mathbf{0}$），则 $Q = \mathbf{1}$ 使**或非**门 G_2 的输出 $\overline{Q} = \mathbf{0}$ 保持不变，而 $\overline{Q} = \mathbf{0}$ 与 $R_D = \mathbf{0}$ 又使 G_1 的输出 $Q = \mathbf{1}$ 保持不变；同理，若触发器现态 $Q = \mathbf{0}$（即 $Q = \mathbf{0}$、$\overline{Q} = \mathbf{1}$），则 $\overline{Q} = \mathbf{1}$ 使 G_1 的输出 $Q = \mathbf{0}$ 保持不变，而 $Q = \mathbf{0}$ 与 $S_D = \mathbf{0}$ 又使 G_2 的输出 $\overline{Q} = \mathbf{1}$ 保持不变。上述功能正好体现了基本 *SR* 触发器的保持（或称记忆）功能，在没有外加输入信号的作用时，触发器将保持现态不变。此时 $S_D = \mathbf{0}$、$R_D = \mathbf{0}$ 均为低电平，是无效电平，因此无法改变触发器的状态。

(2) 当 $S_D = \mathbf{0}$，$R_D = \mathbf{1}$ 时，触发器置 **0**。

此时不论触发器的现态是 **0** 还是 **1**，都会由于 $R_D = \mathbf{1}$ 使 G_1 的输出 $Q = \mathbf{0}$，而 $Q = \mathbf{0}$ 与

$S_D = \mathbf{0}$ 又使 G_2 的输出 $\overline{Q} = \mathbf{1}$。这是基本 *SR* 触发器的置 **0** 功能，在输入 R_D 为高电平的作用下，触发器的次态变为 **0**。高电平是输入的有效电平，它能改变触发器的状态。在 $R_D = \mathbf{1}$ 信号消失后（即 R_D 回到 **0**），由于有 $\overline{Q}$ 端的高电平接回到 G_1 的另一个输入端，因而电路的 **0** 状态得以保持。

由于 R_D 端的触发信号到来后，触发器被置 **0**，所以把 R_D 端称为置 **0** 端或复位端（Reset），$Q = \mathbf{0}$ 称为触发器的“复位状态”。输入信号名称为原变量表示高电平有效，信号名称的下标“D”，表示输入信号直接（Direct）控制触发器的输出，因此基本 *SR* 触发器也称为直接触发器。

（3）当 $S_D = \mathbf{1}$，$R_D = \mathbf{0}$ 时，触发器置 **1**。

此时不论触发器的现态是 **0** 还是 **1**，都会由于 $S_D = \mathbf{1}$ 使 G_2 的输出 $\overline{Q} = \mathbf{0}$，而 $\overline{Q} = \mathbf{0}$ 与 $R_D = \mathbf{0}$ 又使 G_1 的输出 $Q = \mathbf{1}$。这是基本 *SR* 触发器的置 **1** 功能，在输入 S_D 为高电平的作用下，触发器的次态变为 **1**。在 $S_D = \mathbf{1}$ 信号消失后（即 S_D 回到 **0**），由于有 Q 端的高电平接回到 G_2 的另一个输入端，因而电路的 **1** 状态得以保持。

由于 S_D 端的触发信号到来后，触发器被置 **1**，所以把 S_D 端称为置 **1** 端或置位端（Set），$Q = 1$ 称为触发器的“置位状态”。

（4）当 $S_D = \mathbf{1}$ 时，$R_D = \mathbf{1}$ 时，输出无法确定。

此时两个输入端均为有效电平，将迫使 G_1 的输出 $Q = \mathbf{0}$、G_2 的输出 $\overline{Q} = \mathbf{0}$ 同时出现，两个输出均为低电平。这种情况破坏了触发器正常输出的互补状态，对一个存储单元来说，这既不是定义的 **0** 态，也不是定义的 **1** 态，没有实际意义。而且当两个输入信号同时消失时，由于**或非**门传输延迟时间的不同，电路将产生竞争，无法确定触发器最终将回到 **1** 状态还是 **0** 状态。因此，在实际应用中，基本 *SR* 触发器的输入信号组合 $S_D = R_D = \mathbf{1}$ 是不允许出现的，它是基本 *SR* 触发器的约束条件，或描述为 S_D 与 R_D 至少一个为 **0**，即 $S_DR_D = \mathbf{0}$。

将上述逻辑关系列成真值表，就得到表 4.1。由于触发器次态 Q^* 不仅与输入信号状态有关，而且与触发器现态 Q 也有关，故而将 Q 也作为一个变量列入了真值表，并将 Q 称为状态变量，将这种含有状态变量的真值表称为触发器的特性表（或功能表）。

表 4.1　由或非门组成的基本 *SR* 触发器的特性表

S_D	R_D	Q	Q^*
0	**0**	**0**	**0**
0	**0**	**1**	**1**
0	**1**	**0**	**0**
0	**1**	**1**	**0**
1	**0**	**0**	**1**
1	**0**	**1**	**1**
1	**1**	**0**	**0**①
1	**1**	**1**	**0**①

注：① S_D、R_D 的 **1** 状态同时消失后 Q^* 的状态不确定。

【例 4.1】 在图 4.3（a）所示的基本 *SR* 触发器电路中，已知 S_D 和 R_D 的波形图如图 4.3（b）所示，试画出 Q 和 $\overline{Q}$ 端对应的波形图。

【解】 这是一个用已知的 S_D 和 R_D 的状态确定 Q 和 $\overline{Q}$ 状态的问题。只要根据每个时间区间里 S_D 和 R_D 的状态去查触发器的特性表，即可找出 Q 和 $\overline{Q}$ 的相应状态，并画出它们的波形图。

对于这样简单的电路，从电路图上也能直接画出 Q 和 $\overline{Q}$ 端的波形图，而不必去查特性表。

从图 4.3（b）所示的波形图上可以看到，在 $t_2 \sim t_3$ 期间输入端出现了 $S_D = R_D = \mathbf{1}$ 的状态，故触发器的输出互非被破坏，此时 Q 和 $\overline{Q}$ 端均为 **0**；而在下一时刻 $t_3 \sim t_4$ 期间 S_D 和 R_D 又同时变为无效电平 **0**，则两个**或非**门将会产生竞争而使触发器的输出状态不确定。

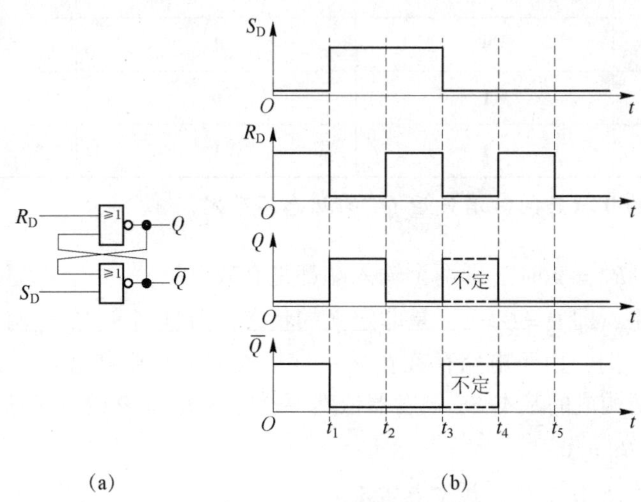

图 4.3　例 4.1 的电路和波形图

（a）电路结构；（b）波形图

4.2.2　由与非门组成的基本 *SR* 触发器

基本 *SR* 触发器也可以由**与非**门构成，如图 4.4 所示。该电路是以低电平作为有效输入信号，因此用反变量 $\overline{S}_D$ 和 $\overline{R}_D$ 分别表示置 **1** 输入和置 **0** 输入。图 4.4（b）所示的逻辑符号上，输入端都标记有小圆圈表示低电平作为有效输入信号，或称低电平有效。

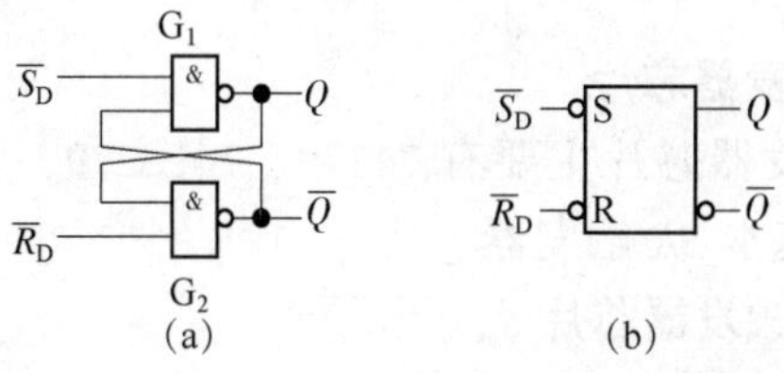

图 4.4　由与非门组成的基本 *SR* 触发器

（a）电路结构；（b）逻辑符号

根据**与非**门的工作特性，可得到由**与非**门构成的基本 *SR* 触发器的特性，如表 4.2 所示。详细工作原理分析如下。

表 4.2 由与非门组成的基本 *SR* 触发器的特性表

$\overline{S}_D$	$\overline{R}_D$	Q	Q^*
0	0	0	1①
0	0	1	1①
0	1	0	1
0	1	1	1
1	0	0	0
1	0	1	0
1	1	0	0
1	1	1	1

注：①$\overline{S}_D$、$\overline{R}_D$的 **0** 状态同时消失后 Q^* 的状态不确定。

（1）当 $\overline{S}_D = \mathbf{0}$，$\overline{R}_D = \mathbf{0}$ 时（即两个输入端都是有效电平），处于非定义状态。此时 G_1 和 G_2 的输出均为高电平，即 $Q = \overline{Q} = \mathbf{1}$，是非定义的状态，而且当 $\overline{S}_D$ 和 $\overline{R}_D$ 两个输入信号同时消失（即回到高电平）时，由于电路存在竞争，该触发器的最终状态也无法确定。因此正常工作中，由**与非**门所构成的基本 *SR* 触发器依然要遵守 $S_D R_D = \mathbf{0}$ 的约束条件，即不允许施加输入信号组合 $\overline{S}_D = \overline{R}_D = \mathbf{0}$。

（2）当 $\overline{S}_D = \mathbf{0}$，$\overline{R}_D = \mathbf{1}$ 时，触发器置 **1**。

此时不论触发器的现态是 **0** 还是 **1**，其次态都是 **1**，这是基本 *SR* 触发器的置 **1** 功能。$\overline{S}_D$ 是直接置 **1** 输入端，低电平有效。

（3）当 $\overline{S}_D = \mathbf{1}$，$\overline{R}_D = \mathbf{0}$ 时，触发器置 **0**。

此时不论触发器的现态是 **0** 还是 **1**，其次态都是 **0**，这是基本 *SR* 触发器的置 **0** 功能。$\overline{R}_D$ 是直接置 **0** 输入端，低电平有效。

（4）当 $\overline{S}_D = \mathbf{1}$，$\overline{R}_D = \mathbf{1}$ 时，触发器处于保持状态。此时触发器的状态不会发生改变。

4.2.3 基本 *SR* 触发器芯片

1. TTL 系列基本 *SR* 触发器芯片

TTL 系列的基本 *SR* 触发器芯片主要有 74279、74LS279，其内部结构和外引线排列如图 4.5所示，每片上有四路基本 *SR* 触发器。

2. CMOS 系列基本 *SR* 触发器芯片

CMOS 系列的基本 *SR* 触发器芯片主要有 CD4043、CD4044，二者每片上均有四路基本 *SR* 触发器，均为三态输出。其中 CD4044 的外引线排列如图 4.6 所示，图中 *EN* 表示芯片使能端，高电平有效，*NC* 表示空脚。

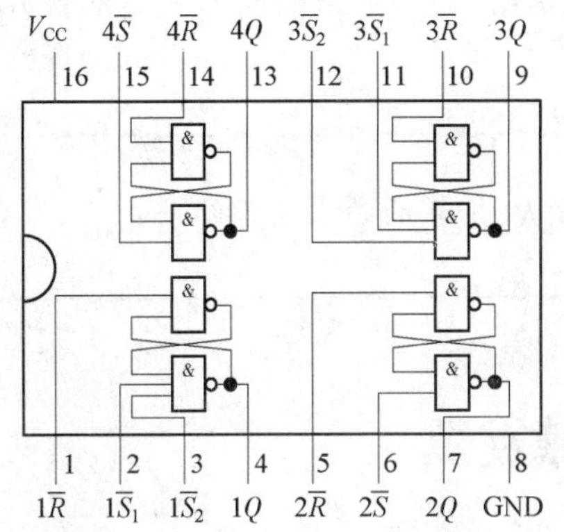

图 4.5　74279/74LS279 的内部结构和外引线排列

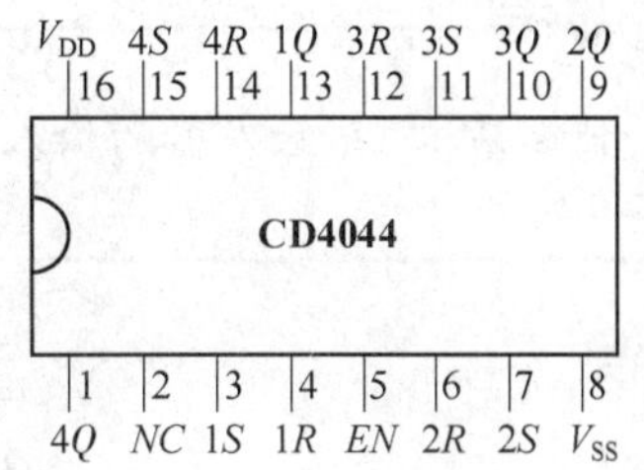

图 4.6　基本 *SR* 触发器芯片 CD4044 外引线排列图

4.2.4　基本 *SR* 触发器的应用

基本 *SR* 触发器结构简单，是构成其他类型触发器的基础。此外，其还可以实现如下功能：

(1) 存放 1 位二进制数码；

(2) 构成消抖动电路，也称为单脉冲发生器。(见课后习题 4.2)

【例 4.2】 在图 4.7 (a) 所示的基本 *SR* 触发器电路中，已知 $\overline{S}_D$和 $\overline{R}_D$的波形图如图 4.7 (b) 所示，试画出 Q 和 $\overline{Q}$ 端对应的波形图。

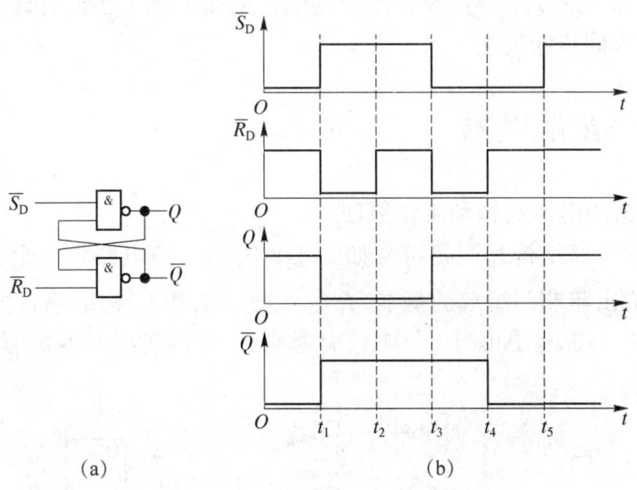

图 4.7　例 4.2 的电路和波形图

(a) 电路结构；(b) 波形图

【解】 这是一个用已知的 $\overline{S}_D$和 $\overline{R}_D$的状态确定 Q 和 $\overline{Q}$ 状态的问题。只要根据每个时间区间里 $\overline{S}_D$和 $\overline{R}_D$的状态查询触发器的特性表，即可找出 Q 和 $\overline{Q}$ 的相应状态，并画出它们的波形图，或直接从电路图上也能直接画出 Q 和 $\overline{Q}$ 端的波形图。

从图 4.7 (b) 所示的波形图上可以看到，在 t_3 ~ t_4期间输入端出现了 $\overline{S}_D = \overline{R}_D = \mathbf{0}$ 的状

态，触发器的输出互非被破坏，此时 Q 和 $\overline{Q}$ 端均为 **1**；而在下一时刻 $t_4 \sim t_5$期间 $\overline{R}_D$ 首先回到了高电平 **1**，因此触发器的次态可以确定为 **1** 态。

思考

为什么基本 *SR* 触发器的输入信号需要遵守 $S_D R_D = \mathbf{0}$ 的约束条件？

4.3 钟控触发器

能力目标

- 知道钟控触发器和基本触发器的区别。
- 理解 *SR* 触发器、*D* 触发器、*JK* 触发器的逻辑功能。
- 理解“空翻”现象。
- 知道钟控 *SR* 触发器、*D* 触发器、*JK* 触发器的动作特点，并能够根据相应的动作特点作出其输入输出波形图。

基本 *SR* 触发器是直接置 **0**、置 **1** 的。在实际使用过程中，有时希望 *S*、*R* 信号只在特定时间内起作用，或者说，按一定的时间节拍把 *S*、*R* 信号送入触发器中。这需要在基本 *SR* 触发器的基础上，再加入两个引导门及一个控制端，从而出现了各种时钟控制的触发器，简称钟控触发器，也称为同步触发器。

4.3.1 钟控 *SR* 触发器

1. 钟控 *SR* 触发器的电路结构和工作原理

钟控 *SR* 触发器的电路结构和逻辑符号如图 4.8 所示。该电路由 4 个**与非**门 $G_1 \sim G_4$构成，其中 G_1和 G_2构成由**与非**门组成的基本 *SR* 触发器，G_3和 G_4构成输入控制电路。输入控制电路由时钟脉冲 *CP*（Clock Pulse）控制，*CP* 是有 **0**、**1** 两种电平的矩形波。

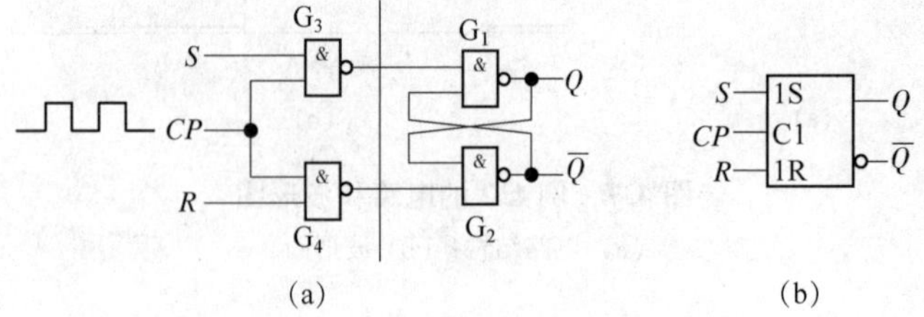

图 4.8　钟控 *SR* 触发器

（a）电路结构；（b）逻辑符号

由图 4.8（a）可知，当 $CP = \mathbf{0}$ 时，G_3、G_4的输出被锁定为 **1**，输入 *S*、*R* 端的信号无

法通过G_3和 G_4，此时后面由**与非门** G_1、G_2构成的基本 *SR* 触发器的两个输入端同时为**1**，均为无效信号，因此最终输出 *Q* 保持现态不变。只有当 $CP\ =\mathbf{1}$ 时，输入 *S*、*R* 端的信号才能通过 G_3、G_4加到后面由**与非门** G_1、G_2构成的基本 *SR* 触发器上，"触发"电路发生变化，使最终输出 *Q* 和 $\overline{Q}$根据 *S*、*R* 信号的变化而改变状态。

在图 4.8（b）所示的逻辑符号中，用框内的 C1 表示 *CP* 是编号为 1 的一个控制信号。1S 和 1R 表示受 C1 控制的两个输入信号，只有在 C1 为有效电平时，1S 和 1R 信号才能起作用。方框外部的 C1 输入端处没有小圆圈标注表示 *CP* 以高电平作为有效信号。若 C1 输入端处作小圆圈标注，则表示 *CP* 以低电平作为有效信号。

该触发器的特性表如表 4.3 所示，从表中可以看出，只有当 $CP\ =\mathbf{1}$ 时，触发器输出端的状态才受输入信号 *S*、*R* 的控制，而且此时该特性表与前述基本 *SR* 触发器的特性表一致，说明是受时钟脉冲 *CP* 控制的 *SR* 触发器，因此称为钟控 *SR* 触发器。*S* 是钟控 *SR* 触发器的置**1** 端，*R* 是置**0** 端，高电平有效，信号名称都取消了下标"D"，表示不是直接控制触发器的输入信号（需要 *CP* 的配合）。另外，输入信号同样需要遵守 $SR=0$ 的约束条件。否则当 *S*、*R* 同时由**1** 变为**0**，或 $S=R=1$ 时，*CP* 由**1** 变回到**0**，触发器的次态都将无法确定。

表 4.3　钟控 *SR* 触发器的特性表

CP	*S*	*R*	*Q*	Q^*
0	×	×	**0**	**0**
0	×	×	**1**	**1**
1	**0**	**0**	**0**	**0**
1	**0**	**0**	**1**	**1**
1	**0**	**1**	**0**	**0**
1	**0**	**1**	**1**	**0**
1	**1**	**0**	**0**	**1**
1	**1**	**0**	**1**	**1**
1	**1**	**1**	**0**	**1**①
1	**1**	**1**	**1**	**1**①

注：①*S*、*R* 的**1** 状态同时消失或此时 *CP* 变回到**0** 后 Q^* 的状态不确定。

某些应用场合需要在 *CP* 有效电平到达之前预先将触发器置成指定的状态，为此，实际应用电路中往往还设置有异步置位端和复位端，如图 4.9 所示。

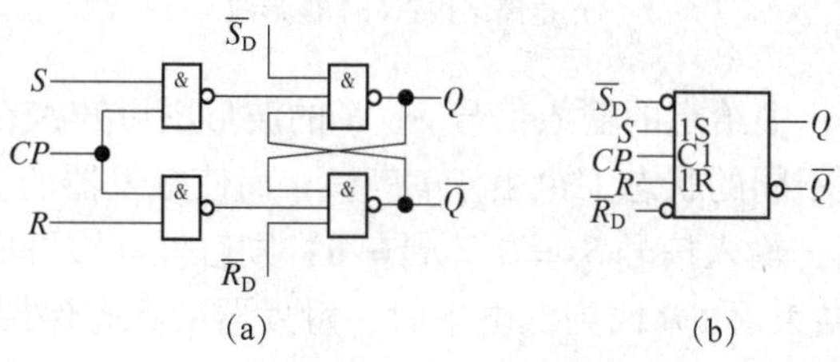

图 4.9　带异步置位端、复位端的钟控 *SR* 触发器

（a）电路结构；（b）逻辑符号

只要在 $\overline{S}_D$ 或 $\overline{R}_D$ 端加入低电平信号，即可直接将触发器置**1**或置**0**，此过程并不受时钟脉冲 *CP* 的控制。因而将 $\overline{S}_D$ 称为异步置位（或置**1**）端，将 $\overline{R}_D$ 称为异步复位（或置**0**端）。触发器在时钟脉冲信号控制下正常工作时 $\overline{S}_D$ 和 $\overline{R}_D$ 端必须处于高电平。

需要注意的是，当图 4.9 所示电路正常工作时，用 $\overline{S}_D$ 或 $\overline{R}_D$ 端将触发器置位或复位须在 $CP = \mathbf{0}$ 时进行，否则 $\overline{S}_D$ 或 $\overline{R}_D$ 返回高电平后此前预置的触发器状态不一定能保存下来。

2. 钟控 *SR* 触发器的动作特点

钟控 *SR* 触发器的动作特点有以下两个：

(1) 只有当 *CP* 变为有效电平时，触发器才能接受外界输入信号，并根据输入信号将触发器置成相应的状态；

(2) 在 $CP = \mathbf{1}$ 的全部有效时间里，外界输入信号 *S*、*R* 状态的变化都将可能引起触发器输出状态的改变，在 *CP* 回到**0**以后，触发器保存下来的是 *CP* 回到**0**以前瞬间的状态。

由上述动作特点可知，若在 $CP = \mathbf{1}$ 期间 *S*、*R* 的状态多次发生变化，则触发器输出的状态也将随之发生多次翻转，这将降低触发器的抗干扰能力。

【例 4.3】 如图 4.10（a）所示为钟控 *SR* 触发器电路，已知输入信号 *S* 和 *R* 的波形图如图 4.10（b）所示，试画出 *Q* 和 $\overline{Q}$ 端对应的波形图。设触发器的初始状态为 $Q = \mathbf{0}$。

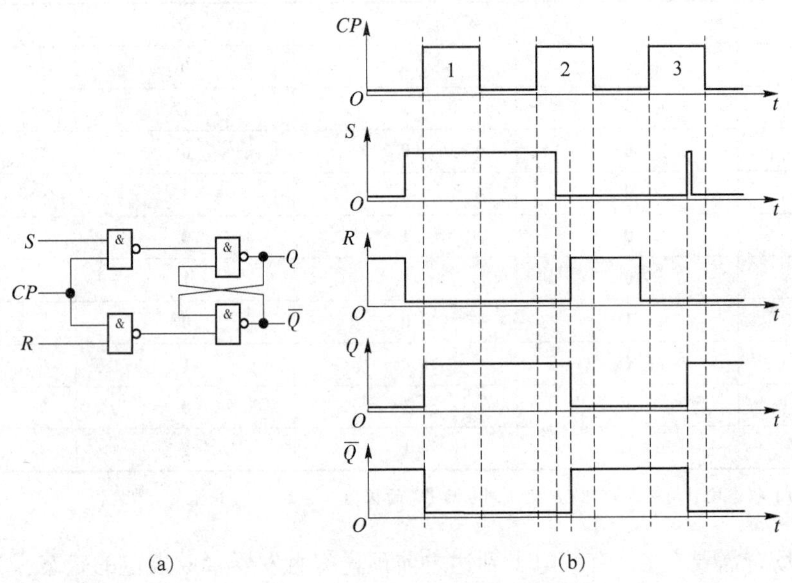

图 4.10　例 4.3 的电路和波形图

（a）电路结构；（b）波形图

【解】 由图 4.10（b）中给定的输入信号 *S*、*R* 的波形图可知，在第 1 个 *CP* 高电平到来之前，即使 *S*、*R* 有两种不同的状态，也由于 $CP = \mathbf{0}$ 而使触发器的输出 *Q* 保持现态**0**不变。在第 1 个 *CP* 高电平期间，输入信号 $S = \mathbf{1}$、$R = \mathbf{0}$，则触发器被置成**1**态，即 $Q = \mathbf{1}$、$\overline{Q} = \mathbf{0}$。在第 1 个 *CP* 高电平结束后 *CP* 回到低电平时，触发器的状态保持 $Q = \mathbf{1}$、$\overline{Q} = \mathbf{0}$ 不变。

在第 2 个 *CP* 高电平期间，先是输入信号 $S = \mathbf{1}$、$R = \mathbf{0}$，触发器继续被置为**1**的状态，即 $Q = \mathbf{1}$、$\overline{Q} = \mathbf{0}$。随后输入信号变为 $S = R = \mathbf{0}$，则触发器的输出保持**1**态不变。最后输入信号又变为 $S = \mathbf{0}$、$R = \mathbf{1}$，则触发器的输出被置成**0**态，使 $Q = \mathbf{0}$、$\overline{Q} = \mathbf{1}$。在第 2 个

CP 高电平结束后 CP 回到低电平时，触发器的状态保持 $Q=\mathbf{0}$、$\overline{Q}=\mathbf{1}$ 不变。

在第 3 个 CP 高电平期间，若输入信号 $S=R=\mathbf{0}$，则触发器的输出状态应保持在 **0** 态不变。但此时输入信号 S 端出现了一个干扰脉冲，所以触发器被置成 $Q=1$ 的状态。

思考

为什么钟控 SR 触发器的输入信号也需要遵守 $SR=\mathbf{0}$ 的约束条件？

4.3.2　钟控 D 触发器

由于钟控 SR 触发器的使用存在约束条件，给触发器的使用带来了不便。而约束状态是由于触发器的输入信号 S、R 同时为高电平产生的，为了防止这种现象出现，可以用一个**非**门把两个输入信号分开。钟控 D 触发器正是依据这个原理设计的。

钟控 D 触发器的电路结构和逻辑符号如图 4.11 所示。由图 4.11（a）可见，其电路结构是把钟控 SR 触发器的 S 输入端改为 D 输入端，然后经过一个**非**门接至原来的 R 输入端。

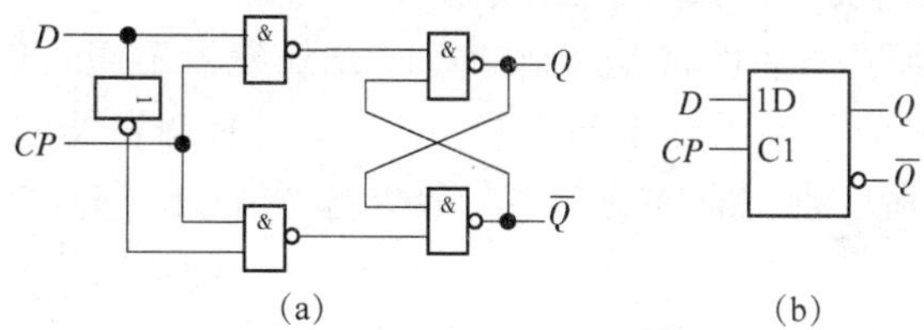

图 4.11　钟控 D 触发器

（a）电路结构；（b）逻辑符号

根据 SR 触发器的特性，很容易得出 D 触发器的工作原理。当 $D=\mathbf{0}$ 时，相当于 $S=\mathbf{0}$、$R=\mathbf{1}$，则此时 $CP=\mathbf{1}$ 时触发器被置为 **0**，CP 回到 **0** 以后触发器将保持 **0** 状态不变。当 $D=\mathbf{1}$ 时，相当于 $S=\mathbf{1}$、$R=\mathbf{0}$，则此时 $CP=\mathbf{1}$ 时触发器被置为 **1**，CP 回到 **0** 以后触发器将保持 **1** 状态不变。其特性表如表 4.4 所示。

表 4.4　钟控 D 触发器的特性表

CP	D	Q	Q^*
0	×	**0**	**0**
0	×	**1**	**1**
1	**0**	**0**	**0**
1	**0**	**1**	**0**
1	**1**	**0**	**1**
1	**1**	**1**	**1**

【例 4.4】 在图 4.11（a）所示的钟控 D 触发器电路中，已知 CP 和输入端 D 的波形图如图 4.12 所示，试画出 Q 和 $\overline{Q}$ 端对应的波形图。设触发器的初始状态为 $Q=\mathbf{0}$。

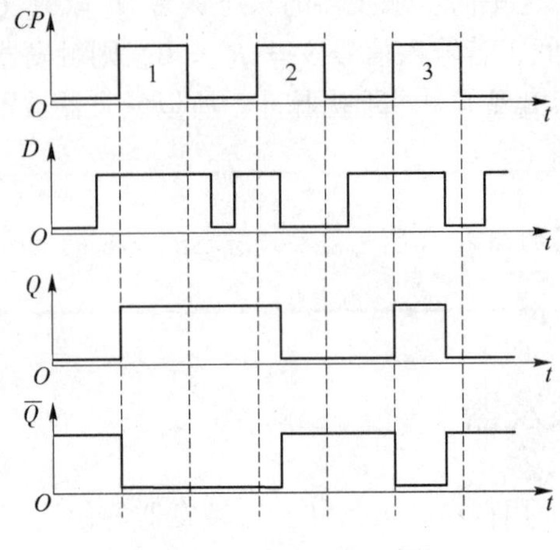

图 4.12　例 4.4 的波形图

【解】根据表 4.4 所示的特性表可知，钟控 D 触发器在 $CP=\mathbf{1}$ 期间其输出 Q 与输入信号 D 的状态完全相同，而当 CP 变回 **0** 以后，触发器将保持 CP 变为 **0** 之前瞬间的状态。依此画出的 Q 和 $\overline{Q}$ 端对应的波形图如图 4.12 所示。

这种波形变化的特征，与后面将要介绍的集成 D 触发器不同。集成 D 触发器的状态变化只发生在 CP 的上升沿或下降沿到来的时候，$CP=\mathbf{1}$ 时触发器的状态并不会发生变化。为了与集成 D 触发器有所区别，有些资料中一般也把图 4.11（a）所示的电路称为 D 型锁存器（D-Latch）。

4.3.3　钟控 *JK* 触发器

相比 SR 触发器而言，钟控 D 触发器虽然没有了约束条件，但其功能也相应减少了。为了解决这一问题，JK 触发器应运而生。

JK 触发器的电路结构和逻辑符号如图 4.13 所示。由图 4.13（a）可见，其电路结构是在钟控 SR 触发器的基础上增加了两条反馈线，一条反馈线把触发器的输出信号 Q 反馈到原输入端信号 R 所在的**与非**门 G_4 输入端，为了以示区别，将 R 改名为 K；另一条反馈线把 $\overline{Q}$ 端反馈到原输入端信号 S 所在的**与非**门 G_3 输入端，并将 S 改名为 J。其具体功能分析如下。

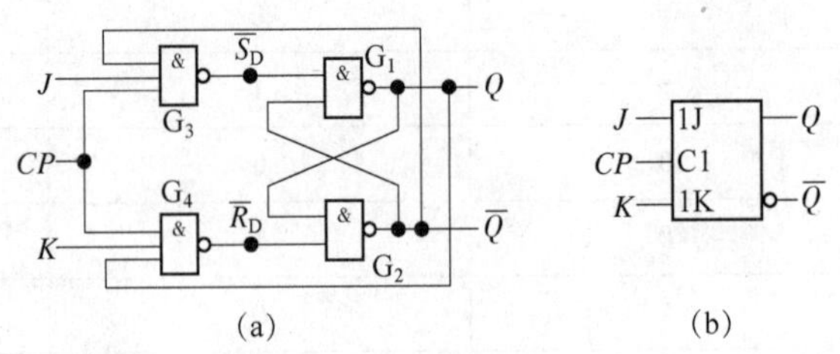

图 4.13　钟控 *JK* 触发器

（a）电路结构；（b）逻辑符号

当 $CP=\mathbf{0}$ 时，触发器的状态保持不变；$CP=1$ 时，JK 触发器的状态将根据输入信号

J、K 的 4 种不同组合产生 4 种功能。

若输入 $J=\mathbf{0}$、$K=\mathbf{0}$，则触发器相当于原输入 $S=\mathbf{0}$、$R=\mathbf{0}$，即是保持功能，触发器的输出将保持现态不变，也可表示为 $Q^*=Q$。

若输入 $J=\mathbf{0}$、$K=\mathbf{1}$，则触发器相当于原输入 $S=\mathbf{0}$、$R=\mathbf{1}$，实现置 **0** 功能，触发器的输出将变为 **0**，即 $Q^*=\mathbf{0}$。

若输入 $J=\mathbf{1}$、$K=\mathbf{0}$，则触发器相当于原输入 $S=\mathbf{1}$、$R=\mathbf{0}$，实现置 **1** 功能，触发器的输出将变为 **1**，即 $Q^*=\mathbf{1}$。

若输入 $J=\mathbf{1}$、$K=\mathbf{1}$，则需要考虑两种情况。第一种情况是触发器的现态是 **0**，即 $Q=\mathbf{0}$，$\overline{Q}=\mathbf{1}$；此时电路中由于反馈线的作用，K 端与非门的输入相当于 **0**，即触发器相当于原输入 $S=\mathbf{1}$、$R=\mathbf{0}$，实现置 **1** 功能，触发器的输出将变为 **1**，即 $Q^*=\mathbf{1}$。

第二种情况是触发器的现态是 **1**，即 $Q=\mathbf{1}$，$\overline{Q}=\mathbf{0}$；此时电路中由于反馈线的作用，则 J 端与非门的输入相当于 **0**，即触发器相当于原输入 $S=\mathbf{0}$、$R=\mathbf{1}$，实现置 **0** 功能，触发器的输出将变为 **0**，即 $Q^*=\mathbf{0}$。

综合考虑以上两种情况，可以发现，无论触发器的现态是 **0** 还是 **1**，当 $J=K=\mathbf{1}$ 时，触发器的次态都正好与之相反，或者说触发器的状态发生了翻转，也可统一表示为 $Q^*=\overline{Q}$。

将上述的逻辑关系总结为特性表如表 4.5 所示。

表 4.5　钟控 *JK* 触发器的特性表

CP	J	K	Q	Q^*
0	×	×	0	0
0	×	×	1	1
1	0	0	0	0
1	0	0	1	1
1	0	1	0	0
1	0	1	1	0
1	1	0	0	1
1	1	0	1	1
1	1	1	0	1
1	1	1	1	0

钟控 *JK* 触发器在实际使用时会发生“空翻”现象，在同一个时钟周期内，若 *JK* 触发器始终处于翻转功能，按要求触发器的输出状态最多只能翻转 1 次，发生超过 1 次的翻转现象就是“空翻”。存在空翻现象的触发器会造成数字系统的误动作，在实际使用时会受到限制，图 4.14 所示的时序图可以说明这一现象。

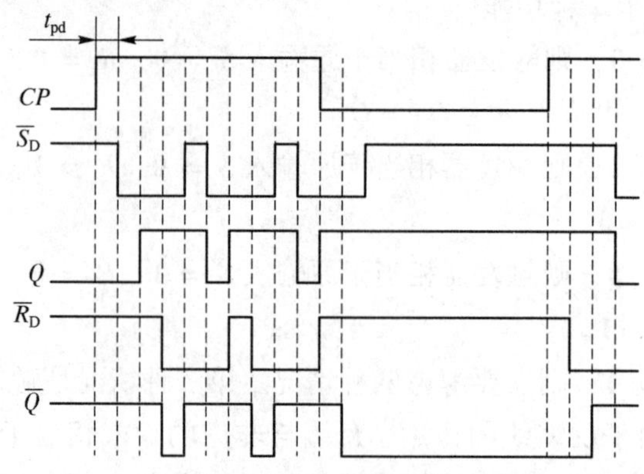

图 4.14　钟控 JK 触发器的“空翻”现象时序图

在图 4.14 所示的时序图中，假定触发器一直处于翻转功能，即 $J = K = \mathbf{1}$（J、K 的波形在图中没有表示），触发器的现态为 $Q = \mathbf{0}$，每个**与非**门的平均传输延迟时间为 t_{pd}。由图 4.13（a）可知，当 $CP = \mathbf{1}$ 时，触发器的现态 $Q = \mathbf{0}$ 使 G_4 截止，则 G_4 的输出为 **1**，即 G_2 的输入端信号 $\overline{R}_D$ 保持为 **1**；$\overline{Q} = \mathbf{1}$ 使 G_3 导通，则 G_3 的输出为 **0**，即 G_1 的输入端信号 $\overline{S}_D$ 将在 1 个 t_{pd} 后由 **1** 变为 **0**，再经过 1 个 t_{pd} 后 G_1 的输出即 Q 才会由 **0** 变为 **1**；由于 Q 的反馈作用，再经过 1 个 t_{pd} 后 $\overline{R}_D$ 和 $\overline{Q}$ 才由 **1** 变为 **0**；至此，触发器相当于花 3 个 t_{pd} 的时间完成了第一次状态的翻转。

此时，触发器为 **1** 态，若 $CP = \mathbf{1}$ 继续保持，则由于 $\overline{R}_D$ 的 **0** 信号直接让 G_2 的输出即 $\overline{Q}$ 在 1 个 t_{pd} 后由 **0** 又变为 **1**；同时由于 $\overline{Q}$ 的反馈作用，G_3 的输出端信号 $\overline{S}_D$ 将在 2 个 t_{pd} 后完成由 **0** 变为 **1** 再由 **1** 变为 **0** 的两次跳变；在 $\overline{S}_D$ 为 **1** 时配合 $\overline{Q}$ 的反馈作用，经过 1 个 t_{pd} 后 G_1 的输出即 Q 将由 **1** 又变为 **0**；至此，触发器相当于又花 2 个 t_{pd} 的时间完成了第二次状态的翻转。

若 $CP = \mathbf{1}$ 持续时间较长，触发器的状态将处于不断翻转的境地，直至 CP 由 **1** 变为 **0**。由图 4.14 所示的时序图观察可知，为了保证在 $CP = \mathbf{1}$ 期间触发器只翻转一次，则 CP 的高电平宽度应小于 $3t_{pd}$；而要使触发器能可靠地翻转，CP 的高电平宽度又应大于 $2t_{pd}$，对 CP 处于高电平时的宽度要求十分严格。而且实际上每个**与非**门的传输延迟时间也很难保证完全一致，因此这种要求实际上是很难实现的。

所以，钟控 JK 触发器虽然解决了 SR 触发器的约束条件问题，但在实际使用时，$J = K = \mathbf{1}$ 这种情况依然受到了很大的限制。

4.3.4　钟控触发器芯片

典型的钟控触发器芯片主要有 TTL 系列的 74LS75，该芯片为四路钟控 D 触发器，其外引线排列如图 4.15 所示。其中，$EN\,1-2$ 表示第一、二路的使能端，$EN\,3-4$ 表示第三、四路的使能端，高电平有效，相当于前文所述的 CP。该芯片最适合作运算单元和输入/输出（或指示）单元之间二进制数据的暂时存储之用。

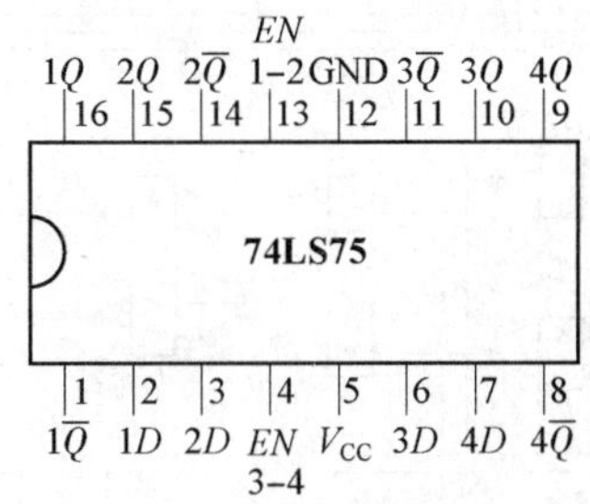

图 4.15　钟控 *D* 触发器芯片 74LS75 外引线排列

思考

什么是“空翻”现象？

4.4　集成触发器

能力目标

- 知道主从触发器和边沿触发器的动作特点并能够根据相应的动作特点作出其输出端随输入信号变化的波形图。
- 熟悉常用边沿 *JK* 触发器、边沿 *D* 触发器的芯片型号并能简单应用。

为了方便使用，部分触发器已形成集成电路产品。集成触发器主要有主从 *JK* 触发器、边沿 *JK* 触发器和维持－阻塞 *D* 触发器。不同结构的集成触发器有各自的特点，使用时可根据不同应用场合进行选择。

4.4.1　主从 *JK* 触发器

1. 主从 *JK* 触发器的电路结构和工作原理

主从 *JK* 触发器是由两个钟控 *SR* 触发器串接而成的，其电路结构如图 4.16（a）所示。图中 $G_1 \sim G_4$ 构成主触发器 FF_1，输出为 Q_m 和 $\overline{Q}_m$；$G_5 \sim G_8$ 构成从触发器 FF_2，输出为 Q 和 $\overline{Q}$，为该触发器的最终输出。时钟脉冲 *CP* 直接控制主触发器 FF_1，而用 $\overline{CP}$ 控制从触发器 FF_2。另外，类似于钟控 *JK* 触发器，把从触发器的输出 Q 和 $\overline{Q}$ 分别反馈到主触发器 FF_1 的输入门 G_2、G_1 的输入信号端，以产生 *JK* 触发器的逻辑功能。

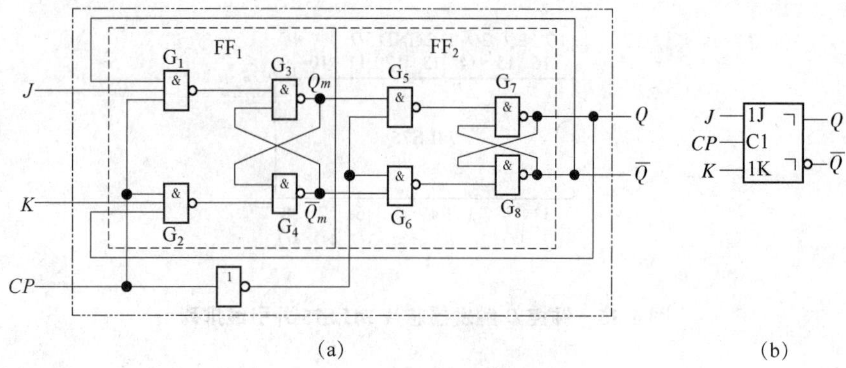

图 4.16　主从 *JK* 触发器

(a) 电路结构；(b) 逻辑符号

当 $CP = \mathbf{0}$ 时，主触发器 FF_1 的输出 Q_m 和 $\overline{Q}_m$ 保持现态不变，则从触发器 FF_2 的输出 Q 和 $\overline{Q}$ 也将保持现态不变。当 CP 变为高电平后，即当 $CP = \mathbf{1}$（$\overline{CP} = \mathbf{0}$）时，$G_1$、$G_2$ 被开启，主触发器 FF_1 的输出 Q_m 和 $\overline{Q}_m$ 将根据输入信号 J、K 的状态按照 JK 触发器的特性发生变化，与此同时，G_5、G_6 被封锁，从触发器 FF_2 的输出 Q 和 $\overline{Q}$ 保持现态不变。当 CP 回到低电平，即 CP 的下降沿到达时（此时 $CP = \mathbf{0}$、$\overline{CP} = \mathbf{1}$），从触发器 FF_2 将接收主触发器 FF_1 的状态（即 $Q = Q_m$、$\overline{Q} = \overline{Q}_m$），而主触发器 FF_1 的状态开始保持现态不变。

从上述的分析可知，主从 JK 触发器输出端（即 Q 和 $\overline{Q}$）的状态变化，只发生在时钟脉冲 CP 从高电平下降到低电平的瞬间，相当于 CP 的下降沿到达时触发。在 CP 高电平期间输入 J、K 信号不变的情况下，可以列出主从 JK 触发器的特性表，如表 4.6 所示。表中用 CP 一栏里的“⎍↓”符号表示这一特殊触发方式（也称脉冲触发），而且 CP 以高电平为有效电平（即 CP 高电平时接受外界输入信号），输出端状态的变化则发生在 CP 下降沿。这种情况也称为正脉冲触发。

表 4.6　主从 *JK* 触发器的特性表

CP	J	K	Q	Q^*
×	×	×	**0**	**0**
×	×	×	**1**	**1**
⎍↓	**0**	**0**	**0**	**0**
⎍↓	**0**	**0**	**1**	**1**
⎍↓	**0**	**1**	**0**	**0**
⎍↓	**0**	**1**	**1**	**0**
⎍↓	**1**	**0**	**0**	**1**
⎍↓	**1**	**0**	**1**	**1**
⎍↓	**1**	**1**	**0**	**1**
⎍↓	**1**	**1**	**1**	**0**

图4.16（b）所示的逻辑符号中，用框内的“┐”符号表示脉冲触发方式。因为需要等到 CP 的有效电平消失以后（即回到低电平），输出状态才改变，因此也把这种触发方式称作延迟触发。

若在图4.16（a）所示电路的 CP 输入端增加一个反相器，则 CP 将以低电平为有效信号，此时输出状态的变化将发生在 CP 的上升沿。在功能表的 CP 一栏中，用“⌊⌋”符号表示。同时，在逻辑符号中 CP 输入端处增画一个小圆圈。

某些集成电路触发器产品的输入端 J 和 K 有时不止一个，如图4.17（a）所示，此时 J_1 和 J_2、K_1 和 K_2 是**与**的逻辑关系。如果用特性表描述其逻辑功能，则应以 $J_1 \cdot J_2$ 和 $K_1 \cdot K_2$ 分别代替表4.6中的 J 和 K。图4.17（b）所示为多输入端主从 JK 触发器的逻辑符号。

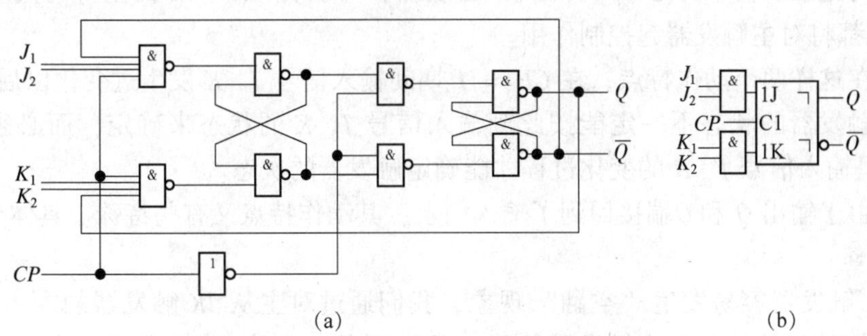

图4.17　具有多输入端的主从 JK 触发器

（a）电路结构；（b）逻辑符号

【例4.5】 图4.16（a）所示的主从 JK 触发器电路中，已知 CP 和输入端 J、K 的波形图如图4.18所示，试画出 Q 和 $\overline{Q}$ 端对应的波形图。设触发器的初始状态为 $Q=\mathbf{0}$。

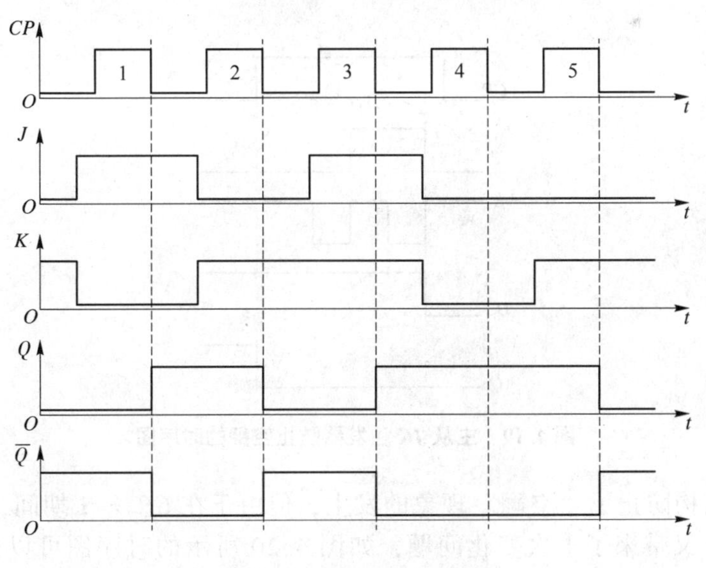

图4.18　例4.5的波形图

【解】 由于每一时刻 J、K 的状态均已由波形图给定，而且 $CP=1$ 期间 J、K 的状态不变，因此只要根据 CP 下降沿到达时 J、K 的状态去查表4.6，即可逐段画出 Q 和 $\overline{Q}$ 端对应的波形图，如图 4.18 所示。可见，触发器输出端状态的改变均发生在 CP 的下降沿，而且即使 $CP=1$ 期间 $J=K=1$，CP 下降沿到来时触发器的次态也可以确定。

2. 主从 *JK* 触发器的动作特点

通过上面的分析可以看出，主从 JK 触发器具有如下两个值得注意的动作特点。

(1) 触发器的翻转分两步动作。第一步，当 CP 以高电平为有效信号时，在 $CP=1$ 期间主触发器接收输入端 J、K 的信号，被置成相应的状态，而从触发器不动；第二步，CP 下降沿到达时从触发器按照主触发器的状态翻转，因此 Q 和 $\overline{Q}$状态的变化发生在 CP 的下降沿。(若 CP 以低电平为有效信号，则 Q 和 $\overline{Q}$状态的变化发生在 CP 的上升沿。)

(2) 因为主触发器本身是一个钟控 JK 触发器，所以在 $CP=1$ 的全部时间里输入信号 J、K 的变化都将对主触发器起控制作用。

由于存在这样两个动作特点，在 $CP=1$ 期间输入信号 J、K 发生过变化以后，CP 下降沿到达时从触发器的状态不一定能按此刻输入信号 J、K 的状态来确定，而必须考虑整个 $CP=1$期间里输入信号 J、K 的变化过程才能确定触发器的次态。

不过又由于输出 Q 和 $\overline{Q}$端接回到了输入门上，其动作特点又有些特殊。具体分析过程如下。

钟控 JK 触发器容易发生“空翻”现象，我们通过对主从 JK 触发器的深入分析发现，采用主从结构的目的就是防止触发器的“空翻”现象，主从 JK 触发器防止空翻的时序图如图 4.19 所示。由图可知（假设触发器的初始状态为 $Q=0$），在 $CP=1$ 期间不管输入信号 J、K 如何变化，主触发器 FF_1 的输出状态 Q_m 最多只能发生 1 次变化，因而防止了空翻。只能发生 1 次变化的原因是 $CP=1$ 期间，从触发器 FF_2 的输出状态保持不变，而它的输出 Q 和 $\overline{Q}$ 直接反馈控制了主触发器 FF_1 的输入门，防止了主触发器 FF_1 状态的多次变化。

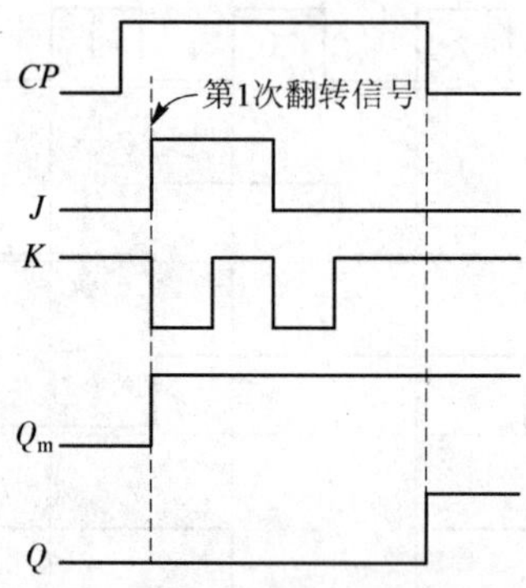

图 4.19　主从 *JK* 触发器防止空翻的时序图

虽然主从结构防止了“空翻”现象的发生，但由于在 $CP=1$ 期间，主触发器只能发生 1 次变化，又带来了 1 次变化问题，如图 4.20 所示的时序图可以说明这一问题。图中的 CP 有 5 个周期，前 4 个周期里，每个周期的 $CP=1$ 期间，输入信号 J、K 都有变化。

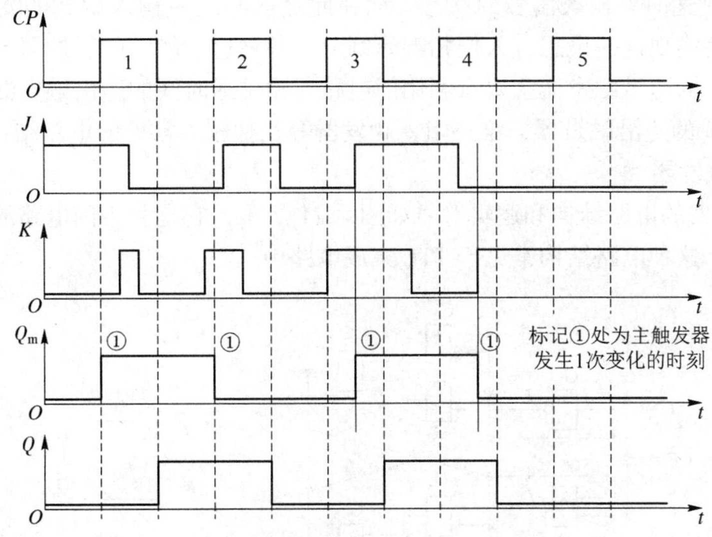

图4.20 存在1次变化的主从*JK*触发器的时序图

由图4.20可知，假设触发器的现态为**0**，在第1个周期的$CP=\mathbf{1}$期间，本来有$J=\mathbf{1}$、$K=\mathbf{0}$，$J=\mathbf{1}$、$K=\mathbf{1}$，$J=\mathbf{0}$、$K=\mathbf{1}$，$J=K=\mathbf{0}$共4种不同的状态，但由于第1个状态$J=\mathbf{1}$、$K=\mathbf{0}$让主触发器被置**1**，发生了1次变化；此后，不管J、K的状态如何变化，$Q_m=\mathbf{1}$都将不会发生变化；当CP的下降沿到达时，从触发器接收主触发器的状态，使Q由**0**变为**1**，发生了状态的改变。若只考虑CP下降沿到达时刻J、K的状态，即为$J=K=\mathbf{0}$，根据JK触发器的特性，触发器应处于保持功能而不应该发生变化，这很显然不一样，这就是1次变化问题。CP的第2、3、4个周期内的输出波形也是按照这个规律画出的，即在$CP=\mathbf{1}$期间，根据J、K的组合找出主触发器的第1次变化（在图中标记①处），然后在CP的下降沿到达时，将Q_m的状态传递给最终输出Q。只有在第5个周期的$CP=\mathbf{1}$期间，J、K的状态才只有1种，所以可以根据CP下降沿时的状态直接画出Q。

另外，由图4.20所示的时序图分析，当$Q=\mathbf{0}$时主触发器只能接受置**1**输入信号，而在$Q=\mathbf{1}$时主触发器只能接受置**0**输入信号。其结果就是在$CP=\mathbf{1}$期间主触发器只有可能翻转一次，一旦翻转了就不会翻回现态。

这种1次变化问题是由于$CP=\mathbf{1}$期间，输入信号J、K的状态有变化造成的，因此实际使用中为了防止1次变化问题的出现，就要使输入信号J、K的状态在$CP=\mathbf{1}$期间不变化。使用窄脉冲作为CP，避开J、K的变化，也可以有效防止1次变化问题出现。

思考

（1）脉冲触发方式有哪些动作特点？

（2）脉冲触发方式和钟控触发方式有何不同？

4.4.2 边沿触发器

为了提高触发器的可靠性，增强抗干扰能力，希望触发器的次态仅取决于CP信号下降沿（或上升沿）到达时刻输入信号的状态，而在此之前和之后输入状态的变化对触发器的次态没有影响。为实现这一设想，人们相继研制成了各种边沿触发的触发器。目前已用于数字集成电路产品中的边沿触发器主要有利用门电路传输延迟时间的边沿触发器、用两个钟控触发 D 触发器构成的边沿触发器、维持阻塞触发器等几种较为常见的电路结构形式。

1. 边沿 *JK* 触发器

边沿 JK 触发器的电路结构和逻辑符号如图 4.21 所示，它是利用门电路的传输延迟时间实现边沿触发的。这种电路结构常见于 TTL 集成电路中。

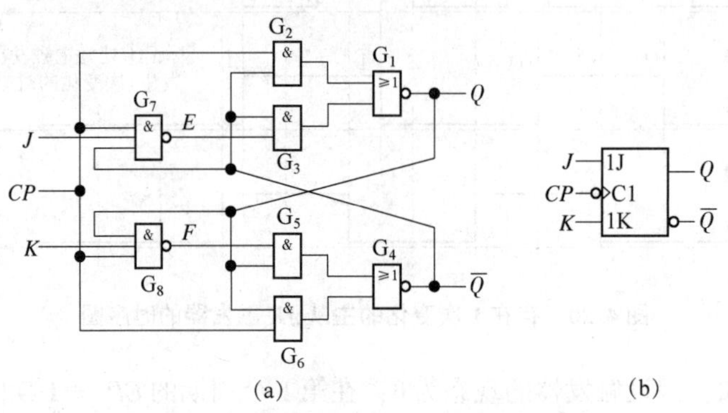

图 4.21　边沿 *JK* 触发器

(a) 电路结构；(b) 逻辑符号

由图 4.21 可知，该电路包含一个由门电路 G_1 ~ G_6组成的基本 SR 触发器和两个输入控制门 G_7和 G_8，且 G_7、G_8的传输延迟时间大于基本 SR 触发器的翻转时间。

设触发器的初始状态为 Q = **0**、$\overline{Q}$ = **1**。当 CP = **0** 时，G_2、G_6、G_7、G_8同时被封锁，而此时 G_7、G_8的输出 E、F 两端为高电平，所以 G_3、G_5被打开，则基本 SR 触发器的状态通过 G_3、G_5得以保持。

在 CP 变为高电平后，G_2、G_6首先解除封锁，基本 SR 触发器可以通过 G_2、G_6继续保持现态不变。若此时输入信号为 J = **1**、K = **0**，则经过 G_7、G_8的传输延迟时间以后 E = **0**、F = **1**，G_3、G_5均不导通，对基本 SR 触发器的状态没有影响。

当 CP 下降沿到达时，G_2、G_6立即被封锁，但由于 G_7、G_8存在传输延迟时间，因此 E、F 的电平不会立即改变。所以，G_2、G_3在瞬间可以出现各有一个输入端为低电平的状态，使 Q = **1**，并经过 G_5使 $\overline{Q}$ = **0**。因为 G_7的传输延迟时间足够长，可以保证在 E 点的低电平消失之前 $\overline{Q}$的低电平已反馈到了 G_3，因此在 E 点的低电平消失以后触发器获得的 **1** 状态将得以继续保持。

经过 G_7、G_8的传输延迟时间以后，E 和 F 都变为高电平，但对基本 SR 触发器的状态并无影响。同时，CP 的低电平已将 G_7、G_8封锁，输入信号 J、K 的状态即使再发生变化也不会影响触发器的状态。

在对输入信号 J、K 为不同取值时触发器的工作过程逐一分析后，发现这是一个下降沿触发的 JK 触发器。

在图 4.21（b）所示的逻辑符号中，用 CP 输入端处框内的“ > ”符号表示触发器为边沿触发方式，CP 输入端的小圆圈表示下降沿触发。在特性表中，则用 CP 一栏里的“↓”

符号表示边沿触发方式，而且是下降沿触发，如表 4.7 所示。(若是上升沿触发，则去掉 CP 输入端的小圆圈，并在特性表中以“↑”符号表示)

表 4.7　边沿 JK 触发器的特性表

CP	J	K	Q	Q^*
×	×	×	**0**	**0**
×	×	×	**1**	**1**
↓	**0**	**0**	**0**	**0**
↓	**0**	**0**	**1**	**1**
↓	**0**	**1**	**0**	**0**
↓	**0**	**1**	**1**	**0**
↓	**1**	**0**	**0**	**1**
↓	**1**	**0**	**1**	**1**
↓	**1**	**1**	**0**	**1**
↓	**1**	**1**	**1**	**0**

这种利用门电路传输延迟时间构成的边沿 JK 触发器，其状态变化仅取决于 CP 下降沿到达时刻的输入信号 J、K 的状态，因此增强了抗干扰能力。边沿 JK 触发器的时序图如图 4.22所示（假定触发器的现态为 $Q = \mathbf{0}$）。由图可知，触发器的状态变化均发生在 CP 的下降沿到达时刻，且由此时的输入信号 J、K 的状态决定。

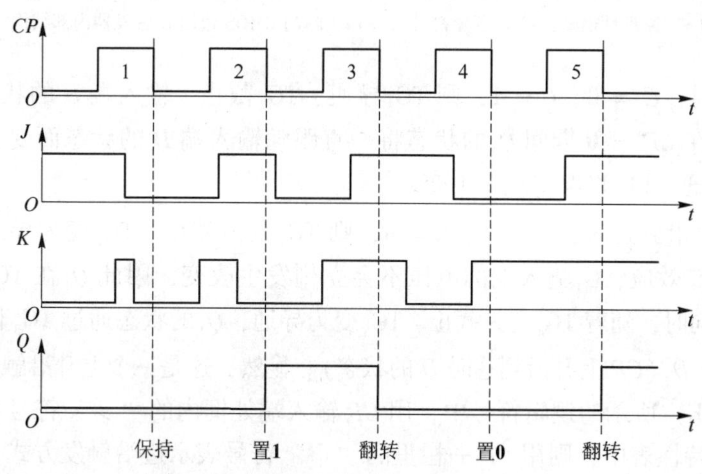

图 4.22　边沿 JK 触发器的时序图

2. 边沿 D 触发器

边沿 D 触发器的电路结构和逻辑符号如图 4.23 所示，图 4.23（a）是由两个钟控 D 触发器构成边沿 D 触发器的原理性框图，图中的 FF_1 和 FF_2 是两个钟控 D 触发器（也称 D 型锁存器）。由图可知，当 $CP = \mathbf{0}$ 时，$CP_1 = \mathbf{1}$，因而 FF_1 的输出 Q_1 随输入端 D 的状态而变化，即 $Q_1 = D$。与此同时，$CP_2 = \mathbf{0}$，FF_2 的输出 Q_2（即整个电路最后的实际输出 Q）则保持现态不变。

当 CP 由 **0** 跳变成 **1** 时，CP_1 随之变成 **0**，则 Q_1 保持为 CP 上升沿到达前瞬间输入端 D 的

状态，此后不再跟随 D 的状态而改变。与此同时，CP_2 由 **0** 跳变为 **1**，使 FF_2 的输出 Q_2 与其输入状态相同。由于 FF_2 的输入就是 FF_1 的输出 Q_1，因此输出端 Q 便被置成了与 CP 上升沿到达前瞬间输入端 D 相同的状态，而与之前和之后 D 的状态无关。

目前在 CMOS 集成电路中主要采用这种电路结构形式制作边沿触发器。图 4.23（c）是 CMOS 边沿 D 触发器的典型电路，其中 FF_1 和 FF_2 是两个利用 CMOS 传输门构成的钟控 D 触发器。

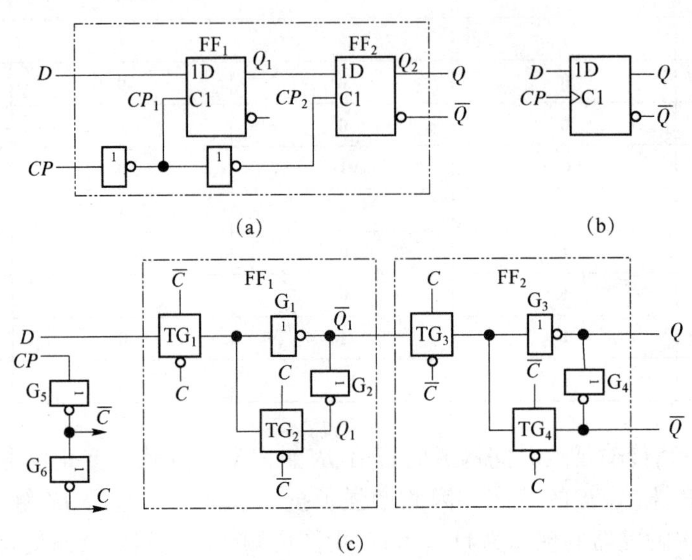

图 4.23　由两个钟控 D 触发器构成的边沿 D 触发器

（a）原理性框图；（b）逻辑符号；（c）实际的 CMOS 边沿 D 触发器内部结构

当 $CP = \mathbf{0}$ 时，$C = 0$、$\overline{C} = \mathbf{1}$，则 TG_1 导通、TG_2 截止，输入端 D 的状态送入 FF_1，使 $Q_1 = D$。而且，在 $CP = \mathbf{0}$ 期间 Q_1 的状态将一直跟随输入端 D 的状态而变化。同时，由于 TG_3 截止、TG_4 导通，FF_2 将保持现态不变。

当 CP 的上升沿到达时，$C = \mathbf{1}$、$\overline{C} = \mathbf{0}$，则 TG_1 变为截止、TG_2 变为导通。由于反相器 G_1 输入电容的存储效应，G_1 输入端的电压不会立刻发生改变，因此 Q_1 在 TG_1 变为截止前的状态得以保存。同时，随着 TG_4 变为截止、TG_3 变为导通，Q_1 的状态通过 TG_3 和 G_3、G_4 被送到输出端，使 $Q^* = D$（CP 上升沿到达时 D 的状态）。显然，这是一个上升沿触发的 D 触发器。

在图 4.23（b）所示的逻辑符号中，用 CP 输入端处框内的“ > ”符号表示触发器为边沿触发方式。在特性表中，则用 CP 一栏里的“↑”符号表示边沿触发方式，而且是上升沿触发，如表 4.8 所示。（若将图 4.23（a）中 CP 输入端的一个反相器去掉，则变成下降沿触发，此时应在 CP 输入端加画小圆圈，并在特性表中以“↓”符号表示。）

表 4.8　边沿 D 触发器的特性表

CP	D	Q	Q^*
×	×	**0**	**0**
×	×	**1**	**1**
↑	**0**	**0**	**0**
↑	**0**	**1**	**0**

续表

CP	D	Q	Q^*
↑	**1**	**0**	**1**
↑	**1**	**1**	**1**

【**例 4.6**】在图 4.23（a）所示的边沿 D 触发器电路中，已知 CP 和输入端 D 的波形图如图 4.24 所示，试画出 Q 的波形图。设触发器的初始状态为 $Q = \mathbf{0}$。

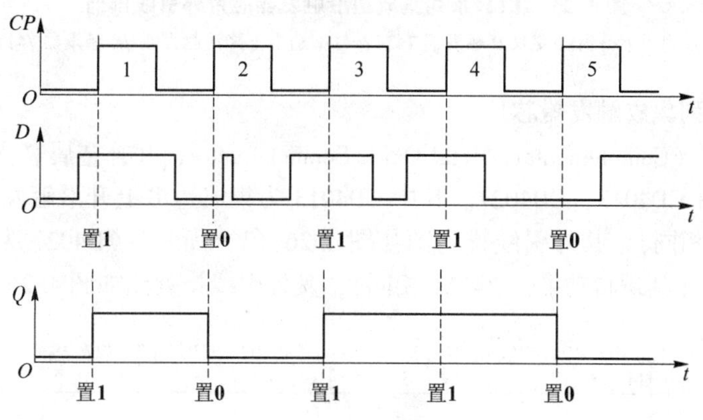

图 4.24　例 4.6 的波形图

【**解**】根据表 4.8 可知，该触发器的次态仅取决于 CP 上升沿到达前瞬间输入信号 D 的状态，若 $D=\mathbf{1}$，则 $Q^*=\mathbf{1}$；若 $D=\mathbf{0}$，则 $Q^*=\mathbf{0}$。变化均发生在 CP 上升沿到达的时刻，在 CP 的高电平、低电平及下降沿都不会发生变化。Q 的波形图如图 4.24 所示。

3. 边沿触发器的动作特点

通过上述边沿触发器工作过程的分析可以得出边沿触发器的动作特点，即触发器的次态仅取决于时钟脉冲信号的上升沿（也称为正边沿）或下降沿（也称为负边沿）到达前瞬间输入信号的逻辑状态，而在此之前或之后，输入信号的变化对触发器输出的状态均没有影响。

这一特点有效地提高了触发器的抗干扰能力，因此也提高了触发器电路的工作可靠性。

边沿触发器和钟控触发器的动作特点有何不同？

4.4.3　集成触发器芯片

1. TTL 系列集成触发器芯片

典型的 TTL（Transistor - Transistor Logic，晶体管 - 晶体管逻辑）系列集成触发器芯片有 7474、74112。其中 7474 为集成边沿上升沿触发双 D 触发器，其外引线排列图如图 4.25（a）所示；74112 为集成边沿下降沿触发双 JK 触发器，其外引线排列图如图 4.25（b）所示。

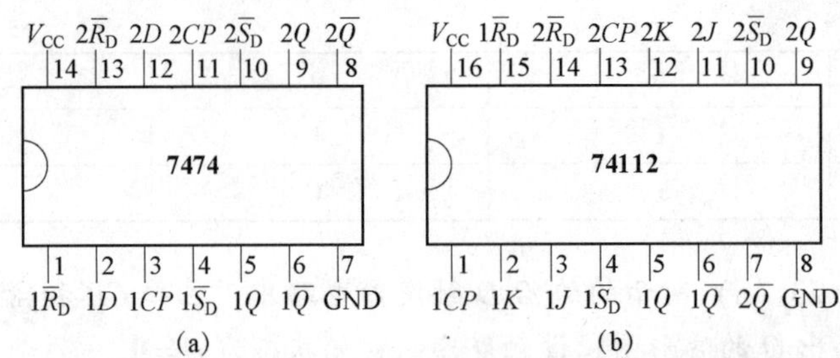

图 4.25　TTL 系列集成边沿触发器芯片外引线排列

（a）边沿上升沿触发双 *D* 触发器 7474；（b）边沿下降沿触发双 *JK* 触发器 74112

2. CMOS 系列集成触发器芯片

典型的 CMOS（Complementary Metal Oxide Semiconductor，互补金属氧化物半导体）系列集成触发器芯片有 CD4013、CD4027。其中 CD4013 为集成边沿上升沿触发双 *D* 触发器（其逻辑功能与 7474 相同），其外引线排列图如图 4. 26（a）所示；CD4027 为集成边沿上升沿触发双 *JK* 触发器（其逻辑功能与 74112 相同），其外引线排列图如图 4. 26（b）所示。

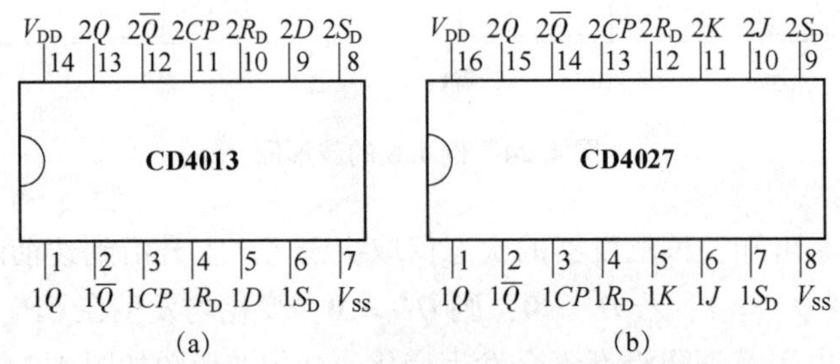

图 4.26　CMOS 系列集成边沿触发器芯片外引线排列图

（a）边沿上升沿触发双 *D* 触发器 CD4013；（b）边沿上升沿触发双 *JK* 触发器 CD4027

4.4.4　集成触发器的应用

1. *D* 触发器的应用实例

图 4. 27 所示电路是用 *D* 触发器 7474 构成的单按钮电子转换开关电路。由图可知，*D* 触发器的 $\overline{Q}$ 反馈回输入端 *D*，则单按钮 *S* 每按下一次，将产生一个上升沿脉冲，触发器 7474 的输出端 *Q* 状态都将进行翻转，从而控制三极管 VT 导通或截止，进而控制继电器 K 的闭合或断开，实现对相应负载电路的接通或断开。

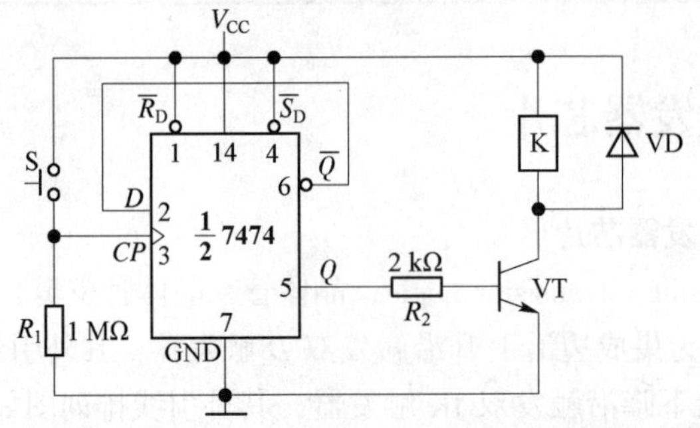

图 4.27　*D* 触发器 7474 构成的单按钮电子转换开关电路

2. *JK* 触发器的应用实例

图 4.28 所示电路是用 *JK* 触发器 74112 构成的多路公共照明控制电路。由图可知，*JK* 触发器的 *J*、*K* 常接 **1**，始终处于翻转状态。$S_1 \sim S_n$ 为安装在不同位置的按钮开关，假定触发器初始状态为 $Q = \mathbf{0}$，三极管 VT 截止，继电器 K 的触点断开，灯 L 熄灭。若此时按下按钮开关 S_1，则触发器将由 **0** 翻转到 **1**，即 $Q^* = \mathbf{1}$，三极管 VT 导通，继电器 K 的触点闭合，灯 L 点亮。若之后再按下按钮开关 S_2，则触发器又翻转到 **0**，VT 截止，继电器 K 的触点断开，灯 L 又熄灭。以此类推，这样就实现了在不同的位置都能独立控制照明灯的亮和灭，该电路一般用于公共照明系统，如楼梯灯或路灯等场所。

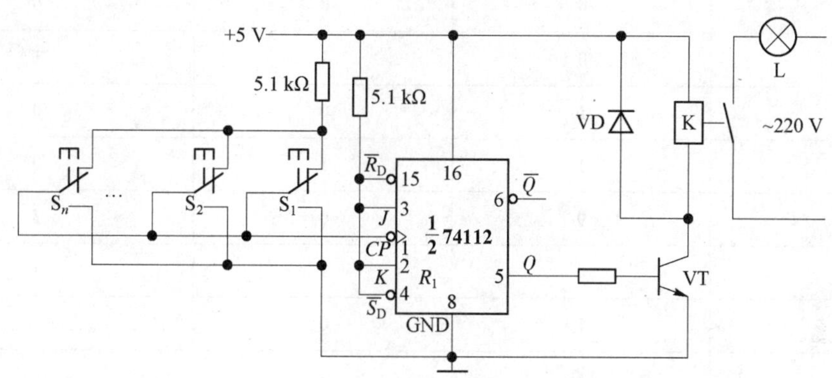

图 4.28　*JK* 触发器 74112 构成的多路公共照明控制电路

在实际应用中，集成触发器的用途非常广泛。下一章要介绍的时序逻辑电路，如寄存器、计数器、分频器等都是以触发器为基本单元构成的逻辑电路。

4.5　触发器的逻辑功能及其描述方法

能力目标

- 知道触发器按逻辑功能的分类。
- 知道并理解 *SR* 触发器、*JK* 触发器、*T* 触发器和 *D* 触发器的特性方程、逻辑功能和状态转换图。
- 能够用不同方法对 *SR* 触发器、*JK* 触发器、*T* 触发器和 *D* 触发器的逻辑功能进行描述并能够相互转换。
- 能够正确画出常用集成触发器的时序图。

4.5.1　触发器的分类

触发器的信号输入方式各不相同（有单端输入的，也有双端输入的；有输入信号直接控制输入门的，也有输出反馈回输入门的），触发器的次态与输入信号逻辑状态之间的关系也不相同，因此它们的逻辑功能也不完全相同。

按照逻辑功能的不同特点，通常将触发器分为 *SR* 触发器、*JK* 触发器、*T* 触发器和 *D* 触发器等几种类型。

1. *SR* 触发器

凡是符合表 4.9 所规定的逻辑功能者，无论其触发方式如何，均称为 *SR* 触发器。

表 4.9　*SR* 触发器的特性表

S	R	Q	Q^*
0	0	0	0
0	0	1	1
0	1	0	0
0	1	1	0
1	0	0	1
1	0	1	1
1	1	0	不定
1	1	1	不定

显而易见，上几节中提到的图 4.2、图 4.4、图 4.8 中的电路均属于 *SR* 触发器。

若将表 4.9 所规定的逻辑功能写成逻辑函数式，次态 Q^* 为输出变量，输入信号 S、R 和现态 Q 均为输入变量，则有

$$Q^* = \overline{S}\,\overline{R}Q + S\overline{R}\,\overline{Q} + S\overline{R}Q \tag{4.1}$$

将表中输出为不定状态的两种输入情况组合用约束条件表示，则画出对应的卡诺图如图 4.29 所示，由卡诺图化简得到对应的最简逻辑函数式为

$$\begin{cases} Q^* = S + \overline{R}Q \\ SR = \mathbf{0}(\text{约束条件}) \end{cases} \tag{4.2}$$

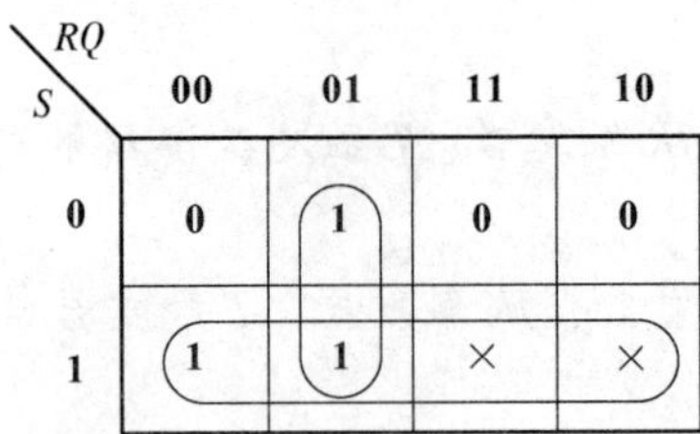

图 4.29　*SR* 触发器的特性卡诺图

式（4.2）被称为 *SR* 触发器的特性方程。

除了上述的特性表和特性方程外，还可以用图 4.30 所示的状态转换图更为形象地表示 *SR* 触发器的逻辑功能。图中以两个圆圈分别代表触发器的两个状态，箭头表示状态变化的方向，发生状态变化的条件则在对应的箭头旁注明。

所以，描述一种触发器的逻辑功能有特性表、特性方程和状态转换图 3 种方法。

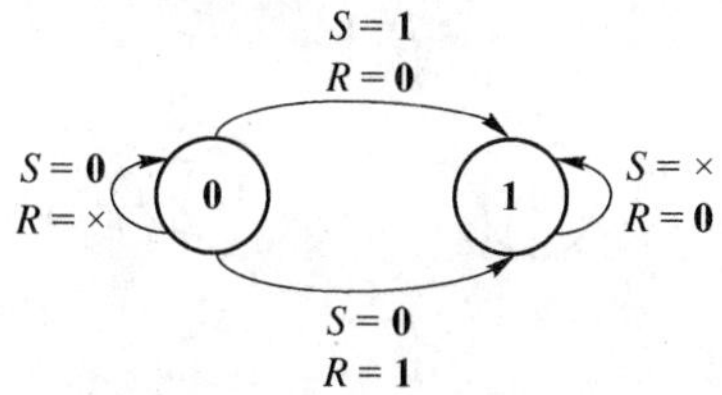

图 4.30　*SR* 触发器的状态转换图

2. *JK* 触发器

凡是符合表 4.10 所规定的逻辑功能者，无论其触发方式如何，均称为 *JK* 触发器。

表 4.10　*JK* 触发器的特性表

J	K	Q	Q^*
0	0	0	0
0	0	1	1
0	1	0	0
0	1	1	0
1	0	0	1
1	0	1	1
1	1	0	1
1	1	1	0

图 4.13、图 4.16、图 4.21 所示的电路均属于 *JK* 触发器。

根据表 4.10 所规定的逻辑功能写成逻辑函数式，次态 Q^* 为输出变量，输入信号 J、K 和现态 Q 均为输入变量，则有

$$Q^* = \overline{J}\,\overline{K}Q + J\overline{K}\,\overline{Q} + J\overline{K}Q + JK\overline{Q} \tag{4.3}$$

化简后，得到 *JK* 触发器的特性方程为

$$Q^* = J\overline{Q} + \overline{K}Q \tag{4.4}$$

为了更清晰地表达 *JK* 触发器的功能，可以将其特性归纳为如表 4.11 所示的简化特性表。当触发器处于翻转状态时，其输出的次态总是与现态相反，因此用 $Q^* = \overline{Q}$ 表示翻转状态。

表 4.11　*JK* 触发器的简化特性表

J	K	Q^*
0	0	Q
0	1	0
1	0	1
1	1	$\overline{Q}$

JK 触发器的状态转换图如图 4.31 所示。

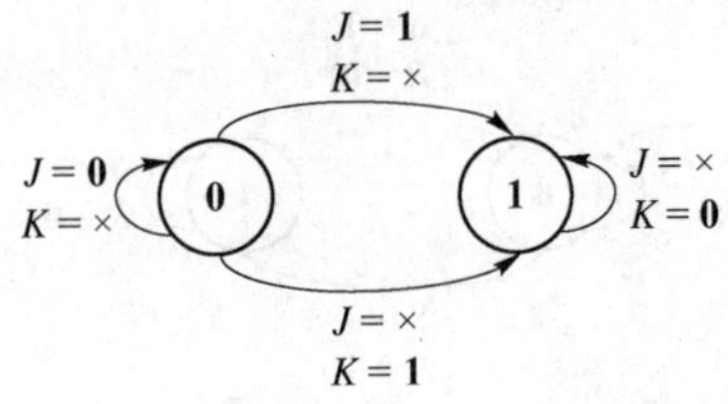

图 4.31　*JK* 触发器的状态转换图

3. *T* 触发器

某些应用场合常常需要这样一种逻辑功能的触发器，当控制信号有效时，每来一个时钟脉冲它的状态就翻转一次；当控制信号无效时，时钟脉冲信号到达后它的状态也保持不变。具备这种逻辑功能的触发器统称为 T 触发器，设控制信号为 T，则其特性表如表 4.12 所示，其简化特性表如表 4.13 所示。

表 4.12　*T* 触发器的特性表

T	Q	Q^*
0	0	0
0	1	1
1	0	1
1	1	0

表 4.13　*T* 触发器的简化特性表

T	Q^*
0	Q
1	$\overline{Q}$

由表 4.12 可以写出 T 触发器的特性方程为

$$Q^* = T\overline{Q} + \overline{T}Q = T \oplus Q \tag{4.5}$$

其状态转换图和逻辑符号如图 4.32 所示。

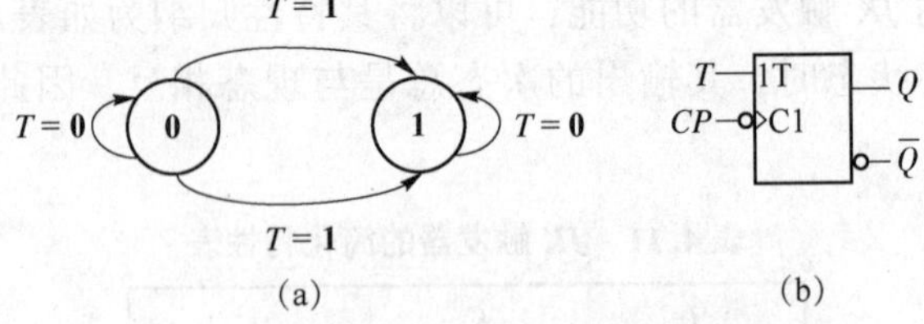

图 4.32　*T* 触发器的状态转换图和逻辑符号

(a) 状态转换图；(b) 逻辑符号

显而易见，只要将 JK 触发器的两个输入端连在一起作为控制信号 T，即可构成 T 触发器。因此，在触发器的定型产品中通常没有专门的 T 触发器。

若 T 触发器的控制端接至固定的高电平时（即 T 恒等于 **1**），则式（4.5）变为

$$Q^* = \overline{Q} \tag{4.6}$$

即每次时钟脉冲信号作用后触发器都将翻转成与现态相反的状态。一般把这种触发器称为 $\overline{T}$触发器，因其只具有翻转功能，即每来一个 CP，触发器就翻转一次，所以一般也把它称为翻转型触发器。

4. *D* 触发器

凡是符合表 4.14 所规定的逻辑功能者，无论其触发方式如何，均称为 D 触发器。

表 4.14 *D* 触发器的特性表

D	Q	Q^*
0	**0**	**0**
0	**1**	**0**
1	**0**	**1**
1	**1**	**1**

图 4.11、图 4.23 中的电路均属于 D 触发器。

从特性表 4.14 可写出 D 触发器的特性方程为

$$Q^* = D \tag{4.7}$$

因此，其简化特性表也可归纳为如表 4.15 所示。

表 4.15 *D* 触发器的简化特性表

D	Q^*
0	**0**
1	**1**

D 触发器的状态转换图如图 4.33 所示。

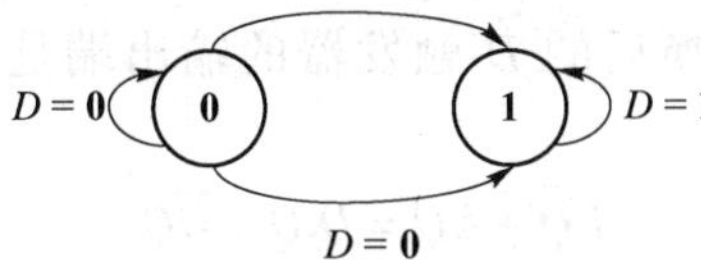

图 4.33 *D* 触发器的状态转换图

4.5.2 触发器之间的转换

常用的 5 种类型触发器并没有全部形成集成电路产品，目前生产的触发器定型产品中只有 JK 触发器和 D 触发器两大类。在实际电路设计中，若遇到需要的触发器类型缺少的情况，就可以通过触发器的转换方法，将其他现有的触发器转换为需要的触发器。

触发器的转换方法如图 4.34 所示，它是在现有的触发器前，增加适当的组合逻辑电路。将转换后的触发器的输入和现有触发器的 Q 或 $\overline{Q}$ 作为组合逻辑电路的输入，组合逻辑电路的输出作为现有触发器的输入信号。下面将分别以 JK 触发器和 D 触发器为例，介绍一些常用触发器之间的转换方法。

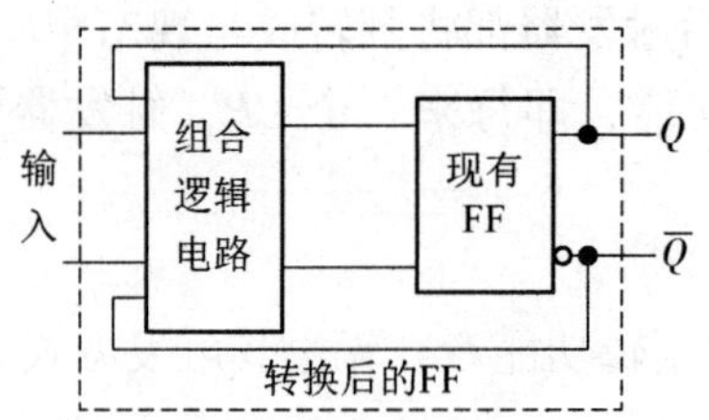

图 4.34　触发器之间相互转换的一般示意图

1. 用 *JK* 触发器实现其他类型触发器

1）用 *JK* 触发器实现 *D* 触发器

用 *JK* 触发器实现 *D* 触发器转换的示意图如图 4.35 所示。

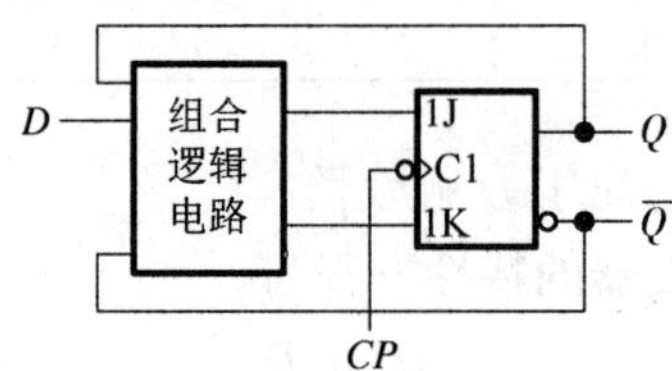

图 4.35　*JK* 触发器转换成 *D* 触发器的示意图

已知 *JK* 触发器的特性方程为

$$Q^{*}=J\overline{Q}+\overline{K}Q \tag{4.8}$$

而 *D* 触发器的特性方程为

$$Q^{*}=D \tag{4.9}$$

将 *D* 触发器的特性方程进行变形，则有

$$Q^{*}=D=D（Q+\overline{Q}）=D\overline{Q}+\overline{\overline{D}}Q \tag{4.10}$$

由于现有的 *JK* 触发器与转换后的 *D* 触发器的输出端是同一个 *Q*，因此式（4.8）与式（4.10）相等，即有

$$J\overline{Q}+\overline{K}Q=D\overline{Q}+\overline{\overline{D}}Q \tag{4.11}$$

由式（4.11）可得，组合逻辑电路的输出表达式为

$$J=D,\ K=\overline{D} \tag{4.12}$$

根据式（4.12）可以画出用 *JK* 触发器实现 *D* 触发器的电路，如图 4.36 所示。

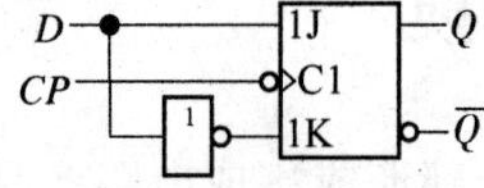

图 4.36　用 *JK* 触发器实现 *D* 触发器的电路

2）用 *JK* 触发器实现 *T* 触发器

将 *JK* 触发器的两个输入端合并作为控制端 *T*，就形成了 *T* 触发器，如图 4.37 所示。

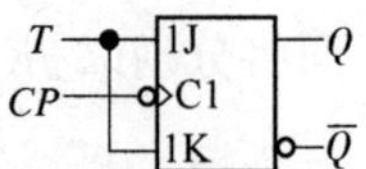

图 4.37　用 *JK* 触发器实现 *T* 触发器的电路

3）用 JK 触发器实现 $\overline{T}$ 触发器

将 JK 触发器的两个输入端合并接高电平，就形成了 $\overline{T}$ 触发器，如图 4.38 所示。

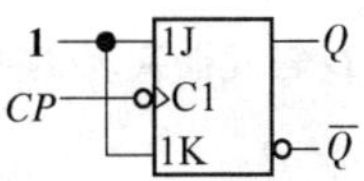

图 4.38　用 JK 触发器实现 $\overline{T}$ 触发器的电路

2. 用 D 触发器实现其他类型触发器

1）用 D 触发器实现 JK 触发器

D 触发器的特性方程见式（4.9），转换后的 JK 触发器特性方程见式（4.8），令两式相等，即可得出组合逻辑电路的输出逻辑函数式为

$$D = J\overline{Q} + \overline{K}Q \tag{4.13}$$

由式（4.13）可以画出用 D 触发器实现 JK 触发器的电路，如图 4.39 所示。

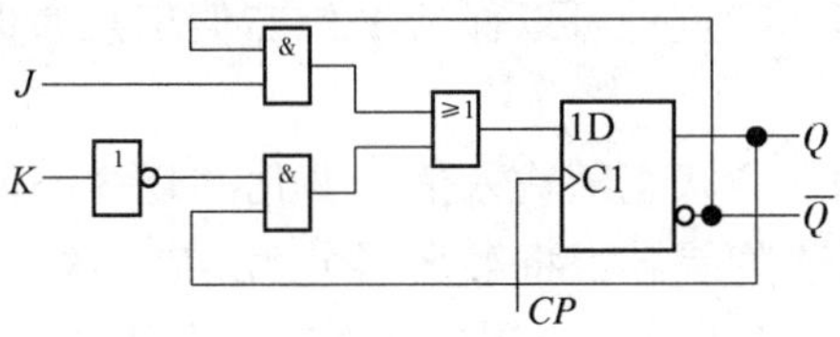

图 4.39　用 D 触发器实现 JK 触发器的电路

2）D 触发器实现 T 触发器

用 D 触发器实现 T 触发器时，需首先将 D 触发器转换为 JK 触发器，然后把 JK 触发器的输入端合并为控制端 T 即可。或可根据 T 触发器的特性方程

$$Q^* = T\overline{Q} + \overline{T}Q = T \oplus Q \tag{4.14}$$

让其与 D 触发器的特性方程式（4.9）相等，即可得出组合逻辑电路的输出逻辑函数式为

$$D = T \oplus Q \tag{4.15}$$

由式（4.15）可以画出用 D 触发器实现 T 触发器的电路，如图 4.40 所示。

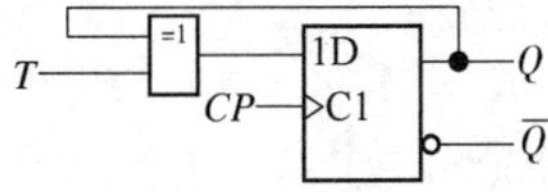

图 4.40　用 D 触发器实现 T 触发器的电路

3）用 D 触发器实现 $\overline{T}$ 触发器

D 触发器特性方程见式（4.9），转换后的 $\overline{T}$ 触发器特性方程为

$$Q^* = \overline{Q} \tag{4.16}$$

令式（4.9）和式（4.16）相等，则可得出组合逻辑电路的输出逻辑函数式为

$$D = \overline{Q} \tag{4.17}$$

由式（4.17）可以画出 D 触发器实现 $\overline{T}$ 触发器的电路，如图 4.41 所示。

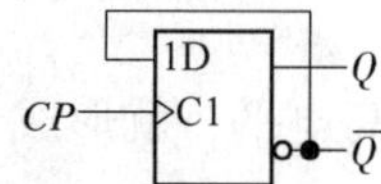

图 4.41　用 D 触发器实现 $\overline{T}$触发器的电路

思考

为什么从满足逻辑功能的要求上可以用 JK 触发器代替 SR 触发器，而不能用 SR 触发器代替 JK 触发器？

本章小结

1. 和门电路一样，触发器也是构成各种复杂数字系统的一种基本逻辑单元。

2. 触发器逻辑功能的基本特点是可以保持 1 位二值信息。因此，又将触发器称为半导体存储单元或记忆单元。

3. 由于输入方式以及触发器状态随输入信号变化的规律不同，各种触发器在具体的逻辑功能上又有所差别。根据这些差异，将触发器分为 SR、JK、T、D 等几种逻辑功能的类型。这些逻辑功能可以用特性表、特性方程或状态转换图描述。

自我检测题

一、填空题

1. 触发器有个稳态，当 $Q = \mathbf{0}$、$\overline{Q} = \mathbf{1}$ 时，称为________状态；存储 8 位二进制信息需要________个触发器。

2. 在一个 CP 作用下，引起触发器两次或多次翻转的现象称为触发器的____________，触发方式为________式或________式的触发器不会出现这种现象。

3. 按逻辑功能划分，触发器有________、________、________、________ 4 种。

二、选择题

1. SR 触发器的约束条件是（　　）。

A. $S + R = \mathbf{0}$　　B. $S + R = \mathbf{1}$　　C. $SR = \mathbf{0}$　　D. $SR = \mathbf{1}$

2. 触发器的“空翻”现象是指（　　）。

A. 在 CP 有效期间，触发器输出的状态随输入信号的多次翻转

B. 触发器输出的状态取决于输入信号

C. 触发器输出的状态取决于 CP 和控制输入信号

D. 触发器的输出总是改变状态

3. 对应边沿触发的 D 触发器，下面（　　）是正确的。

A. 输出状态的改变发生在 CP 的边沿

B. 要进入的状态取决于输入信号 D

C. 输出跟随每一个 CP 的输入

D. 以上 3 种都是

4. *JK* 触发器处于翻转时输入信号的组合是（　　）。

A. $J=0$，$K=0$　　B. $J=0$，$K=1$　　C. $J=1$，$K=0$　　D. $J=1$，$K=1$

5. 要使 *JK* 触发器的状态由 **0** 变为 **1**，所加输入信号 *JK* 的组合应为（　　）。

A. **0**×　　B. **1**×　　C. ×**1**　　D. ×**0**

6. 对于 *D* 触发器，若 *CP* 有效信号到来前所加的输入信号为 $D=1$，则可使触发器的状态（　　）。

A. 由 **0** 变 **1**　　B. 由×变 **0**　　C. 由 **1** 变 **0**　　D. 由×变 **1**

7. 对于 *JK* 触发器，若输入信号 $J=K$，则可实现（　　）触发器的逻辑功能。

A. *SR*　　B. *D*　　C. *T*　　D. $\overline{T}$

8. 若要将 *D* 触发器转换成 *T* 触发器，则应令（　　）。

A. $T=D\oplus Q$　　B. $D=T\oplus\overline{Q}$　　C. $D=T\oplus Q$　　D. $T=D\oplus\overline{Q}$

习　题

【题 4.1】画出下图所示由与非门构成的基本 *SR* 触发器输出端 Q、$\overline{Q}$的波形图，输入端 $\overline{S}_D$、$\overline{R}_D$的波形图如下图所示。

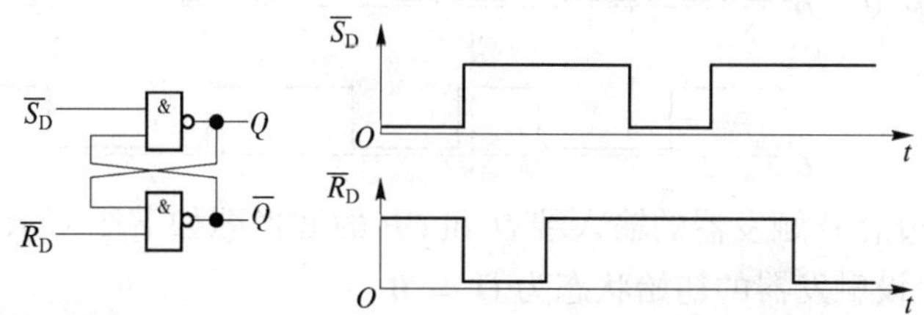

【题 4.2】按钮开关在开关动作时，由于开关触点接通瞬间簧片易发生震颤，使开关信号也出现抖动，因此多采用如下图所示的由基本 *SR* 触发器所构成的防抖动输出的开关电路。当拨动开关 S 时，所产生的 $\overline{S}_D$、$\overline{R}_D$波形图如下图所示，试画出 Q 和 $\overline{Q}$ 端与之对应的波形图，并说明防抖动的工作原理。

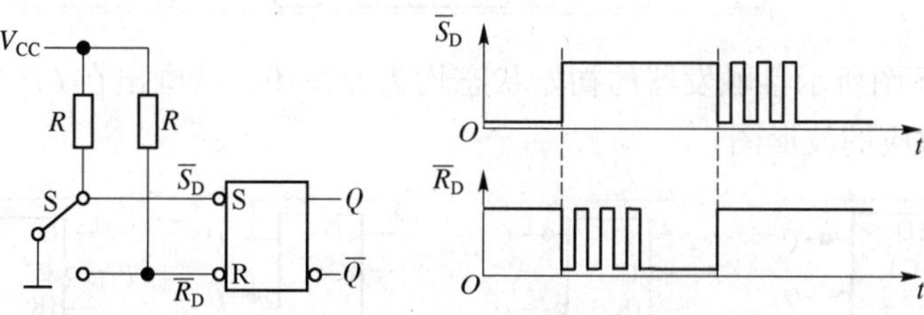

【题 4.3】已知钟控 *D* 触发器的输入端 *D* 和 *CP* 的波形图如下图所示，试画出 Q 和 $\overline{Q}$端与之对应的波形图。设触发器的初始状态为 $Q=\mathbf{0}$。

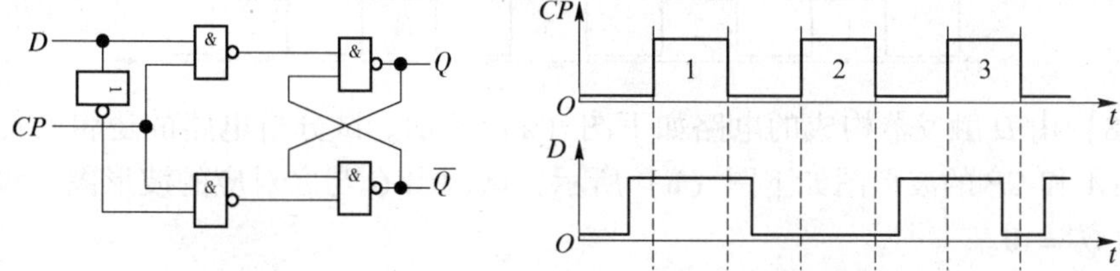

【题4.4】已知主从 JK 触发器的输入端 J、K 和 CP 的波形图如下图所示，试画出 Q 和 $\overline{Q}$端与之对应的波形图。设触发器的初始状态为 Q = **0**。

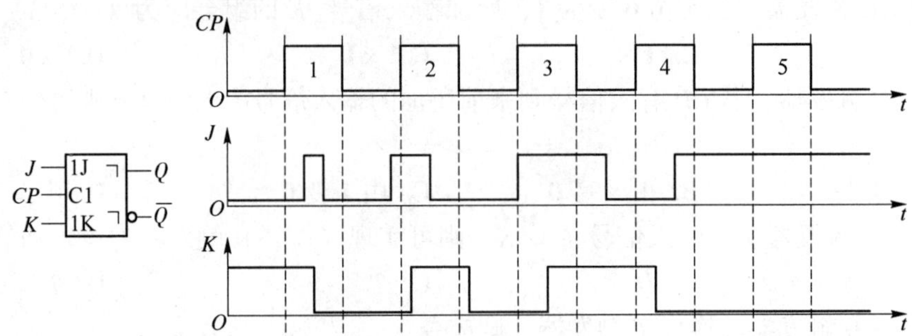

【题4.5】已知边沿 JK 触发器的输入端 J、K 和 CP 的波形图如下图所示，试画出 Q 和 $\overline{Q}$端与之对应的波形图。设触发器的初始状态为 Q = **0**。

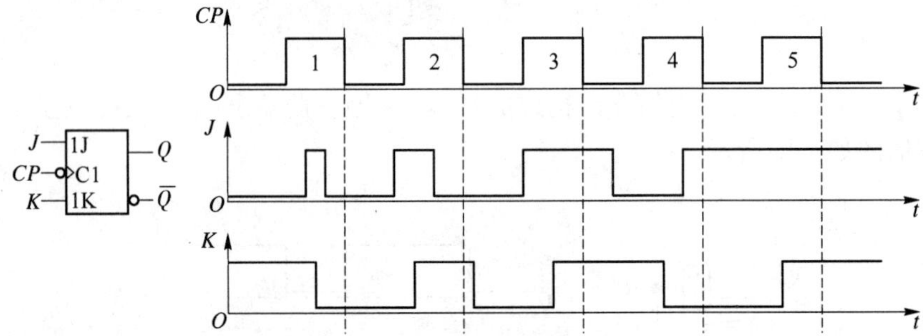

【题4.6】已知边沿 D 触发器的输入端 D 和 CP 的波形图如下图所示，试画出 Q 和 $\overline{Q}$端与之对应的波形图。设触发器的初始状态为 Q = **0**。

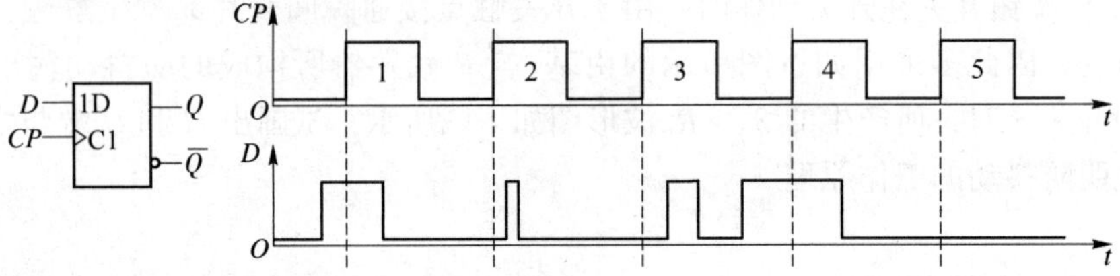

【题4.7】设下图所示各触发器的初始状态均为 Q = **0**，试画出在 CP 连续作用下各触发器输出端 Q 与之对应的波形图。

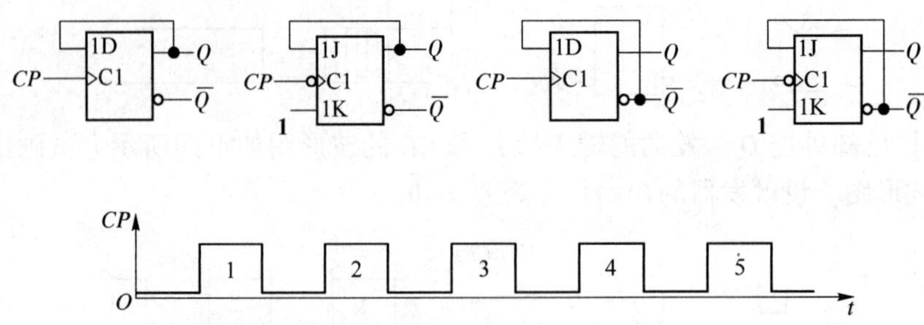

【题4.8】由 D 触发器构成的电路如下图（a）所示。试分析电路的逻辑功能，已知电路的输入端 A 和 CP 的波形图如下图（b）所示，试画出 Q 与之对应的波形图。设触发器的初始状态为 Q = **0**。

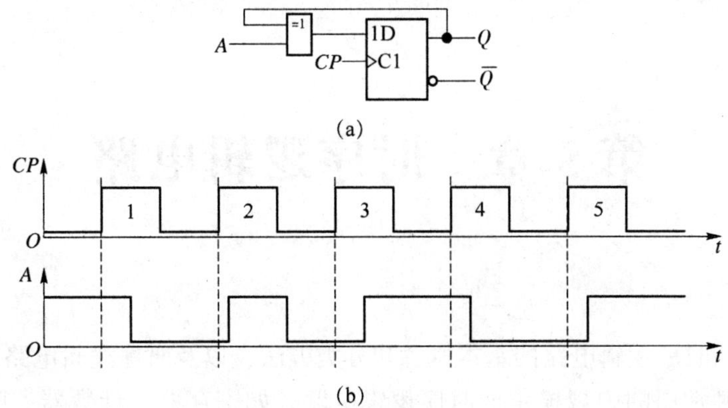

(a)

(b)

【题 4.9】在不增加外部电路的条件下，将 *JK*、*D*、*T* 触发器适当连接，构成二分频电路，并画出它们的电路图。

【题 4.10】用 *D* 触发器设计一个 4 人抢答逻辑电路。具体要求如下：

（1）每个参赛者控制一个按钮，按动按钮发出抢答信号；

（2）竞赛主持人另有一个按钮，用于将电路复位；

（3）竞赛开始后，先按动按钮者将对应的一个指示灯点亮，此后其他 3 人再按动按钮对电路不起作用。

第 5 章　时序逻辑电路

本章首先介绍时序逻辑电路的基本概念和分类方法，以及时序逻辑电路的分析和设计方法。然后介绍几种常用的中规模集成时序逻辑电路，如寄存器、计数器、序列信号发生器等，通过对它们的电路结构、工作原理和使用方法的介绍，使读者在今后的数字系统设计中能够熟练地使用中规模集成时序逻辑电路。

5.1 概述

- 知道时序逻辑电路的结构和特点。
- 知道同步时序逻辑电路和异步时序逻辑电路的区别。

与组合逻辑电路相比，时序逻辑电路，简称时序电路，在任一时刻的输出，不仅与该时刻的输入有关，还与电路原来的状态有关。也就是说，时序逻辑电路具有记忆功能。

为了形象地说明组合逻辑电路和时序逻辑电路的特点，以电视机的遥控器为例来说明。用遥控器选择频道有两种方法，一种是直接按〈数字〉键，另一种为按〈频道增减〉键。如果用〈数字〉键来选择频道，则所选的频道完全由所按的〈数字〉键决定，而与按〈数字〉键之前电视机处于什么频道无关，这种选择频道的方式体现了组合逻辑电路的特点。如果用〈频道增减〉键选择频道，则所选的频道不但与所按的键有关（是按增加键还是减少键），而且还与按键之前电视机所处的频道有关，这种选择频道的方式体现了时序逻辑电路的特点。

时序逻辑电路的一般结构框图如图 5.1 所示，整个时序逻辑电路由组合逻辑电路和存储电路两部分组成，存储电路必不可少，且大都由触发器构成，用以实现记忆功能。

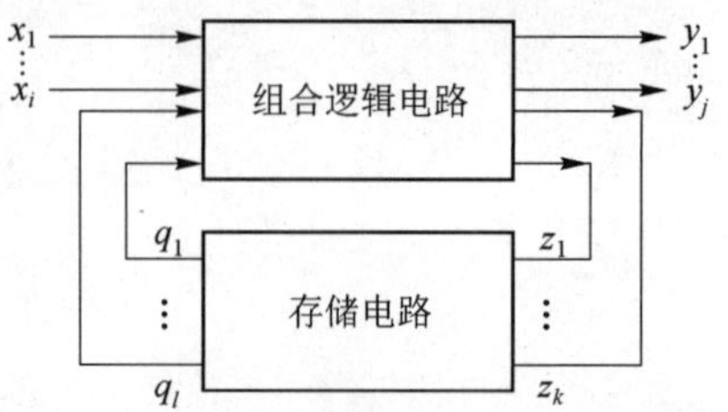

图 5.1　时序逻辑电路的一般结构框图

在图 5.1 中，$\boldsymbol{X}$（x_1，x_2，…，x_i）表示外部输入信号，$\boldsymbol{Y}$（y_1，y_2，…，y_j）表示对外输出信号，$\boldsymbol{Z}$（z_1，z_2，…，z_k）表示存储电路（触发器）的输入信号，$\boldsymbol{Q}$（q_1，q_2，…，q_l）表示存储电路的输出信号。存储电路的输出被反馈到组合逻辑电路的输入端，与输入信号共同决定组合逻辑电路的输出。这些信号之间的逻辑关系可以用以下 3 个方程组来表示：

$$\begin{cases} y_1 = f_1(x_1, x_2, \cdots, x_i, q_1, q_2, \cdots, q_l) \\ y_2 = f_2(x_1, x_2, \cdots, x_i, q_1, q_2, \cdots, q_l) \\ \vdots \\ y_j = f_j(x_1, x_2, \cdots, x_i, q_1, q_2, \cdots, q_l) \end{cases} \tag{5.1}$$

$$\begin{cases} z_1 = g_1(x_1, x_2, \cdots, x_i, q_1, q_2, \cdots, q_l) \\ z_2 = g_2(x_1, x_2, \cdots, x_i, q_1, q_2, \cdots, q_l) \\ \vdots \\ z_k = g_k(x_1, x_2, \cdots, x_i, q_1, q_2, \cdots, q_l) \end{cases} \tag{5.2}$$

$$\begin{cases} q_1^* = h_1(z_1, z_2, \cdots, z_k, q_1, q_2, \cdots, q_l) \\ q_2^* = h_2(z_1, z_2, \cdots, z_k, q_1, q_2, \cdots, q_l) \\ \vdots \\ q_l^* = h_l(z_1, z_2, \cdots, z_k, q_1, q_2, \cdots, q_l) \end{cases} \tag{5.3}$$

式（5.1）称为输出方程，式（5.2）称为驱动方程（或激励方程），式（5.3）称为状态方程。q_1，q_2，…，q_l 表示存储电路中每个触发器的现态，q_1^*，q_2^*，…，q_l^* 表示存储电路中每个触发器的次态，式（5.1）、式（5.2）和式（5.3）可以写成向量函数的形式，具体如下：

$$\boldsymbol{Y} = \boldsymbol{F}[\boldsymbol{X}, \boldsymbol{Q}]$$
$$\boldsymbol{Z} = \boldsymbol{G}[\boldsymbol{X}, \boldsymbol{Q}]$$
$$\boldsymbol{Q}^* = \boldsymbol{H}[\boldsymbol{Z}, \boldsymbol{Q}]$$

图 5.2 为一个典型的时序逻辑电路——数字电子钟的原理框图。秒脉冲信号输入秒计数器进行计数，计满 60 个脉冲后归零，同时向分计数器输出一个进位信号；分计数器计满 60 个秒计数器输出的进位信号后归零，同时向时计数器输出一个进位信号；时计数器对分计数器输出的进位信号进行计数，计满 24 个或 12 个后归零，又开始下一轮的循环计数。

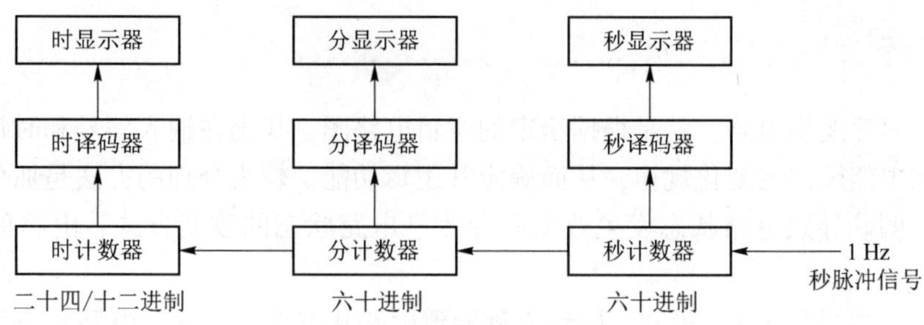

图 5.2　数字电子钟原理框图

思考

在图 5.2 中，哪些部分是组合逻辑电路，哪些部分是存储电路？

根据存储电路中触发器的动作特点不同，时序逻辑电路可以分为同步时序逻辑电路和异步时序逻辑电路。在同步时序逻辑电路中，电路中所有触发器的时钟端是连在一起的，所有存储电路的状态转换是在同一时刻同步进行的。同步时序逻辑电路通常工作速度较快，电路相对复杂。在异步时序逻辑电路中，电路中各个触发器的时钟端不是相连的，可能各不相同，也可能某一局部相同，存储状态的转换是在不同时刻异步进行的。异步时序逻辑电路通常工作速度较慢，电路结构相对简单。图 5.2 的数字电子钟就属于异步时序逻辑电路。

根据输入与输出的关系，时序逻辑电路可以分为米利（Mealy）型和穆尔（Moore）型两种。米利型电路的输出不仅与电路的现态有关，还与电路当前的输入有关。穆尔型电路的输出仅仅取决于电路的现态，只是电路现态的函数，除时钟脉冲以外，没有其他输入变量。显然，穆尔型电路是米利型电路的特例。因此，对穆尔型电路来说，式（5.1）所示的输出方程可以演变为

$$\boldsymbol{Y}=\boldsymbol{F}(\boldsymbol{Q}) \tag{5.4}$$

思考

你还能想到生活中哪些时序逻辑电路的应用实例？它们哪些属于米利型，哪些属于穆尔型？

5.2 时序逻辑电路的分析方法

能力目标

- 知道同步时序逻辑电路的特点及分析方法。
- 知道异步时序逻辑电路的主要特点及分析方法。
- 能够根据同步时序逻辑电路正确列出其状态转换表，画出状态转换图、时序图并分析其功能。

分析一个时序逻辑电路，就是根据给定的逻辑电路图，找出在输入信号和时钟信号作用下电路状态和电路输出的变化规律，从而确定其逻辑功能。较为合理的方法是抓住时序逻辑电路的本质，明确导致电路状态发生改变的原因、电路状态的改变方式、电路的对外输出规律。

由式（5.1）~式（5.3）可知，驱动方程导致电路状态发生改变，电路状态依据状态方程发生改变，电路依据输出方程产生对外输出。然后，画出电路的状态转换表、状态转换图或时序图，就能确定出时序逻辑电路的逻辑功能。时序逻辑电路的一般分析步骤如下。

（1）分析电路组成，确定输入和输出，区分组合逻辑电路部分和存储电路部分，确定是同步时序逻辑电路还是异步时序逻辑电路。

（2）写出每个触发器的时钟方程和驱动方程。

（3）将各个触发器的驱动方程代入相应触发器的特性方程，从而求得各个触发器的状态方程。

（4）根据逻辑电路图，写出外部输出的逻辑函数式，即输出方程。

（5）根据状态方程和输出方程，依次假设现态，求出相应的次态和输出，画出状态转换表、状态转换图或时序图。

（6）逻辑功能描述。

【例 5.1】 分析图 5.3 所示时序逻辑电路的逻辑功能。FF_0、FF_1和 FF_2是 3 个主从结构的 TTL 触发器，下降沿动作。

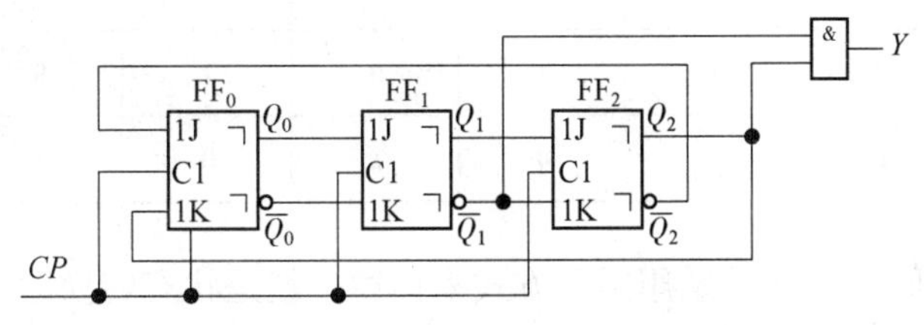

图 5.3　例 5.1 逻辑电路图

【解】 图 5.3 所示电路除了 CP 之外没有其他输入信号，输出信号 Y 只与时序逻辑电路的现态有关，且三个触发器都接至 CP，因此该电路属于穆尔型同步时序逻辑电路。3 个 JK 触发器的输入信号分别用 J_0和 K_0、J_1和 K_1、J_2和 K_2表示，输出 Q_0、Q_1和 Q_2表示时序逻辑电路的状态。图 5.3 为同步时序逻辑电路，因此各触发器的时钟方程可省略不写。

根据逻辑电路图，得电路的驱动方程为

$$\begin{cases} J_2 = Q_1,\ K_2 = \overline{Q}_1 \\ J_1 = Q_0,\ K_1 = \overline{Q}_0 \\ J_0 = \overline{Q}_2,\ K_0 = Q_2 \end{cases} \tag{5.5}$$

将式（5.5）代入 JK 触发器的特性方程，得电路的状态方程为

$$\begin{cases} Q_2^* = J_2\overline{Q}_2 + \overline{K}_2Q_2 = Q_1\overline{Q}_2 + Q_1Q_2 = Q_1 \\ Q_1^* = J_1\overline{Q}_1 + \overline{K}_1Q_1 = Q_0\overline{Q}_1 + Q_0Q_1 = Q_0 \\ Q_0^* = J_0\overline{Q}_0 + \overline{K}_0Q_0 = \overline{Q}_2\overline{Q}_0 + \overline{Q}_2Q_0 = \overline{Q}_2 \end{cases} \tag{5.6}$$

根据逻辑电路图，得电路的输出方程为

$$Y = \overline{Q}_1Q_2 \tag{5.7}$$

将任意一组输入变量及电路初态取值代入状态方程和输出方程，可算出电路的次态和输出值；将得到的次态作为新的初态，与此时输入变量取值一起再代入状态方程和输出方程，得到新的次态和新的输出值……如此循环，直至所有输入变量和电路状态的取值全部遍历。将电路的状态转换以及电路的输出用表格的形式来描述，称为状态转换表，如表 5.1 所示。

表 5.1　例 5.1 的状态转换表

CP 顺序	现态			次态			输出
	Q_2	Q_1	Q_0	Q_2^*	Q_1^*	Q_0^*	Y
0	**0**	**0**	**0**	**0**	**0**	**1**	**0**
1	**0**	**0**	**1**	**0**	**1**	**1**	**0**
2	**0**	**1**	**1**	**1**	**1**	**1**	**0**
3	**1**	**1**	**1**	**1**	**1**	**0**	**0**
4	**1**	**1**	**0**	**1**	**0**	**0**	**0**
5	**1**	**0**	**0**	**0**	**0**	**0**	**1**
0	**1**	**0**	**1**	**0**	**1**	**0**	**1**
1	**0**	**1**	**0**	**1**	**0**	**1**	**0**

若将电路状态之间的转换关系用图形方式来描述，就是状态转换图，如图 5.4 所示。图中以圆圈表示电路的各个状态，以箭头表示状态转换的方向，并在箭头旁边标注状态转换的条件，用斜线分开。斜线左边标注输入变量取值，斜线右边标注输出变量取值。由于例 5.1 所示的电路除 *CP* 外没有其他输入变量，因此，状态转换图中的斜线左边没有标注输入变量。

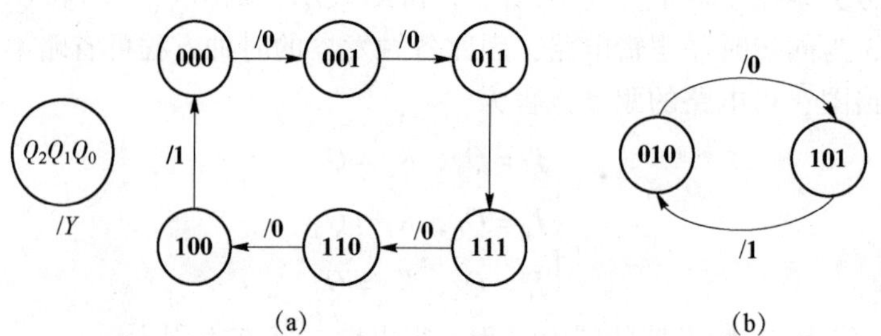

图 5.4　例 5.1 的状态转换图

(a) 有效循环；(b) 无效循环

由图 5.4 可知，**000**、**001**、**011**、**111**、**110**、**100** 是电路中被利用的状态，称为有效状态，由有效状态构成的循环称为有效循环，如图 5.4（a）所示。而 **010**、**101** 是电路中没有被利用的状态，称为无效状态，由无效状态构成的循环称为无效循环，如图 5.4（b）所示。如果无效状态在若干个 *CP* 作用后，最终能进入有效循环，则称该电路具有自启动能力。由图 5.4 的无效循环图可知，该时序逻辑电路不能够自启动，可以通过对逻辑电路图进行修改使其具有自启动能力。

在 *CP* 作用下，电路状态、输出状态随时间变化的波形图称为时序图。例 5.1 的时序图如图 5.5 所示。

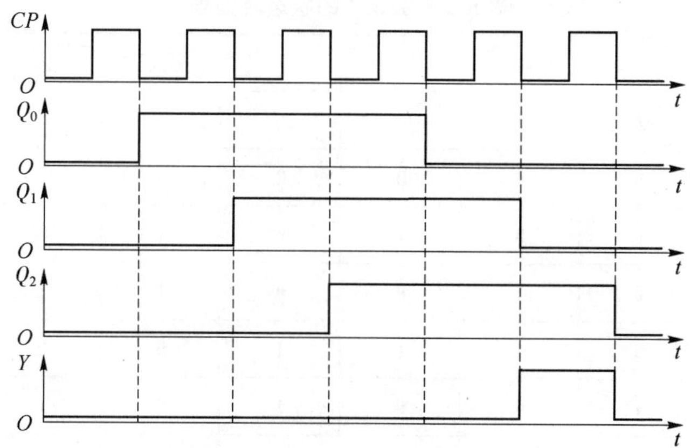

图5.5　例5.1的时序图

从上述状态转换图和时序图可知，有效循环的6个状态分别是0~5这6个十进制数字的格雷码，在CP作用下，这6个状态按递增规律变化，即**000→001→011→111→110→100→000→**…，所以这是一个用格雷码表示的六进制同步加法计数器。当第6个CP到来后，计数器又重新从**000**开始计数，并产生输出$Y=1$。

【例5.2】 分析图5.6所示的时序逻辑电路的逻辑功能。FF_0、FF_1和FF_2是3个主从结构的TTL触发器，下降沿动作。

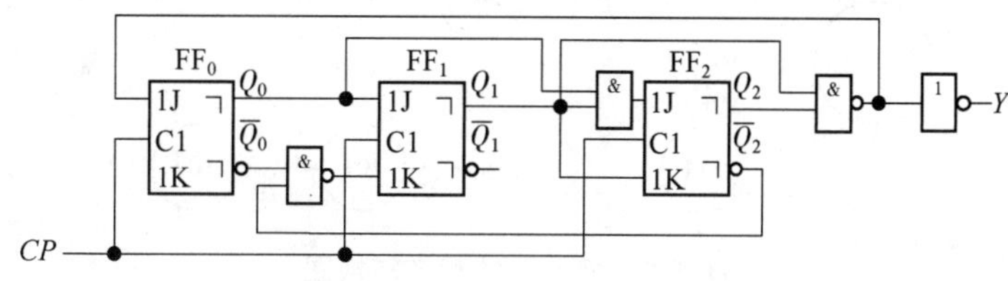

图5.6　例5.2逻辑电路图

【解】 图5.6所示为穆尔型同步时序逻辑电路，其分析步骤与例5.1相同。

根据逻辑电路图，得电路的驱动方程为

$$\begin{cases} J_2 = Q_1 Q_0,\ K_2 = Q_1 \\ J_1 = Q_0,\ K_1 = \overline{\overline{Q_2}\,\overline{Q_0}} \\ J_0 = \overline{Q_2 Q_1},\ K_0 = \mathbf{1} \end{cases} \tag{5.8}$$

将式（5.8）代入JK触发器的特性方程，得电路的状态方程为

$$\begin{cases} Q_2^* = \overline{Q_2} Q_1 Q_0 + Q_2 \overline{Q_1} \\ Q_1^* = \overline{Q_1} Q_0 + \overline{Q_2} Q_1 \overline{Q_0} \\ Q_0^* = \overline{Q_2 Q_1}\ \overline{Q_0} \end{cases} \tag{5.9}$$

根据逻辑电路图，得电路的输出方程为

$$Y = Q_2 Q_1 \tag{5.10}$$

由以上几个方程，可得到如表5.2所示的状态转换表。

表 5.2　例 5.2 的状态转换表

CP 顺序	现态			次态			输出
	Q_2	Q_1	Q_0	Q_2^*	Q_1^*	Q_0^*	Y
0	**0**	**0**	**0**	**0**	**0**	**1**	**0**
1	**0**	**0**	**1**	**0**	**1**	**0**	**0**
2	**0**	**1**	**0**	**0**	**1**	**1**	**0**
3	**0**	**1**	**1**	**1**	**0**	**0**	**0**
4	**1**	**0**	**0**	**1**	**0**	**1**	**0**
5	**1**	**0**	**1**	**1**	**1**	**0**	**0**
6	**1**	**1**	**0**	**0**	**0**	**0**	**1**
7	**1**	**1**	**1**	**0**	**0**	**0**	**1**

状态转换图和时序图分别如图 5.7 和图 5.8 所示。由图 5.7 可知，**000→110** 七个状态构成有效循环，而 **111** 位于有效循环之外，称为无效状态。但 **111** 能够经过一个 *CP* 转换为 **000**，即进入了有效循环，因此该电路具有自启动能力。

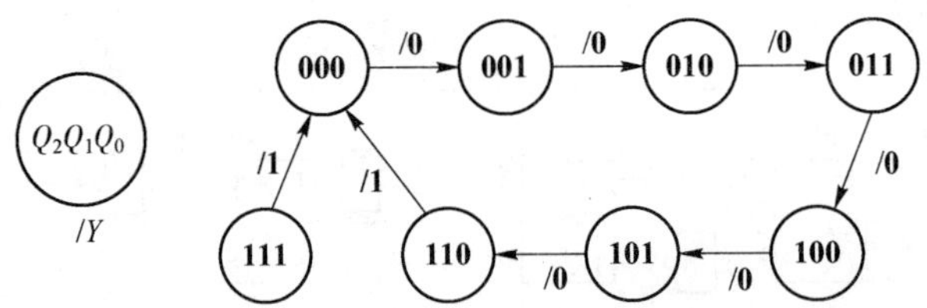

图 5.7　例 5.2 的状态转换图

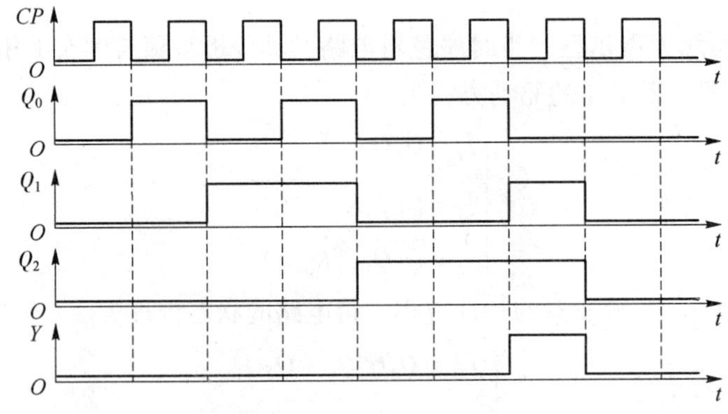

图 5.8　例 5.2 的时序图

从上述状态转换图和时序图可知，每来一个 *CP*，电路的状态变化一次，经过 7 个 *CP*，电路的状态循环一次。该电路为同步七进制加法计数器，*Y* 端输出就是进位脉冲。

【**例 5.3**】分析图 5.9 所示时序逻辑电路的逻辑功能。

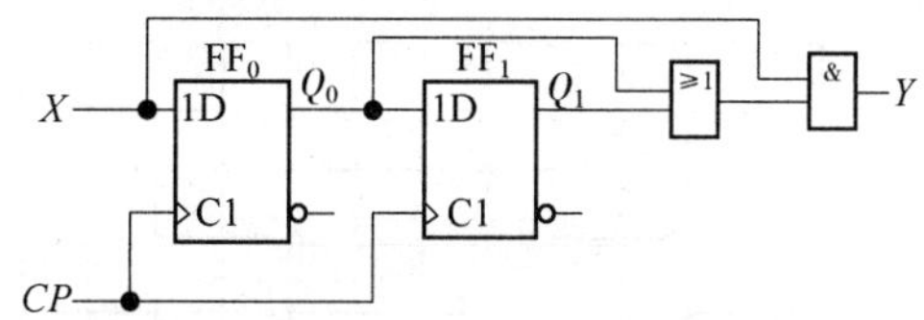

图 5.9　例 5.3 逻辑电路图

【解】图 5.9 所示为米利型同步时序逻辑电路，其分析步骤与例 5.1 相同。

根据逻辑电路图，得电路的驱动方程为

$$\begin{cases} D_1 = Q_0 \\ D_0 = X \end{cases} \tag{5.11}$$

将驱动方程代入 D 触发器的特性方程，得电路的状态方程为

$$\begin{cases} Q_1^* = Q_0 \\ Q_0^* = X \end{cases} \tag{5.12}$$

根据逻辑电路图，得电路的输出方程为

$$Y = X(Q_1 + Q_0) \tag{5.13}$$

进行计算，求出相应的次态和输出，得到如表 5.3 所示的状态转换表。

表 5.3　例 5.3 的状态转换表

输入	现态		次态		输出
X	Q_1	Q_0	Q_1^*	Q_0^*	Y
0	0	0	0	0	0
0	0	1	1	0	0
0	1	0	0	0	0
0	1	1	1	0	0
1	0	0	0	1	0
1	0	1	1	1	1
1	1	0	0	1	1
1	1	1	1	1	1

状态转换图和时序图如图 5.10 和图 5.11 所示。

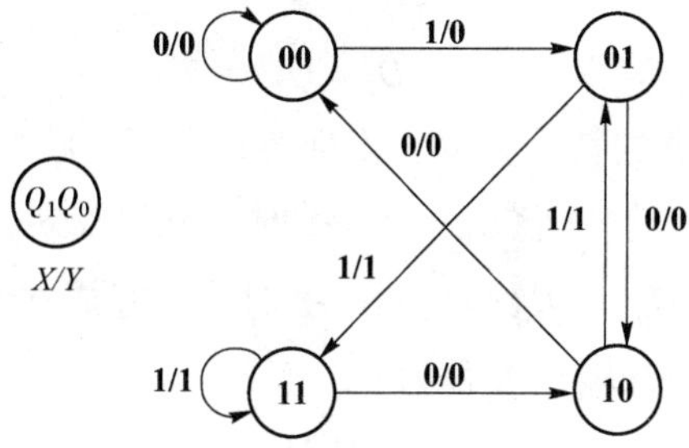

图 5.10　例 5.3 的状态转换图

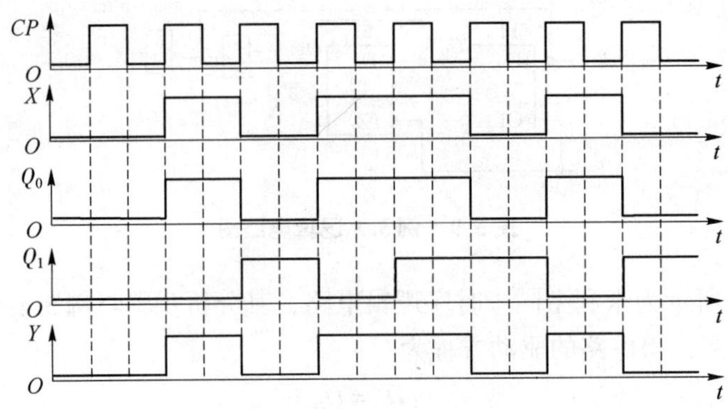

图 5.11　例 5.3 的时序图

从上述状态转换图和时序图可知，该电路为 **011**、**101**、**111** 3 种串行输入信号检测器。

例 5.1、例 5.2 和例 5.3 均为对同步时序逻辑电路进行分析，同步时序逻辑电路的状态变化与时钟同步，而异步时序逻辑电路中没有统一的时钟，电路的状态随输入信号的改变而发生相应变化。即使异步时序逻辑电路存在时钟，此时钟脉冲也只是一个输入变量。下面举例说明异步时序逻辑电路的分析方法。

【例 5.4】 分析图 5.12 所示异步时序逻辑电路的逻辑功能。

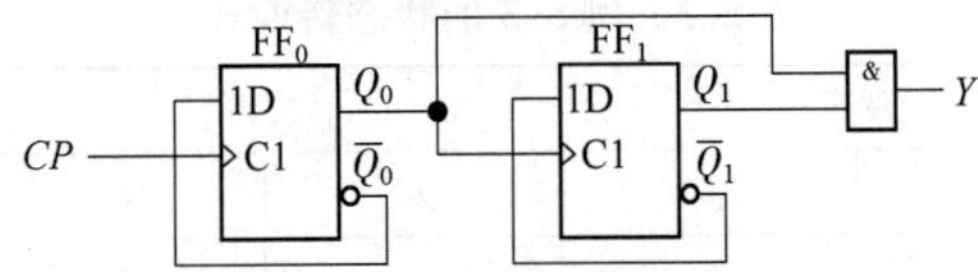

图 5.12　例 5.4 逻辑电路图

【解】 根据逻辑电路图，得各触发器的时钟方程为

$$\begin{cases} CP_1 = Q_0 \\ CP_0 = CP \end{cases} \tag{5.14}$$

FF_0 和 FF_1 具有不同的时钟，因而是异步时序逻辑电路。由图 5.12 可知，FF_0 的时钟脉冲 CP 为上升沿触发，FF_1 的时钟脉冲 Q_0 也是上升沿触发，仅当 Q_0 由 **0→1** 时，Q_1 才可能改变状态，否则 Q_1 将保持原有状态不变。

各触发器的驱动方程为

$$\begin{cases} D_1 = \overline{Q}_1 \\ D_0 = \overline{Q}_0 \end{cases} \tag{5.15}$$

将驱动方程代入 D 触发器的特性方程，得到各触发器的状态方程为

$$\begin{cases} Q_1^* = \overline{Q}_1 (Q_0 \text{ 由 } \mathbf{0 \to 1} \text{ 时，方程成立}) \\ Q_0^* = \overline{Q}_0 (CP \text{ 由 } \mathbf{0 \to 1} \text{ 时，方程成立}) \end{cases} \tag{5.16}$$

根据逻辑电路图，得电路的输出方程为

$$Y = Q_1 Q_0 \tag{5.17}$$

异步时序逻辑电路的状态转换表的计算方法和同步时序逻辑电路基本类似，只是还应注意各触发器时钟端的状况（是否有上升沿作用）。因此，在状态转换表中增加各触发器时钟

端的状态，无上升沿作用时的时钟脉冲用 **0** 表示，有上升沿作用时的时钟脉冲用 **1** 表示，计算所得的状态转换表如表 5.4 所示。

表 5.4 例 5.4 的状态转换表

现态		时钟脉冲		次态		输出
Q_1	Q_0	CP_0	CP_1	Q_1^*	Q_0^*	Y
0	**0**	**1**	**1**	**1**	**1**	**0**
0	**1**	**1**	**0**	**0**	**0**	**0**
1	**0**	**1**	**1**	**0**	**1**	**0**
1	**1**	**1**	**0**	**1**	**0**	**1**

根据状态转换表画出状态转换图如图 5.13 所示，作出时序图如图 5.14 所示。

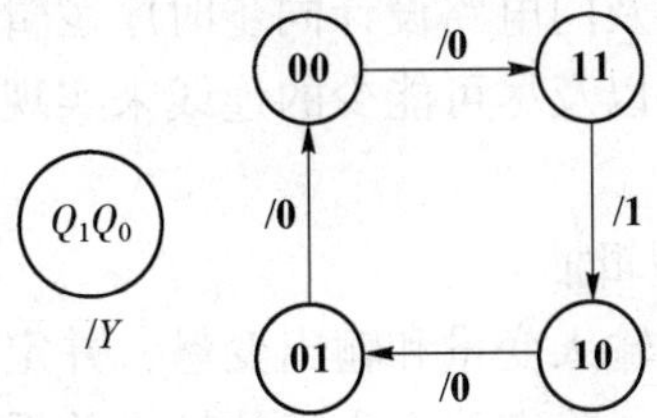

图 5.13 例 5.4 的状态转换图

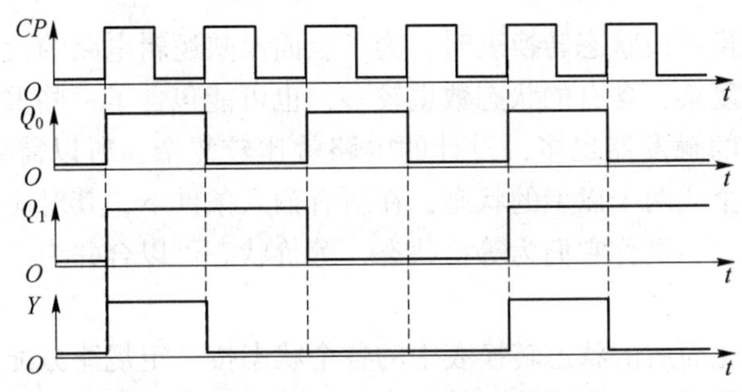

图 5.14 例 5.4 的时序图

从上述状态转换图和时序图可知，该电路是一个异步四进制减法计数器，Y 是借位信号。

(1) 时序逻辑电路功能的描述方式有哪几种?

(2) 分析时序逻辑电路有哪些步骤?

(3) 同步时序逻辑电路的分析方法与异步时序逻辑电路的分析方法的主要区别是什么?

5.3 时序逻辑电路的设计方法

能力目标

- 知道同步时序逻辑电路的一般设计方法和步骤。
- 能够对给定状态的同步时序逻辑电路进行正确的设计。

时序逻辑电路设计又称为时序逻辑电路综合，它是时序逻辑电路分析的逆过程，即根据给定逻辑功能的具体要求，选择适当的逻辑器件，设计出能够实现此功能的最简单的时序逻辑电路。本节主要介绍用触发器及门电路设计同步时序逻辑电路的方法，其基本指导思想是使用尽可能少的触发器和门电路以及尽可能少的连线来实现待设计的时序逻辑电路。设计同步时序逻辑电路的一般步骤如下。

（1）分析设计要求，进行逻辑抽象。

分析给定的逻辑问题，确定输入变量和输出变量，并定义其对应的含义。确定电路的原始状态数，定义每个状态的含义，确定状态之间的转换关系，按照题意画出原始状态转换图或原始状态转换表。

（2）状态化简。

建立原始状态转换图或状态转换表时，为了全面反映逻辑电路的设计要求，定义的原始状态转换图可能比较复杂，含有的状态数也较多，也可能包含了一些重复的状态。如果逻辑状态较多，相应用到的触发器也多，设计的电路就比较复杂，所以需要化简消去多余的状态。通常来说，若两个或两个以上的状态，在所有输入条件下，其对应的输出完全相同，并且转换到同样的次态去，则称它们为等价状态，等价状态可以合并为一个状态。

（3）状态分配。

状态分配是指为化简后的状态转换表中的各个状态按一定规律分配一组二进制代码，因此状态分配又叫状态编码或状态赋值。若状态转换图中的状态数为 M，则所需触发器的个数 n 应该满足

$$2^{n-1} < M \leqslant 2^{n} \tag{5.18}$$

（4）选择触发器类型，求出状态方程、驱动方程及输出方程。

（5）画出逻辑电路图。

（6）检查所设计的电路能否自启动。

【例 5.5】 设计一个 **110** 序列检测器，该电路有一个输入 X 和一个输出 Z，当随机输入信号出现 **110** 序列时，该电路输出为 **1**，否则输出为 **0**。

【解】（1）首先进行逻辑抽象，建立原始状态转换图或原始状态转换表。

设未收到有效序列信号时的电路状态为 S_0，此时输出为 **0**；收到 **1** 后的状态为 S_1，输出为 **0**；收到 **11** 后的状态为 S_2，输出为 **0**；收到 **110** 后的状态为 S_3，输出为 **1**，可得到原始状态转换图如图 5.15 所示，原始状态转换表如表 5.5 所示。

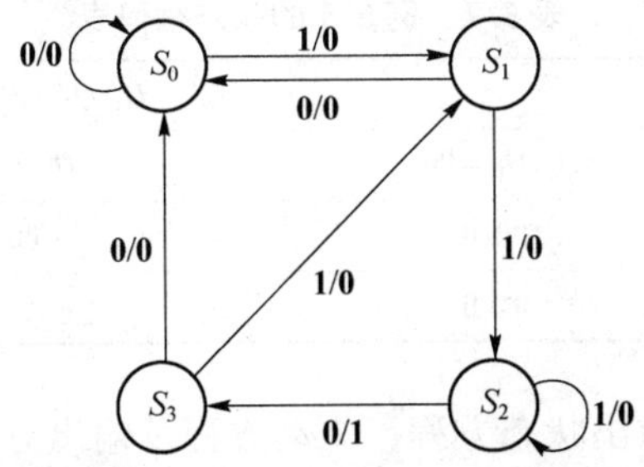

图 5.15　例 5.5 的原始状态转换图

表 5.5　例 5.5 的原始状态转换表

X	S^*/Z			
	$S=S_0$	$S=S_1$	$S=S_2$	$S=S_3$
0	S_0/**0**	S_0/**0**	S_3/**1**	S_0/**0**
1	S_1/**0**	S_2/**0**	S_2/**0**	S_1/**0**

（2）状态化简。

观察表 5.5，状态 S_0 和 S_3 在输入 X 为 **0** 和 **1** 时，其对应的输出和次态都完全相同，因此它们是等价状态，可以合并为一个状态 S_0。化简后的状态转换图和状态转换表分别如图 5.16 和表 5.6 所示。

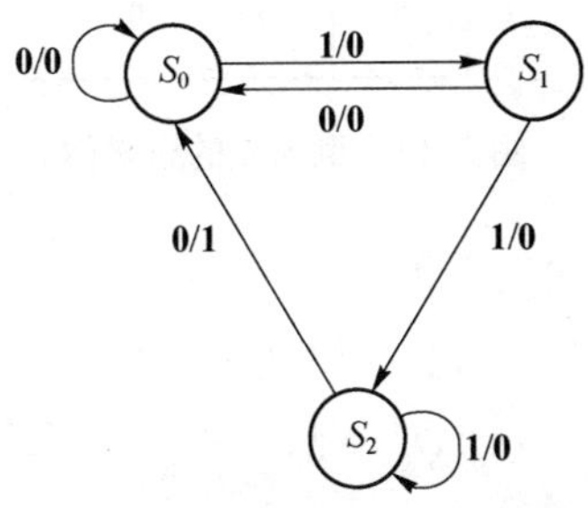

图 5.16　例 5.5 的最简状态转换图

表 5.6　例 5.5 的最简状态转换表

X	S^*/Z		
	$S=S_0$	$S=S_1$	$S=S_2$
0	S_0/**0**	S_0/**0**	S_0/**1**
1	S_1/**0**	S_2/**0**	S_2/**0**

（3）状态分配。

由于最简状态转换表中有 3 个状态，即 $M=3$，所以需要用 2 位二进制代码表示，即电路中要有 2 个触发器。对于 S_0、S_1 和 S_2 的编码采用二进制方式，取 S_0 = **00**，S_1 = **01**，S_2 = **11**，由此得到状态编码表，如表 5.7 所示。

表 5.7　例 5.5 的状态编码表

X	$Q_1^*Q_0^*/Z$		
	$Q_1Q_0=00$	$Q_1Q_0=01$	$Q_1Q_0=11$
0	00/0	00/0	00/1
1	01/0	11/0	11/0

（4）选择触发器类型，求出状态方程、驱动方程及输出方程。

选用 JK 触发器实现电路，根据状态编码表，画出如图 5.17 所示的卡诺图。

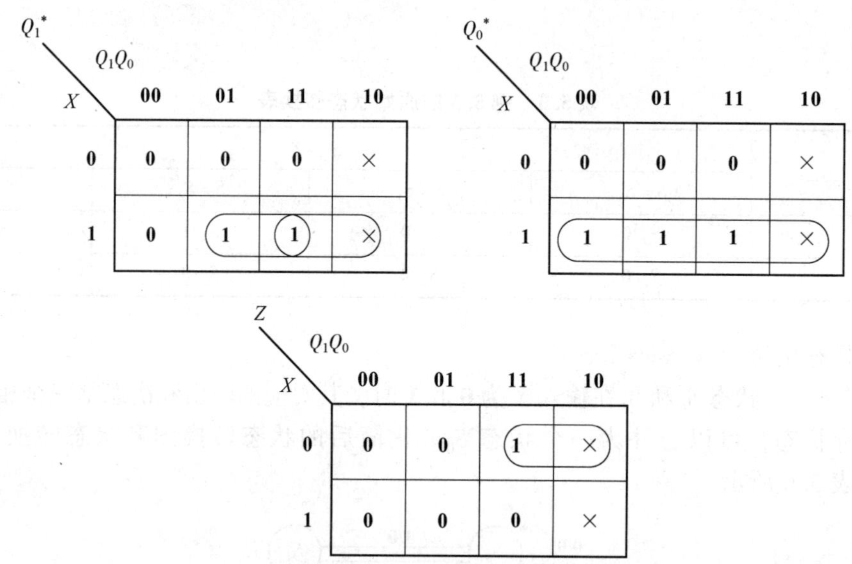

图 5.17　例 5.5 的卡诺图

通过卡诺图得到状态方程和输出方程为

$$\begin{cases} Q_1^* = XQ_0 + XQ_1 \\ Q_0^* = X \end{cases} \tag{5.19}$$

$$Z = \overline{X}Q_1 \tag{5.20}$$

将状态方程和 JK 触发器的特性方程 $Q^* = J\overline{Q} + \overline{K}Q$ 进行对比，可得驱动方程为

$$\begin{cases} J_1 = XQ_0,\ K_1 = \overline{X} \\ J_0 = X,\ K_0 = \overline{X} \end{cases} \tag{5.21}$$

（5）画出逻辑电路图，如图 5.18 所示。

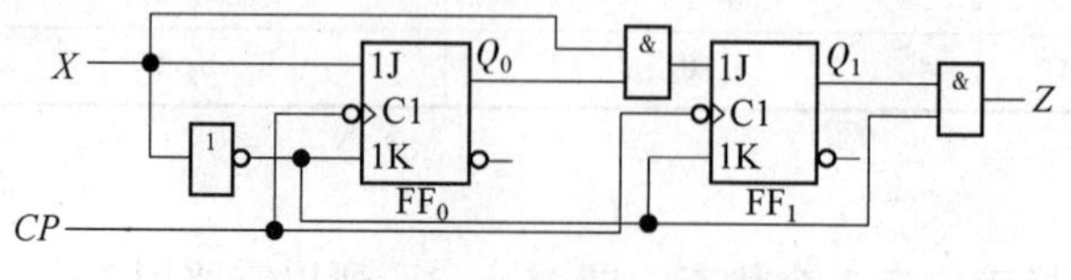

图 5.18　例 5.5 的逻辑电路图

（6）检查所设计的电路能否自启动。

将无效状态 **10** 代入状态方程和输出方程中进行计算，当 $X=0$ 时，所得次态为 **00**；当 $X=1$ 时，所得次态为 **11**，因此电路能够自启动。但从输出来看，当 $X=0$ 时，输出 $Z=1$，输出出现了错误。因此，需要对输出方程作适当修改，即将 Z 卡诺图里的无关项不圈进去，则输出方程应为 $Z=\overline{X}Q_1Q_0$，图 5.18 的输出端也要作相应的修改，修改后的逻辑电路图如图 5.19 所示。

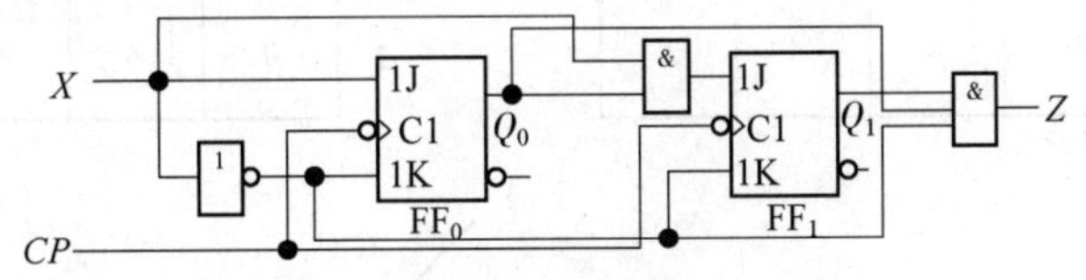

图 5.19　例 5.5 修改后的逻辑电路图

【例 5.6】 设计一个带进位输出的同步五进制加法计数器。

【解】（1）进行逻辑抽象，建立原始状态转换图和原始状态转换表。

根据题意，五进制加法计数器应该有 5 个不同的状态，在时钟脉冲作用下状态递增 1，实现循环计数，且逢五进一。该计数器除了时钟信号外，无其他输入信号，有进位输出信号，用 Y 表示。令有进位时，$Y=\mathbf{1}$，没有进位时，$Y=\mathbf{0}$。作出原始状态转换图如图 5.20 所示，5 个计数状态用 S_0、S_1、S_2、S_3 和 S_4 表示。由于五进制计数器必须有 5 个不同的状态，所以原始状态转换图不需要再化简，已经为最简。

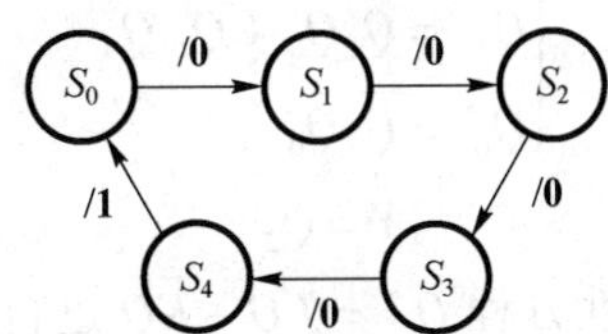

图 5.20　例 5.6 的原始状态转换图

（2）状态分配。

由图 5.20 可以看出，原始状态转换图中的状态数为 $M=5$，所以需要用 3 位二进制代码表示，选用 3 个触发器。取状态 $S_0\sim S_4$ 编码为 **000**、**001**、**010**、**011**、**100**，由此得到状态编码表如表 5.8 所示。

表 5.8　例 5.6 的状态编码表

现态			次态			输出
Q_2	Q_1	Q_0	Q_2^*	Q_1^*	Q_0^*	Y
0	**0**	**0**	**0**	**0**	**1**	**0**
0	**0**	**1**	**0**	**1**	**0**	**0**
0	**1**	**0**	**0**	**1**	**1**	**0**
0	**1**	**1**	**1**	**0**	**0**	**0**
1	**0**	**0**	**0**	**0**	**0**	**1**

（3）选择触发器类型，求出状态方程、驱动方程及输出方程。

选用 JK 触发器实现电路，根据状态编码表，画出如图 5.21 所示的卡诺图。

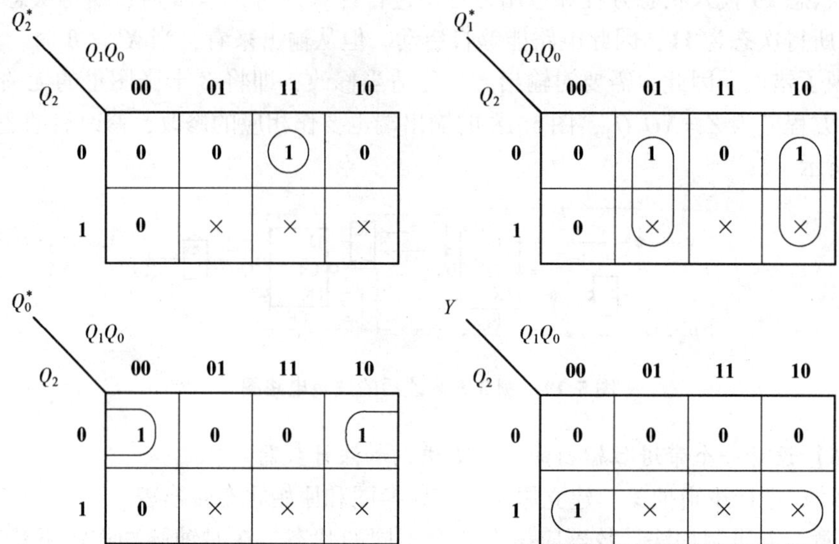

图 5.21　例 5.6 的卡诺图

通过卡诺图得到状态方程和输出方程为

$$\begin{cases} Q_2^* = \overline{Q}_2 Q_1 Q_0 \\ Q_1^* = \overline{Q}_1 Q_0 + Q_1 \overline{Q}_0 \\ Q_0^* = \overline{Q}_2 \overline{Q}_0 \end{cases} \tag{5.22}$$

$$Y = Q_2 \tag{5.23}$$

将状态方程和 JK 触发器的特性方程 $Q^* = J\overline{Q} + \overline{K}Q$ 进行对比，可得驱动方程为

$$\begin{cases} J_2 = Q_1 Q_0，K_2 = 1 \\ J_1 = Q_0，K_1 = Q_0 \\ J_0 = \overline{Q}_2，K_0 = 1 \end{cases} \tag{5.24}$$

（4）画出逻辑电路图如图 5.22 所示。

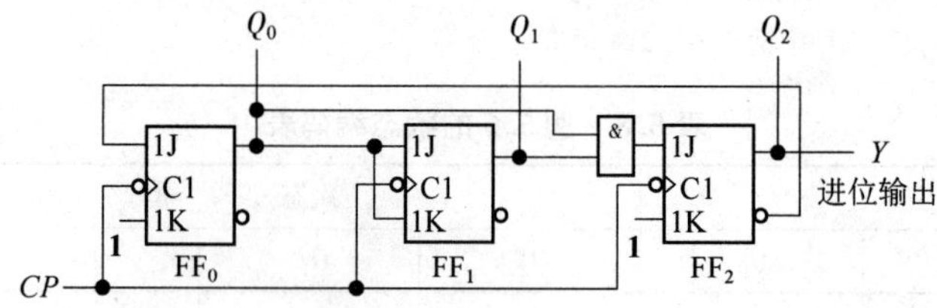

图 5.22　用 *JK* 触发器设计的例 5.6 逻辑电路图

（5）检查所设计的电路能否自启动。

若选用 D 触发器实现电路，通过图 5.23 的卡诺图得到状态方程为

$$\begin{cases} Q_2^* = Q_1 Q_0 \\ Q_1^* = \overline{Q}_1 Q_0 + Q_1 \overline{Q}_0 \\ Q_0^* = \overline{Q}_2 \overline{Q}_0 \end{cases} \tag{5.25}$$

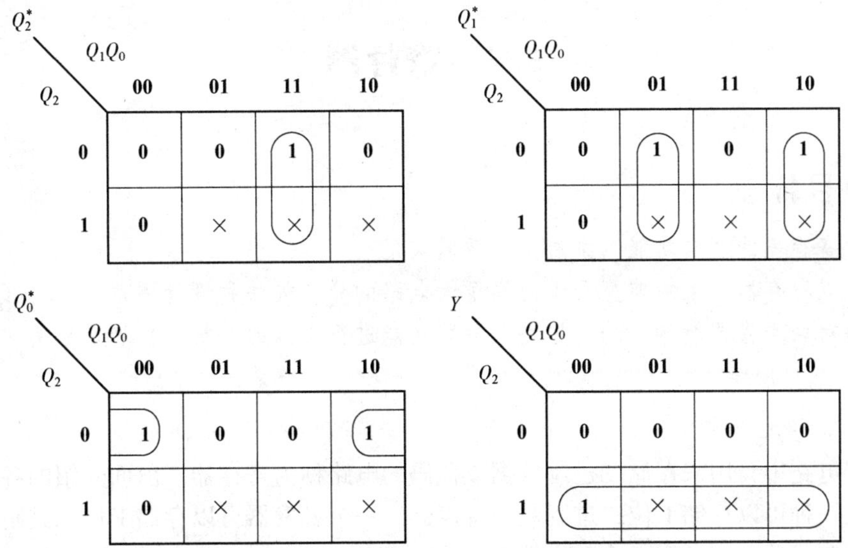

图5.23　例5.6的另一种卡诺图

将状态方程和 D 触发器的特性方程 $Q^*=D$ 进行对比，可得驱动方程为

$$\begin{cases}D_2=Q_1Q_0\\D_1=\overline{Q_1}Q_0+Q_1\overline{Q_0}\\D_0=\overline{Q_2}\,\overline{Q_0}\end{cases}\tag{5.26}$$

画出逻辑电路图如图5.24所示。

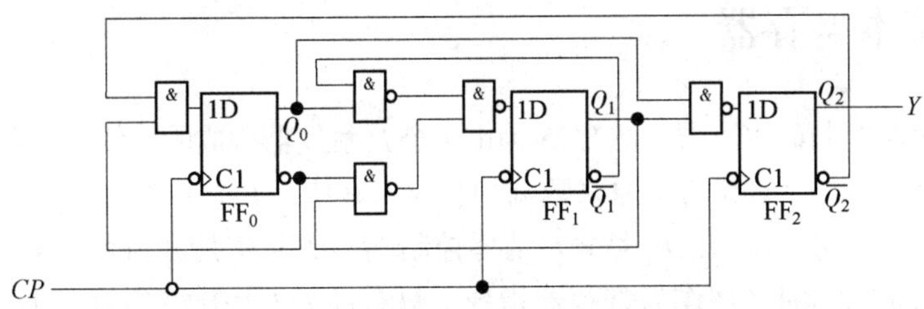

图5.24　用 D 触发器设计的例5.6逻辑电路图

异步时序逻辑电路设计步骤与同步时序逻辑电路设计步骤大体相同，只是在选定触发器类型后，还要为每个触发器选定时钟信号。

思考

(1) 设计同步时序逻辑电路有哪些步骤？

(2) 如何判断时序逻辑电路的等价状态？

(3) 设计同步时序逻辑电路时，如果编码不同，它们的逻辑电路是否相同？

(4) 如何检查设计出来的同步时序逻辑电路能否自启动？

5.4 寄存器

能力目标

- 知道寄存器的逻辑功能、扩展方法及其应用。
- 知道以寄存器为主的典型同步时序逻辑电路的分析方法和设计方法。
- 能够对由寄存器所构成的时序逻辑电路功能进行正确的分析、扩展及应用。

在数字电路中，用来存储二进制数据或代码的电路称为寄存器。前面介绍的各种集成触发器，就是一种可以存储1位二进制数的寄存器。一个触发器可以存储1位二进制代码，存放 n 位二进制代码，则需用 n 个触发器来构成。

寄存器的应用非常广泛，如计算机的CPU由运算器、控制器、译码器、寄存器组成，其中就有数据寄存器、指令寄存器和一般寄存器。按照功能的不同，可将寄存器分为基本寄存器和移位寄存器两大类。基本寄存器只能并行送入数据，需要时也只能并行输出。移位寄存器不仅可以寄存数据，还可以对数据进行移位操作。移位寄存器中的数据可以在移位脉冲作用下依次逐位右移或左移，数据既可以并行输入、并行输出，也可以串行输入、串行输出，还可以并行输入、串行输出，串行输入、并行输出，十分灵活。

5.4.1 基本寄存器

基本寄存器又称为数码寄存器，图5.25为由4个 D 触发器构成的4位基本寄存器74×175的逻辑电路图，具有接收、存储和清除原来数据的功能。其中，4个 D 触发器的时钟脉冲端连在一起，受时钟脉冲 CP 同步控制，$\overline{R}_D$是异步清零控制端，$D_3 \sim D_0$是并行数据输入端，$Q_3 \sim Q_0$是并行数据输出端。时钟脉冲 CP 作为寄存器指令，只有在 CP 上升沿的触发下，可以接收并存储4位二进制代码 $D_3D_2D_1D_0$，使得 $Q_3Q_2Q_1Q_0 = D_3D_2D_1D_0$，直到下一个 CP 到来为止，而且在任何时刻向 $\overline{R}_D$端送入清零信号，均可清除寄存器中的数码。74×175的功能表如表5.9所示。

基本寄存器的优点是存储时间短，速度快，可用来当高速缓冲存储器。其缺点是一旦停电后，所存储的数码便全部丢失，因此数码寄存器通常用于暂存工作过程中的数据和信息，不能作为永久的存储器使用。

表5.9 74×175的功能表

清零	时钟脉冲	输入				输出			
$\overline{R}_D$	CP	D_0	D_1	D_2	D_3	Q_0	Q_1	Q_2	Q_3
0	×	×	×	×	×	**0**	**0**	**0**	**0**
1	↑	D_0	D_1	D_2	D_3	D_0	D_1	D_2	D_3
1	**1**	×	×	×	×	保持			
1	**0**	×	×	×	×	保持			

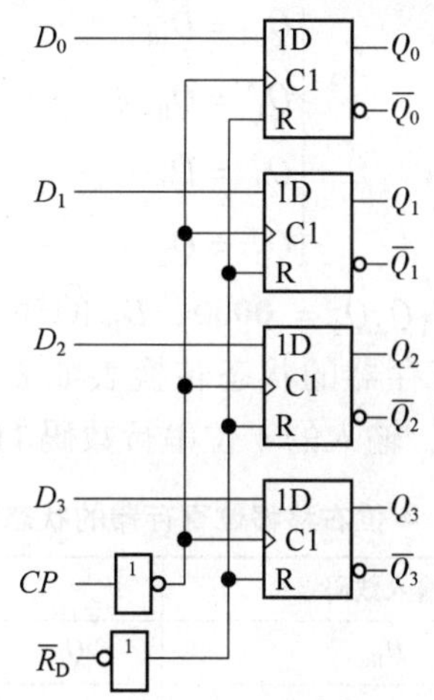

图 5.25　74×175 的逻辑电路图

5.4.2　移位寄存器

移位寄存器不但可以寄存数码，而且在移位脉冲作用下，寄存器中的数码可根据需要向左或向右移动，移位寄存器也是数字系统和计算机中应用很广泛的基本逻辑部件。移位寄存器可以分为单向移位寄存器和双向移位寄存器，单向移位寄存器仅具有左移功能或右移功能，而双向移位寄存器既能左移，又能右移。

移位寄存器输入端只有一个，存储数据是在多次时钟脉冲的作用下而完成的。4 位右移移位寄存器的逻辑电路图如图 5.26 所示，串行二进制数据从右移数据输入端 D_{IR} 输入，左边触发器的输出作为右边触发器的输入。下面通过对右移移位寄存器的工作原理进行分析来了解其功能。

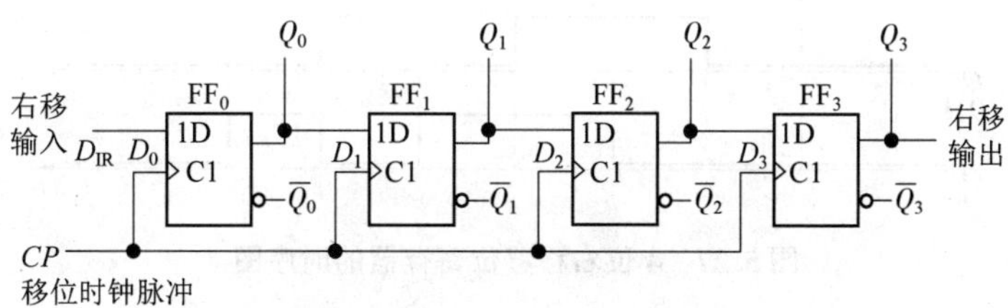

图 5.26　4 位右移移位寄存器的逻辑电路图

由逻辑电路图可知，4 个 D 触发器的移位时钟脉冲端连在一起，受 CP 同步控制，写出各个触发器的驱动方程为

$$\begin{cases} D_0 = D_{IR} \\ D_1 = Q_0 \\ D_2 = Q_1 \\ D_3 = Q_2 \end{cases} \tag{5.27}$$

将驱动方程代入 D 触发器的特性方程，得到各个触发器的状态方程为

$$\begin{cases} Q_0^* = D_{IR} \\ Q_1^* = Q_0 \\ Q_2^* = Q_1 \\ Q_3^* = Q_2 \end{cases} \tag{5.28}$$

设移位寄存器的初始状态 $Q_0Q_1Q_2Q_3$ = **0000**，D_{IR}的输入代码为 **1101**，从高位到低位依次输入。根据状态方程可以得到寄存器的状态转换表如表 5.10 所示，时序图如图 5.27 所示。可以看出，在 4 个 CP 作用后，输入的 4 位串行数码 **1101** 全部存入了寄存器中。

表 5.10　4 位右移移位寄存器的状态转换表

移位时钟脉冲	输入数码	输出			
CP	D_{IR}	Q_0	Q_1	Q_2	Q_3
0	—	**0**	**0**	**0**	**0**
1	**1**	**1**	**0**	**0**	**0**
2	**1**	**1**	**1**	**0**	**0**
3	**0**	**0**	**1**	**1**	**0**
4	**1**	**1**	**0**	**1**	**1**

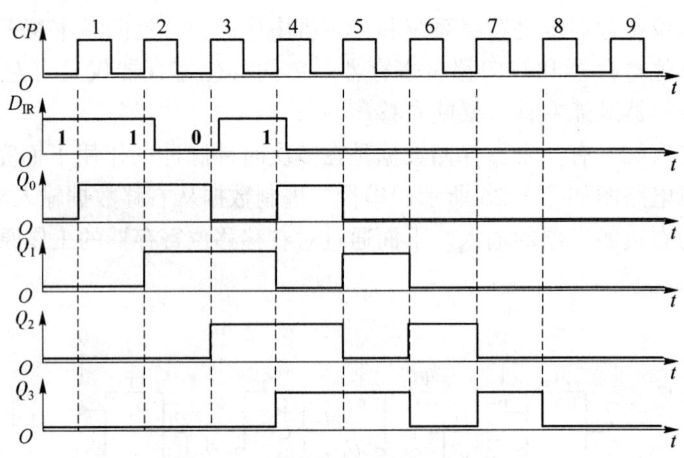

图 5.27　4 位右移移位寄存器的时序图

4 位左移移位寄存器的逻辑电路图如图 5.28 所示，串行二进制数据从左移数据输入端 D_{IL}输入，右边触发器的输出作为左边触发器的输入。

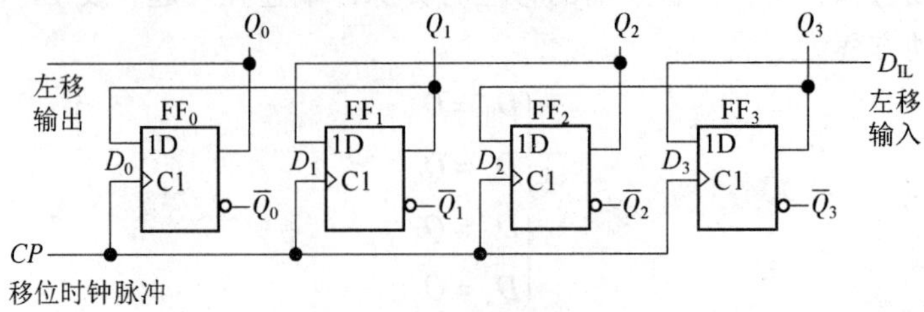

图 5.28　4 位左移移位寄存器的逻辑电路图

各个触发器的驱动方程为

$$\begin{cases}D_0 = Q_1 \\ D_1 = Q_2 \\ D_2 = Q_3 \\ D_3 = D_{IL}\end{cases} \tag{5.29}$$

将驱动方程代入 D 触发器的特性方程，得到各个触发器的状态方程为

$$\begin{cases}Q_0^* = Q_1 \\ Q_1^* = Q_2 \\ Q_2^* = Q_3 \\ Q_3^* = D_{IL}\end{cases} \tag{5.30}$$

设移位寄存器的初始状态 $Q_0Q_1Q_2Q_3 = \mathbf{0000}$，$D_{IL}$的输入代码为 **1111**，从高位到低位依次输入。根据状态方程可以得到寄存器的状态转换表如表 5.11 所示，可以看出，在 4 个 CP 作用后，输入的 4 位串行数码 **1111** 全部存入了寄存器中。

单向移位寄存器具有如下主要特点。

（1）单向移位寄存器中的数码，在 CP 作用下，可以依次右移或左移。

（2）n 位单向移位寄存器可以寄存 n 位二进制代码。n 个 CP 即可完成串行输入工作，此后可从 $Q_0 \sim Q_{n-1}$ 端获得并行的 n 位二进制数码，再用 n 个 CP 又可实现串行输出操作。

（3）若串行输入端状态为 **0**，则 n 个 CP 后，寄存器便被清零。

表 5.11　左移寄存器的状态表

移位时钟脉冲	输入数码	输出			
CP	D_{IL}	Q_0	Q_1	Q_2	Q_3
0		**0**	**0**	**0**	**0**
1	**1**	**0**	**0**	**0**	**1**
2	**1**	**0**	**0**	**1**	**1**
3	**1**	**0**	**1**	**1**	**1**
4	**1**	**1**	**1**	**1**	**1**

在一般移位寄存器的基础上增加一些控制门及控制信号就可以构成双向移位寄存器，图 5.29 是典型的 4 位双向移位寄存器 74 × 194 的逻辑电路图。其中，$\overline{R}_D$是异步清零控制端，$D_0 \sim D_3$是并行数据输入端，D_{IR}是右移串行数据输入端，D_{IL}是左移串行数据输入端，$Q_0 \sim Q_3$是并行数据输出端，S_0和 S_1是工作模式控制端，用以选择移位寄存器的功能。74 × 194 的功能表如表 5.12 所示，具有左移、右移、保持、并行置数等功能。

表 5.12 中第一行表示异步置零功能。当 $\overline{R}_D = \mathbf{0}$ 时，直接置零，寄存器各位 $Q_0 \sim Q_3$均为 **0**，不能进行置数和移位。只有当 $\overline{R}_D = \mathbf{1}$ 时，寄存器才允许工作。

表中第二行表示并行置数功能。当 $S_1 = S_0 = \mathbf{1}$ 时，在 CP 上升沿作用时，将数据输入端数码并行送到寄存器中，使 $Q_0Q_1Q_2Q_3 = D_0D_1D_2D_3$。

表中第三行表示保持功能。当 $S_1 = S_0 = \mathbf{0}$ 时，无论有无 CP 作用，寄存器中内容不变。

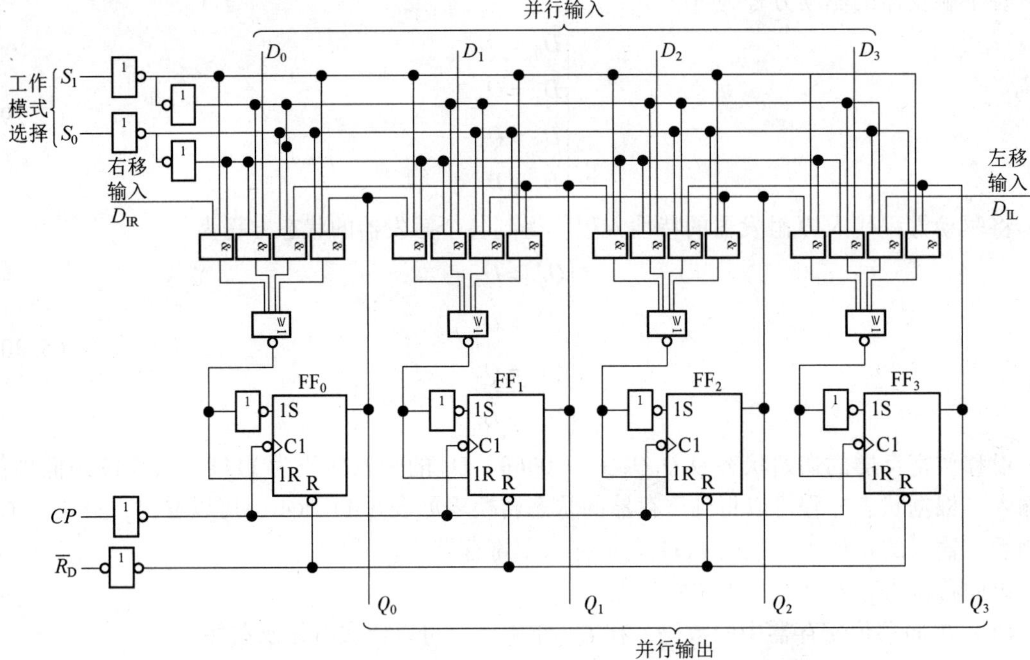

图 5.29　74×194 的逻辑电路图

表 5.12　74×194 的功能表

输入										输出			
$\overline{R}_D$	S_1	S_0	D_{IR}	D_{IL}	CP	D_0	D_1	D_2	D_3	Q_0	Q_1	Q_2	Q_3
0	×	×	×	×	×	×	×	×	×	**0**	**0**	**0**	**0**
1	**1**	**1**	×	×	↑	D_0	D_1	D_2	D_3	D_0	D_1	D_2	D_3
1	**0**	**0**	×	×	×	×	×	×	×	Q_0	Q_1	Q_2	Q_3
1	**0**	**1**	A	×	↑	×	×	×	×	A	Q_0	Q_1	Q_2
1	**1**	**0**	×	B	↑	×	×	×	×	Q_1	Q_2	Q_3	B

表中第四行表示右移功能。当 S_1 = **0**、S_0 = **1** 时，在 CP 上升沿作用时，寄存器中数码依次右移一位，且将 D_{IR} 送到 Q_0。

表中第五行表示左移功能。当 S_1 = **1**、S_0 = **0** 时，在 CP 上升沿作用时，寄存器中数码依次左移一位，且将 D_{IL} 送到 Q_3。

思考

如果需要用两片 74×194 接成 8 位双向移位寄存器，电路应该如何连接？

【例 5.7】 移位寄存器 74×194 和 3 线－8 线译码器 74×138 组成的时序逻辑电路如图 5.30 所示，请分析该电路功能：

(1) 画出该时序逻辑电路的状态转换图；

(2) 写出电路输出 Z 产生的序列。

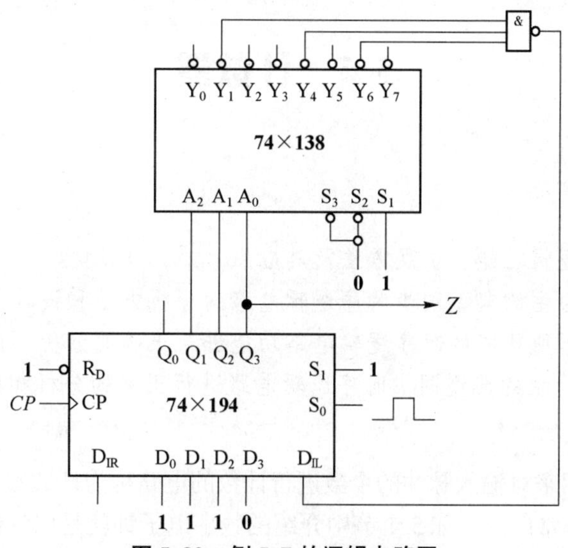

图 5.30　例 5.7 的逻辑电路图

【解】 当 S_0的启动脉冲来到时：S_1S_0 = **11**，寄存器置数，$Q_0Q_1Q_2Q_3$ = **1110**（Z = **0**），此时 $A_2A_1A_0$ = **110**，所以 $\overline{Y}_6$ = **0**，D_{IL} = **1**；

当 S_0的启动脉冲过后：S_1S_0 = **10**，寄存器左移，串行数据由 D_{IL}输入；

第一个 CP 上升沿到达时：$Q_0Q_1Q_2Q_3$ = **1101**（Z = **1**），$\overline{Y}_5$ = **0**，D_{IL} = **0**；

第二个 CP 上升沿到达时：$Q_0Q_1Q_2Q_3$ = **1010**（Z = **0**），$\overline{Y}_2$ = **0**，D_{IL} = **0**；

第三个 CP 上升沿到达时：$Q_0Q_1Q_2Q_3$ = **0100**（Z = **0**），$\overline{Y}_4$ = **0**，D_{IL} = **1**；

第四个 CP 上升沿到达时：$Q_0Q_1Q_2Q_3$ = **1001**（Z = **1**），$\overline{Y}_1$ = **0**，D_{IL} = **1**；

第五个 CP 上升沿到达时：$Q_0Q_1Q_2Q_3$ = **0011**（Z = **1**），$\overline{Y}_3$ = **0**，D_{IL} = **0**；

第六个 CP 上升沿到达时：$Q_0Q_1Q_2Q_3$ = **0110**（Z = **0**），$\overline{Y}_6$ = **0**，D_{IL} = **1**，回到第一个 CP 时的初态，构成一个循环。

状态转换图如图 5.31 所示，输出端 Z 的输出序列为 **100110**。

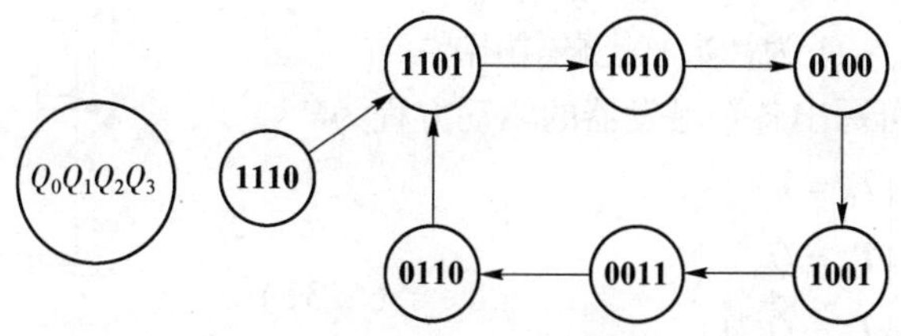

图 5.31　例 5.7 的状态转换图

思考

(1) 基本寄存器和移位寄存器有哪些异同点？
(2) 什么是并行输入和并行输出？
(3) 什么是串行输入和串行输出？
(4) 寄存器都有哪些应用领域？

5.5 计数器

能力目标

- 知道计数器的逻辑功能、扩展方法及其应用。
- 知道以计数器为主的典型同步时序逻辑电路的分析方法和设计方法。
- 能够对由计数器所构成的时序逻辑电路功能进行正确的分析、扩展及应用。
- 能够对以 MSI 为主的典型同步时序逻辑电路进行正确的分析和设计。

在数字系统中，用来对输入脉冲的个数进行计数的电路称为计数器，以实现测量、运算和控制。计数器的应用非常广泛，如 5.1 节中介绍的数字电子钟就是以计数器为核心。计数器除了可以用作计数、分频、定时外，还广泛用于数字仪表、程序控制和计算机等诸多领域。

计数器种类很多，按照计数脉冲引入方式的不同，可以分为同步计数器和异步计数器。同步计数器中各个触发器受同一个计数脉冲控制，而异步计数器中各个触发器状态更新不同步。按照计数数值增减趋势的不同，计数器可分为加法计数器、减法计数器和可逆计数器。按照计数数制的不同，计数器可分为二进制计数器、十进制计数器和任意进制计数器。

5.5.1 同步二进制计数器

图 5.32 所示为 4 位同步二进制加法计数器的逻辑电路图。

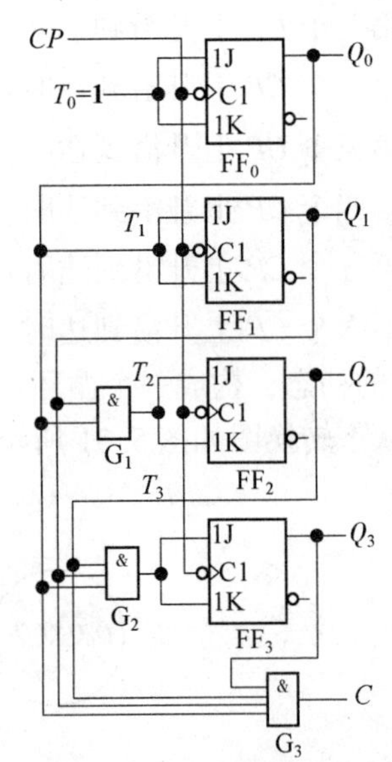

图 5.32 4 位同步二进制加法计数器的逻辑电路图

该计数器由 4 个 JK 触发器构成，各个触发器的 J、K 输入端连在一起，相当于构成了 T 触发器。其中，CP 为计数脉冲的输入端，$Q_0 \sim Q_3$ 为计数状态的输出端，C 为进位输出端。由图 5.32 可写出各个触发器的驱动方程为

$$\begin{cases} T_0 = \mathbf{1} \\ T_1 = Q_0 \\ T_2 = Q_1 Q_0 \\ T_3 = Q_2 Q_1 Q_0 \end{cases} \tag{5.31}$$

将驱动方程代入 T 触发器的特性方程得到计数器的状态方程为

$$\begin{cases} Q_0^* = \overline{Q}_0 \\ Q_1^* = \overline{Q}_1 Q_0 + Q_1 \overline{Q}_0 = Q_1 \oplus Q_0 \\ Q_2^* = Q_2 \oplus (Q_1 Q_0) \\ Q_3^* = Q_3 \oplus (Q_2 Q_1 Q_0) \end{cases} \tag{5.32}$$

则计数器的输出方程为

$$C = Q_3 Q_2 Q_1 Q_0 \tag{5.33}$$

根据状态方程和输出方程求出状态转换表（见表5.13）、状态转换图（见图5.33）和时序图（见图5.34）。由状态转换表和状态转换图可以看出，从初始状态**0000**开始，每输入一个*CP*，计数器加1，计数器所显示的二进制数恰好等于输入*CP*的个数，实现了对输入*CP*进行加法计数的功能。当第16个*CP*输入后，计数器的状态由**1111**转换到**0000**，即返回到初始状态，这时*C*端从高电平跳变至低电平，可以利用*C*端输出的高电平或下降沿作为计数器的进位输出信号。以后每输入16个*CP*，计数器的状态就循环一次，所以把这种计数器称为十六进制加法计数器，或称为4位二进制加法计数器。

思考

图5.32中4位同步二进制加法计数器的设计思想是什么？

表5.13　图5.32的状态转换表

CP 顺序	现态				次态				输出
	Q_3	Q_2	Q_1	Q_0	Q_3^*	Q_2^*	Q_1^*	Q_0^*	C
0	**0**	**0**	**0**	**0**	**0**	**0**	**0**	**1**	**0**
1	**0**	**0**	**0**	**1**	**0**	**0**	**1**	**0**	**0**
2	**0**	**0**	**1**	**0**	**0**	**0**	**1**	**1**	**0**
3	**0**	**0**	**1**	**1**	**0**	**1**	**0**	**0**	**0**
4	**0**	**1**	**0**	**0**	**0**	**1**	**0**	**1**	**0**
5	**0**	**1**	**0**	**1**	**0**	**1**	**1**	**0**	**0**
6	**0**	**1**	**1**	**0**	**0**	**1**	**1**	**1**	**0**
7	**0**	**1**	**1**	**1**	**1**	**0**	**0**	**0**	**0**
8	**1**	**0**	**0**	**0**	**1**	**0**	**0**	**1**	**0**
9	**1**	**0**	**0**	**1**	**1**	**0**	**1**	**0**	**0**
10	**1**	**0**	**1**	**0**	**1**	**0**	**1**	**1**	**0**
11	**1**	**0**	**1**	**1**	**1**	**1**	**0**	**0**	**0**
12	**1**	**1**	**0**	**0**	**1**	**1**	**0**	**1**	**0**
13	**1**	**1**	**0**	**1**	**1**	**1**	**1**	**0**	**0**
14	**1**	**1**	**1**	**0**	**1**	**1**	**1**	**1**	**0**
15	**1**	**1**	**1**	**1**	**0**	**0**	**0**	**0**	**1**

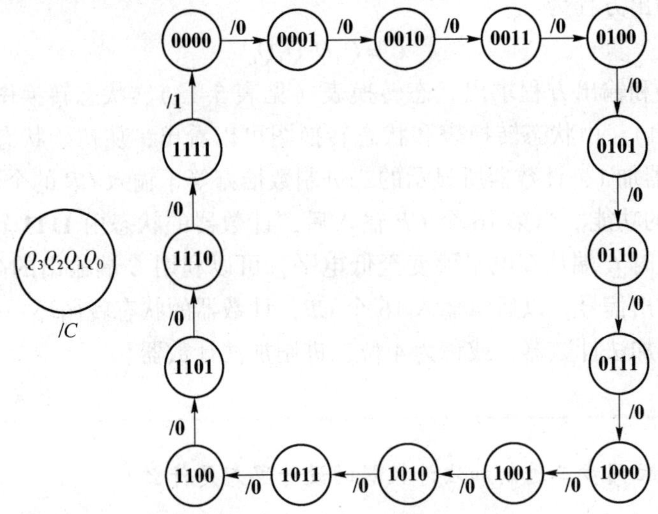

图 5.33 图 5.32 电路的状态转换图

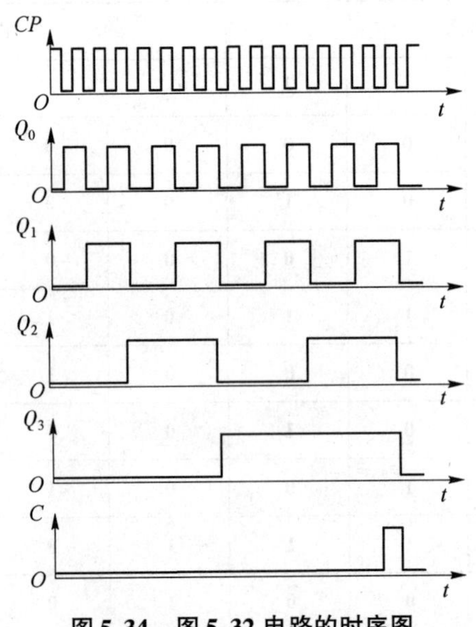

图 5.34 图 5.32 电路的时序图

从时序图可以看出，Q_0的周期是 CP 周期的两倍，Q_1的周期是 CP 周期的 4 倍，Q_2的周期是 CP 周期的 8 倍，Q_3的周期是 CP 周期的 16 倍，也就是说，Q_0、Q_1、Q_2、Q_3实现了对 CP 信号的二分频、四分频、八分频和十六分频。可见，计数器可实现分频功能。

如果 CP 信号的频率十分稳定，或者说 CP 信号的周期是一个常数，则计数器的计数值反映了时间的长短，因此，计数器还可实现定时功能。

思考

(1) 计数器可以作为数字分频用，从本质上讲，两者有何区别？

(2) 计数器的分频和定时等功能都有哪些应用领域？

图 5.35 为集成 4 位同步二进制加法计数器 74×161 的逻辑电路图，其电路结构是在基本计数器的基础上附加了一些控制电路，以扩展其电路的功能，增加其电路的灵活性。*CP* 为计数脉冲输入端，所有的触发器采用同一时钟信号，上升沿触发。$\overline{R}_D$为异步置零（复位）端，$\overline{LD}$为预置数控制端，$D_0 \sim D_3$为预置数的数据输入端，*C* 为进位输出端，$Q_0 \sim Q_3$为计数状态输出端，*EP* 和 *ET* 为计数器工作状态控制端。

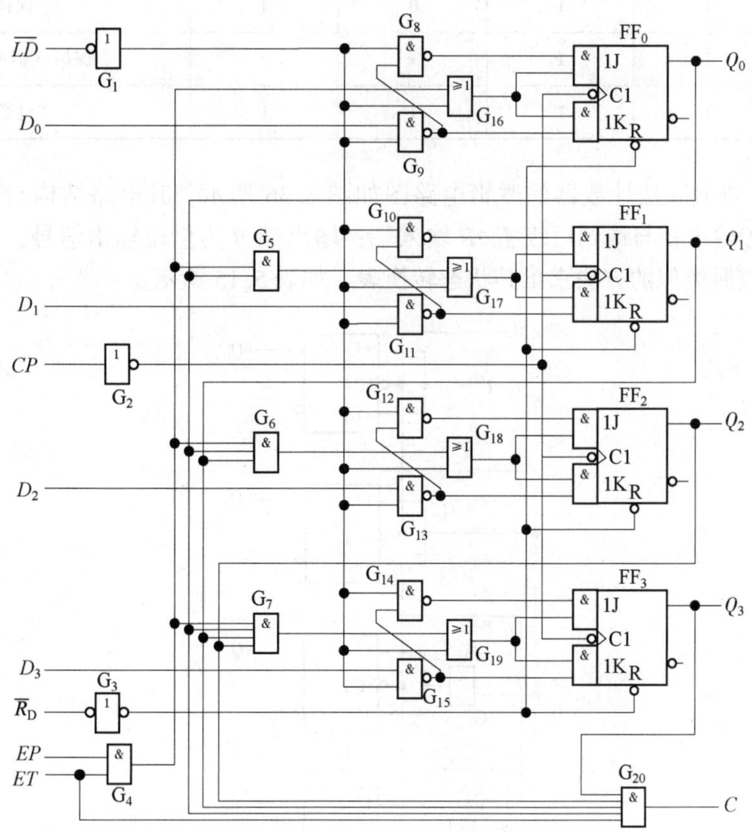

图 5.35　集成 4 位同步二进制加法计数器 74×161 的逻辑电路图

74×161 的功能表如表 5.14 所示，其具有异步置零、同步并行预置数、保持和计数的功能，具体说明如下。

（1）异步置零。当 $\overline{R}_D = \mathbf{0}$ 时，不管其他输入端的状态如何，不论有无 *CP*，计数器输出将被直接置零（$Q_3Q_2Q_1Q_0 = \mathbf{0000}$），称为异步置零。

（2）同步并行预置数。当 $\overline{R}_D = \mathbf{1}$、$\overline{LD} = \mathbf{0}$ 时，在输入 *CP* 上升沿的作用下，并行输入端的数据 $D_3D_2D_1D_0$被置入计数器的输出端，即 $Q_3Q_2Q_1Q_0 = D_3D_2D_1D_0$。由于这个操作要与 *CP* 上升沿同步，所以称为同步预置数。

（3）保持。当 $\overline{R}_D = \overline{LD} = \mathbf{1}$，且 $EP \cdot ET = \mathbf{0}$，即两个使能端中有 **0** 时，则计数器保持原来的状态不变。这时，如果 $EP = \mathbf{0}$、$ET = \mathbf{1}$，则进位输出信号 *C* 保持不变；如果 $ET = \mathbf{0}$，则不管 *EP* 状态如何，进位输出信号 *C* 为低电平 **0**。

（4）计数。当 $\overline{R}_D = \overline{LD} = EP = ET = \mathbf{1}$ 时，在 *CP* 端输入计数脉冲，计数器进行二进制加法计数。

表 5.14　同步二进制加法计数器 74×161 的功能表

CP	$\overline{R}_D$	$\overline{LD}$	EP	ET	工作状态
×	0	×	×	×	置零
↑	1	0	×	×	同步并行预置数
×	1	1	0	1	保持
×	1	1	×	0	保持（但 $C=0$）
↑	1	1	1	1	计数

4 位同步二进制减法计数器的逻辑电路图如图 5.36 所示，其电路结构与图 5.32 相比，只是将前级的 $\overline{Q}$ 输出相与送到后级 J、K 输入端，输出端 B 为借位输出信号，是将各级的 $\overline{Q}$ 相与得到的。按照类似的方法求出其状态转换表，如表 5.15 所示。

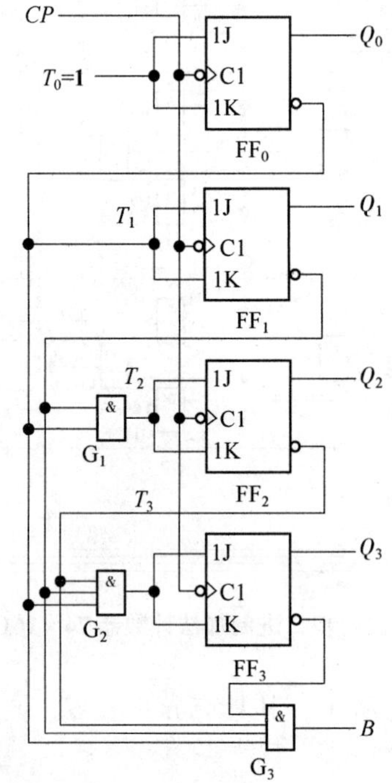

图 5.36　4 位同步二进制减法计数器的逻辑电路图

表 5.15　图 5.36 电路的状态转换表

CP 顺序	现态				次态				输出
	Q_3	Q_2	Q_1	Q_0	Q_3^*	Q_2^*	Q_1^*	Q_0^*	B
0	0	0	0	0	1	1	1	1	1
1	1	1	1	1	1	1	1	0	0
2	1	1	1	0	1	1	0	1	0

续表

CP 顺序	现态				次态				输出
	Q_3	Q_2	Q_1	Q_0	Q_3^*	Q_2^*	Q_1^*	Q_0^*	B
3	1	1	0	1	1	1	0	0	0
4	1	1	0	0	1	0	1	1	0
5	1	0	1	1	1	0	1	0	0
6	1	0	1	0	1	0	0	1	0
7	1	0	0	1	1	0	0	0	0
8	1	0	0	0	0	1	1	1	0
9	0	1	1	1	0	1	1	0	0
10	0	1	1	0	0	1	0	1	0
11	0	1	0	1	0	1	0	0	0
12	0	1	0	0	0	0	1	1	0
13	0	0	1	1	0	0	1	0	0
14	0	0	1	0	0	0	0	1	0
15	0	0	0	1	0	0	0	0	0

思考

（1）分析集成 4 位同步二进制加法计数器 74 × 161 的工作原理。

（2）4 位同步二进制减法计数器的设计思想是什么？

将加法计数器和减法计数器结合在一起，再增加一根加/减控制线便构成了同步二进制可逆计数器，集成 4 位同步二进制可逆计数器有单时钟和双时钟两种结构。图 5. 37 是单时钟输入 4 位同步二进制可逆计数器 74 × 191 的逻辑电路图，其功能表如表 5. 16 所示。

表 5. 16　4 位同步二进制可逆计数器 74 × 191 的功能表

CP	$\overline{S}$	$\overline{LD}$	$\overline{U}/D$	工作状态
×	1	1	×	保持
×	×	0	×	异步预置数
↑	0	1	0	加法计数
↑	0	1	1	减法计数

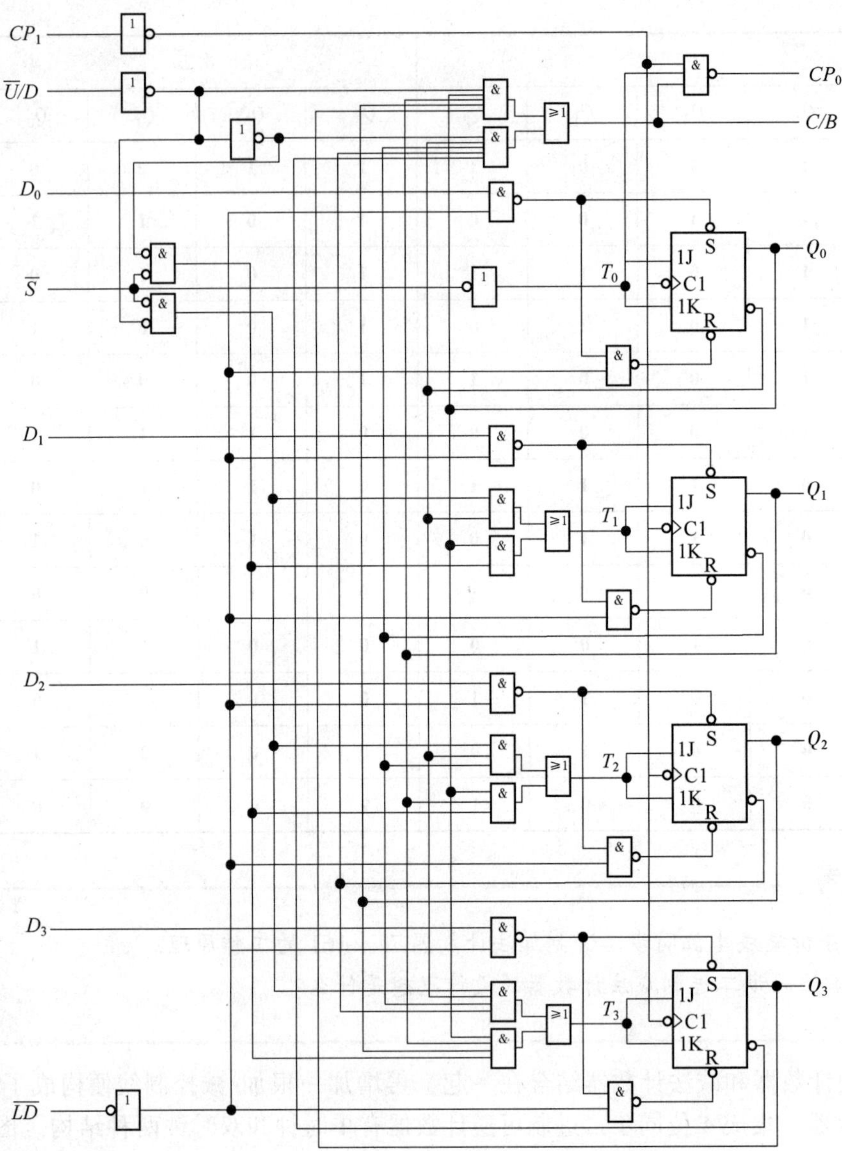

图 5.37　4 位同步二进制可逆计数器 74×191 的逻辑电路图

可以看出，74×191 具有异步预置数的功能，$\overline{S}$为使能控制端，低电平有效，$\overline{U}/D$ 就是增加的加/减控制端，当 $\overline{U}/D=\mathbf{0}$ 时，计数器作加法计数，当 $\overline{U}/D=\mathbf{1}$ 时，计数器作减法计数。74×191 只有一个计数脉冲输入端，图 5.38 是双时钟输入 4 位同步二进制可逆计数器 74×193 的逻辑电路图，其中 CP_+是加法计数脉冲输入端，CP_-是减法计数脉冲输入端，其功能表如表 5.17 所示。

表 5.17　4 位同步二进制可逆计数器 74×193 的功能表

CP_+	CP_-	R_D	$\overline{LD}$	工作状态
↑	**1**	**0**	**1**	加法计数
1	↑	**0**	**1**	减法计数

续表

CP_+	CP_-	R_D	$\overline{LD}$	工作状态
×	×	**1**	×	置零
×	×	**0**	**0**	异步预置数

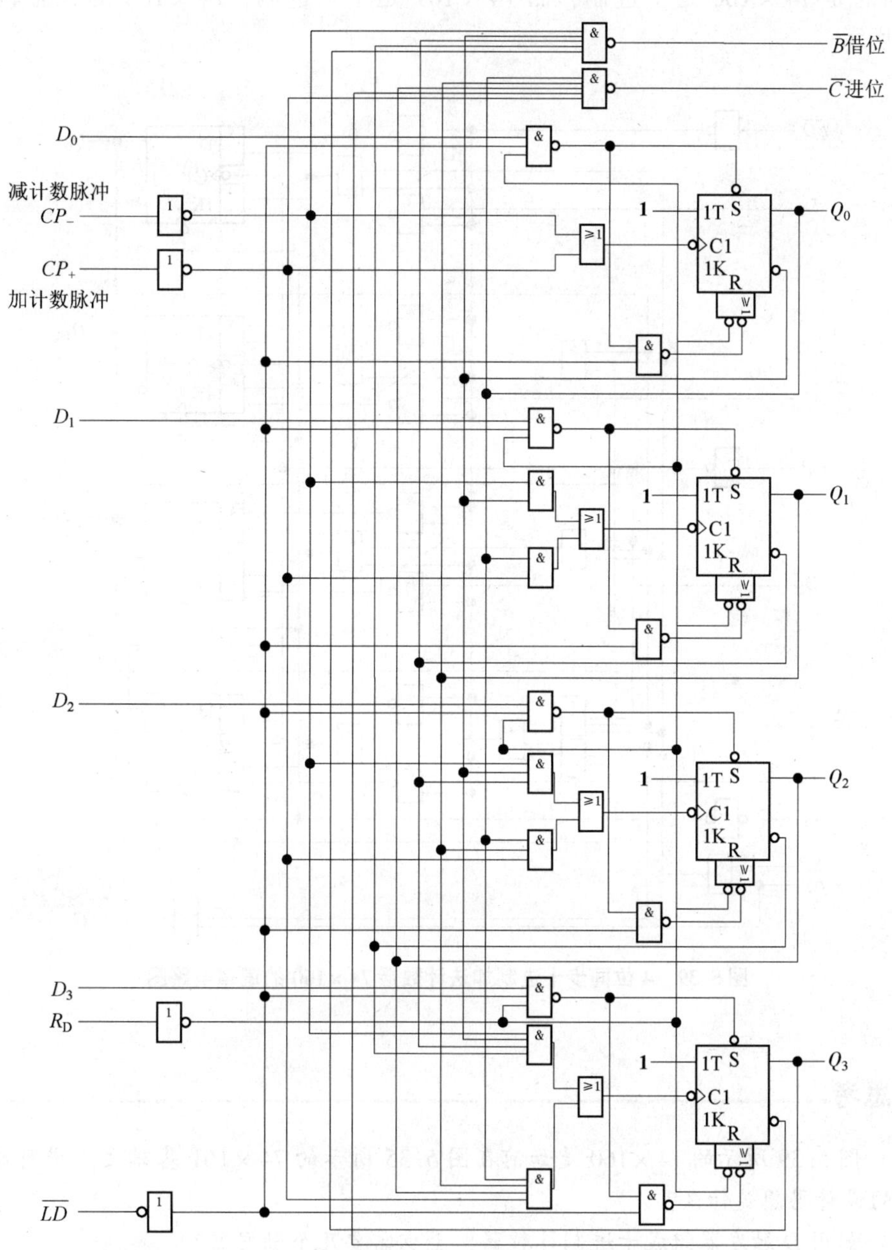

图 5.38　4 位同步二进制可逆计数器 74×193 的逻辑电路图

5.5.2 同步十进制计数器

在同步二进制加法计数器基础之上进行修改就可以得到同步十进制计数器。与4位同步二进制加法计数器74×161相对应，具有相同功能的4位同步十进制加法计数器为74×160，其逻辑电路图如图5.39所示。74×160和74×161的外引线排列和功能表均相同，不同的是74×160是十进制，而74×161是十六进制，74×160的状态转换图如图5.40所示。

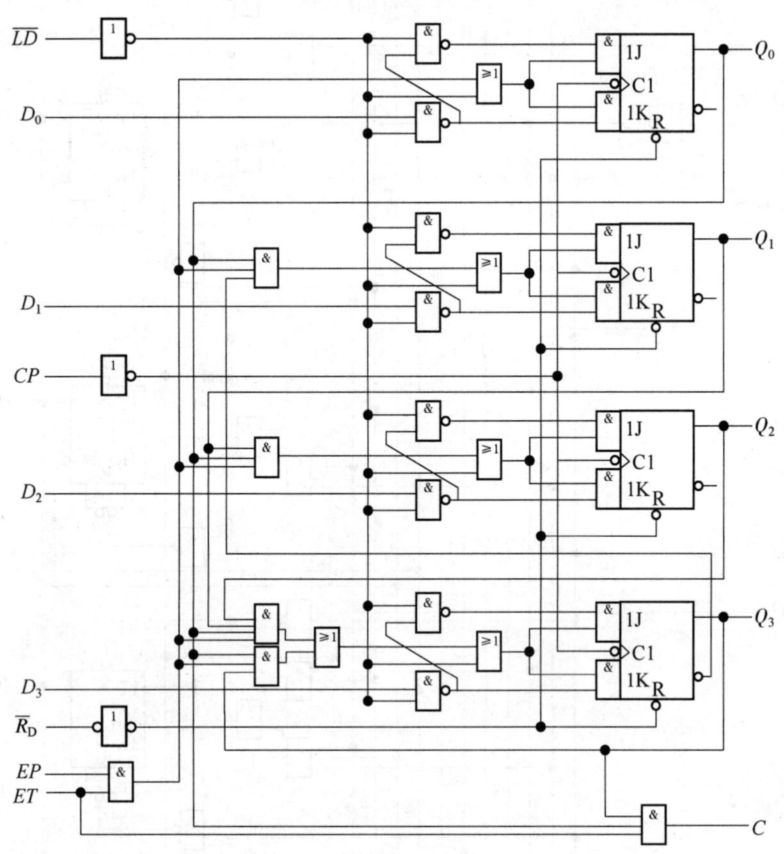

图5.39 4位同步十进制加法计数器74×160的逻辑电路图

思考

(1) 图5.39所示的74×160是如何在图5.35所示的74×161基础之上进行修改的？其具体的设计思想是什么？

(2) 如用D触发器组成十进制计数器，至少需要几个触发器？

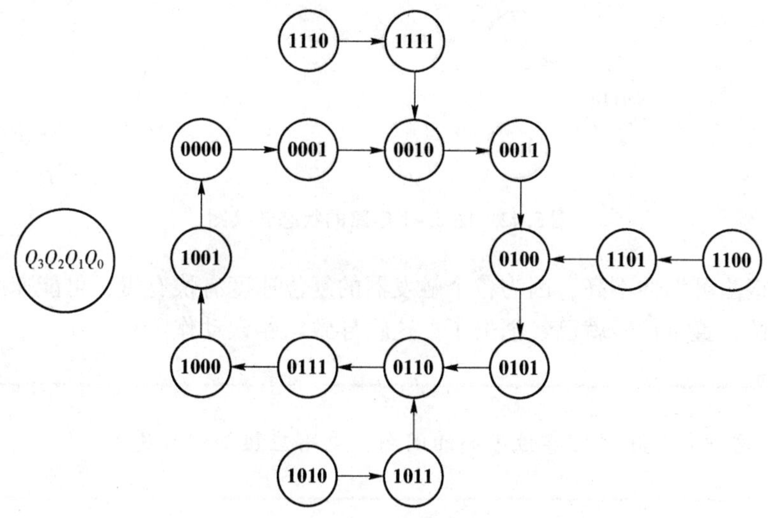

图 5.40　图 5.39 电路的状态转换图

将同步十进制加法计数器和同步十进制减法计数器结合在一起，再增加一根加/减控制线，同样可以构成同步十进制可逆计数器，而且同步十进制可逆计数器同样有单时钟和双时钟两种结构，如 74×190、74×168、CD4510 等属于单时钟同步十进制可逆计数器，而 74×192、CD40192 等属于双时钟同步十进制可逆计数器。

5.5.3　任意进制计数器

利用现有的中规模集成计数器芯片，借助其预置数端或置零端，外加适当的门电路就可以构成任意进制的计数器。

N 进制计数器构成任意 M 进制计数器时，若 $M < N$，则只需一片 N 进制计数器即可，可采用如下设计方法：

（1）异步置零法，适用于具有异步置零端的集成计数器。由 74×161 和**与非**门构成的六进制计数器的逻辑电路图如图 5.41 所示，CP 为计数脉冲输入，将 Q_2、Q_1 分别和**与非**门的输入相连，**与非**门的输出接 $\overline{R}_D$。当计数到 $Q_3Q_2Q_1Q_0$ = **0110** 状态时，**与非**门输出的低电平信号送给 $\overline{R}_D$，由于 $\overline{R}_D$ 为异步置零端，立即将计数器置零，计数器立刻回到 **0000** 状态，因此 **0110** 状态只是瞬间出现，不包含在稳定的状态循环中，电路的状态转换图如图 5.42 所示。

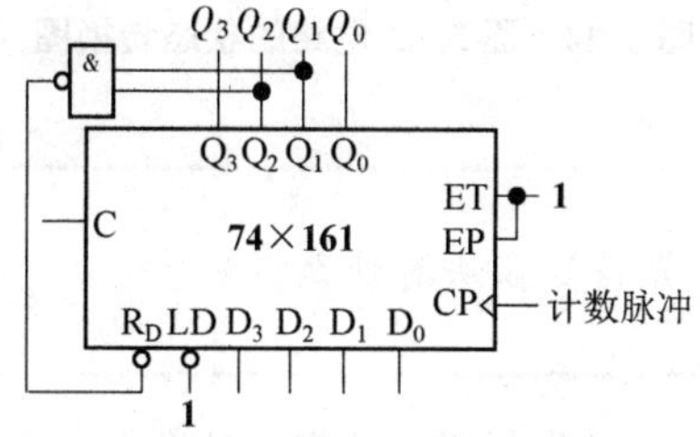

图 5.41　由 74×161 和与非门构成的六进制计数器的逻辑电路图

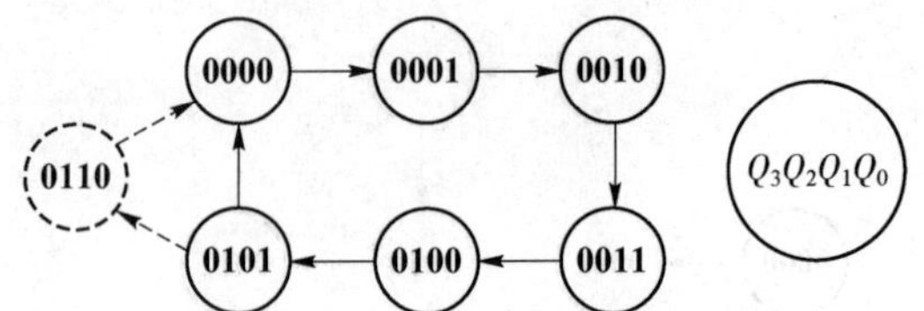

图 5.42 图 5.41 电路的状态转换图

这种电路接法可靠性不高，因为各个触发器的复位速度有快有慢，可能速度慢的触发器还没来得及复位，置零信号就已经消失了，这将导致电路误动作。

思考

为了解决这种电路接法可靠性不高的问题，电路应该如何改进？

（2）同步置零法，适用于具有同步置零端的集成计数器。由 74×163 和**与非门**构成的六进制计数器的逻辑电路图如图 5.43 所示，CP 为计数脉冲输入，将 Q_2、Q_0分别和**与非门**的输入相连，**与非门**的输出接 $\overline{R}_D$。当计数到 $Q_3Q_2Q_1Q_0$ = **0101** 状态时，**与非门**输出的低电平信号送给 $\overline{R}_D$，由于 $\overline{R}_D$为同步置零端，变为有效电平后计数器不会立即置零，必须等到下一个时钟信号到达后，才能将计数器置零，回到 **0000** 状态，因此 **0101** 状态包含在稳定的状态循环中，电路的状态转换图如图 5.44 所示。

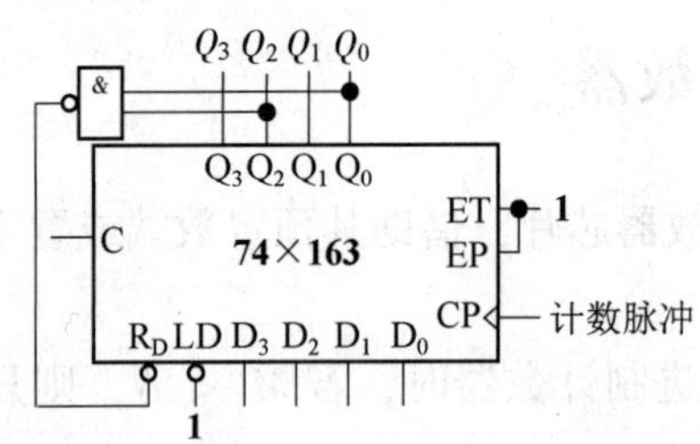

图 5.43 由 74×163 和与非门构成的六进制计数器的逻辑电路图

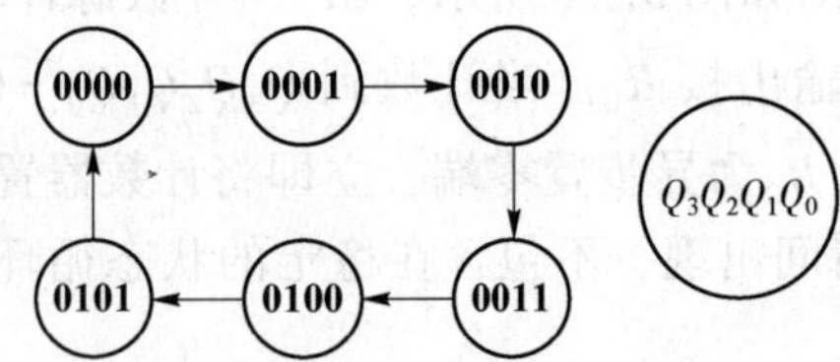

图 5.44 图 5.43 电路的状态转换图

思考

通过对比，同步置零法和异步置零法有什么区别？

（3）异步预置法，适用于具有异步预置端的集成计数器。由 74×191 和**与非门**构成的十进制计数器的逻辑电路图如图 5.45 所示。CP 为计数脉冲输入，将 Q_3、Q_2、Q_0分别和**与非门**的输入相连，与非门的输出接$\overline{LD}$。当计数到 $Q_3Q_2Q_1Q_0$ = **1101** 状态时，与非门输出的低电平信号送给$\overline{LD}$，由于$\overline{LD}$为异步预置端，不受时钟信号的影响，立即将数据 $D_3D_2D_1D_0$ = **0011** 置入计数器，立刻预置为 **0011** 状态。因此 **1101** 状态只是瞬间出现，不包含在稳定的状态循环中，该电路的有效状态是 **0011** ~ **1100**，共 10 个状态，电路的状态转换图如图 5.46 所示，可作为余 3 码计数器。

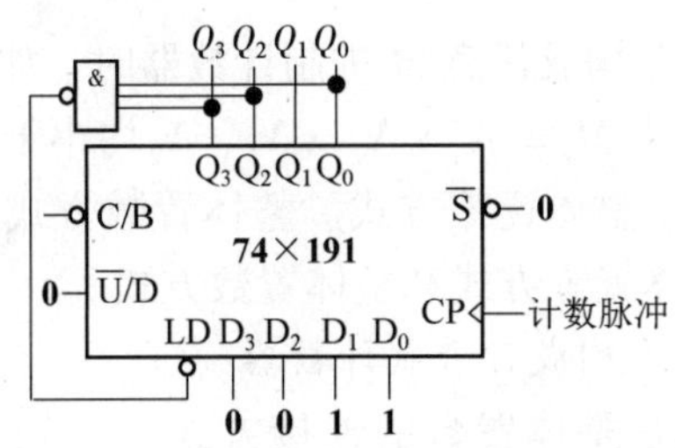

图 5.45　由 74×191 和与非门构成的十进制计数器的逻辑电路图

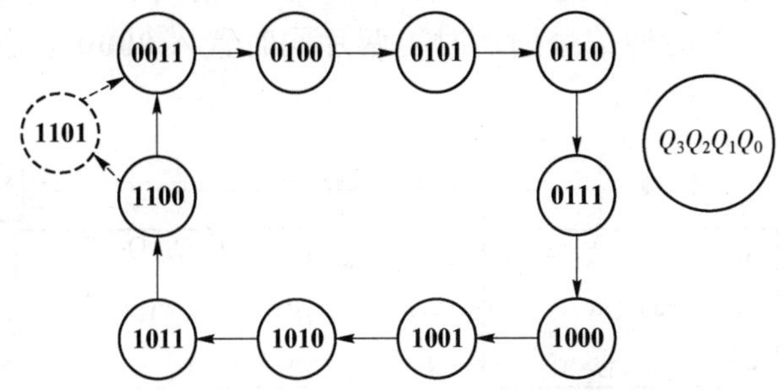

图 5.46　图 5.45 电路的状态转换图

（4）同步预置法，适用于具有同步预置端的集成计数器。由 74×160 和反相器构成的七进制计数器的逻辑电路图如图 5.47 所示。*CP* 为计数脉冲输入，将进位输出端 *C* 经过反相器接$\overline{LD}$。当计数到 $Q_3Q_2Q_1Q_0$ = **1001** 状态时，反相器输出的低电平信号送给$\overline{LD}$，由于$\overline{LD}$为同步预置端，变为有效电平后计数器不会立即预置，必须等到下一个时钟信号到达时才能置入 **0011** 状态。因此 **1001** 状态包含在稳定的状态循环中，电路的状态转换图如图 5.48 所示。

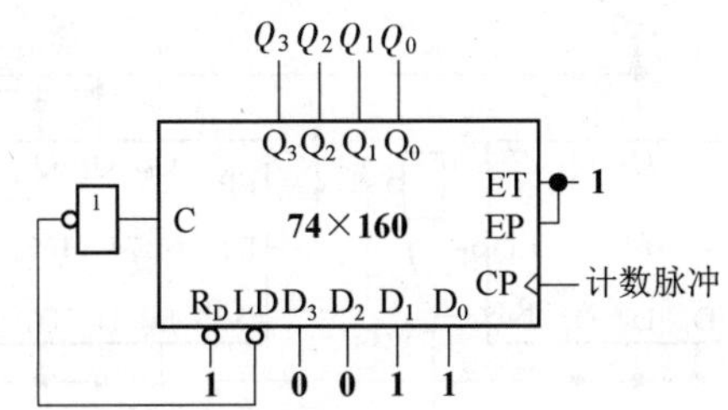

图 5.47　由 74×160 和反相器构成的七进制计数器的逻辑电路图

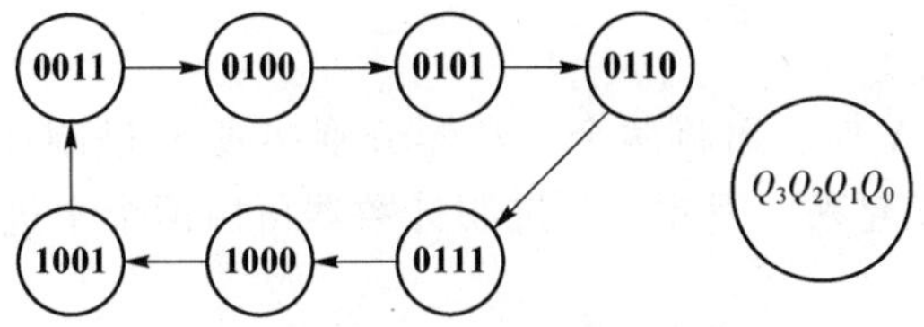

图 5.48　图 5.47 电路的状态转换图

思考

(1) 通过对比，同步预置法和异步预置法有什么区别？

(2) 在图 5.48 中，如果需要包含 **0000** 状态，则电路应该如何设计？

当利用现有的 N 进制计数器构成任意 M 进制计数器时，如果 $M > N$，则需多片 N 进制计数器组合实现。若 M 可分解为 $M = N_1 \times N_2$（N_1、N_2 均小于 N），则可采用的连接方式有串行进位方式、并行进位方式、整体置零方式、整体置数方式。若 M 为大于 N 的素数，不可分解，则其连接方式只有整体置零方式和整体置数方式。

【例 5.8】 试用两片 74×161 构成百进制计数器。

【解法 1】 图 5.49 采用的是整体置数的连接方式。首先将两片 74×161 按照并行进位方式构成二百五十六进制计数器，即两片的时钟端同时接计数脉冲，低位片的进位输出接高位片的使能端。当计数到 **01100011**（99）状态时，**与非**门输出的低电平信号送给两片的 $\overline{LD}$，在下一个时钟信号到达时，两片同时置入 **0000** 状态，从而得到百进制计数器。

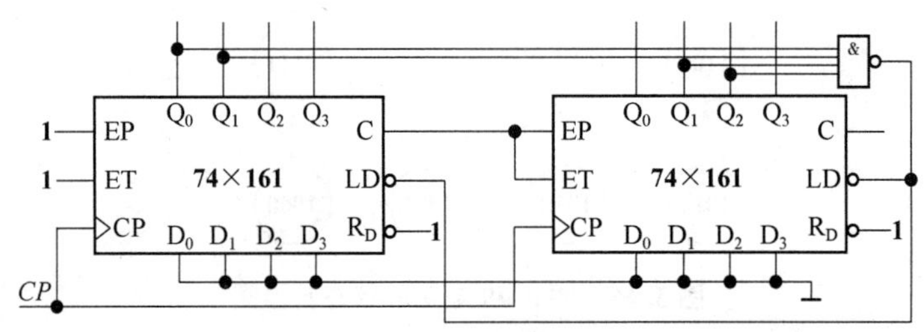

图 5.49　用解法 1 构成的百进制计数器的逻辑电路图

【解法 2】 图 5.50 采用的是整体置零的连接方式。首先将两片 74×161 按照串行进位方式构成二百五十六进制计数器，即低位片的进位输出作为高位片的时钟输入。当计数到 **01100100**（100）状态时，**与非**门输出的低电平信号送给两片的 $\overline{R}_D$，立即将两片计数器 74×161同时置零，从而得到百进制计数器。

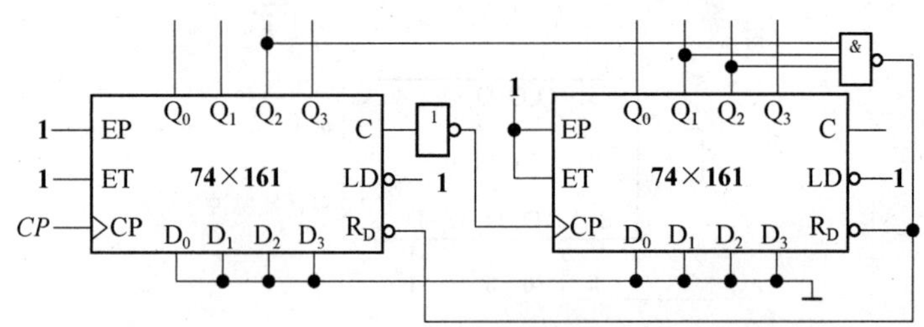

图 5.50　用解法 2 构成的百进制计数器的逻辑电路图

【解法 3】

当 M 可分解为 N_1 和 N_2 时，可将两个计数器分别接成 N_1 进制计数器和 N_2 进制计数器，然后再将两个计数器级联起来。因此，百进制计数器可由两个十进制计数器级联而成，如图 5.51 所示。

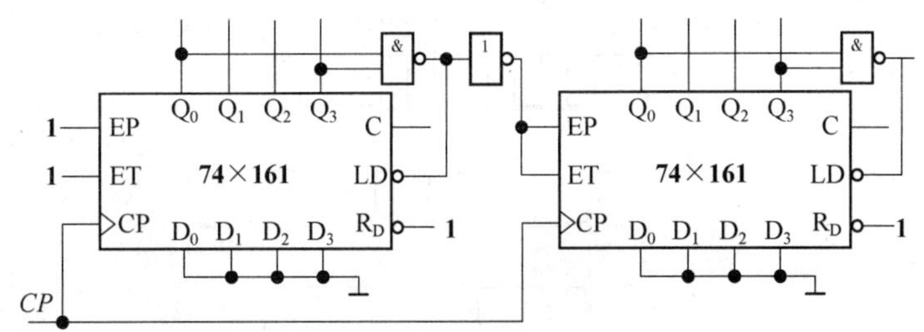

图 5.51　用解法 3 构成的百进制计数器的逻辑电路图

针对例 5.8，你还能想到哪些设计方法？

5.5.4　异步计数器

与同步计数器不同，异步计数器的计数脉冲只加到部分触发器的时钟脉冲输入端上，而其他触发器的触发信号则由电路内部提供，应翻转的触发器状态更新有先有后，所以工作速度慢。

图 5.52 是由下降沿触发的 *JK* 触发器构成的 3 位异步二进制加法计数器的逻辑电路图，控制触发器的时钟端，只有当低位触发器的 *Q* 由 **1→0**（下降沿）时，应向高位时钟端输出一个进位信号（有效触发沿），高位触发器翻转，计数加 1。根据触发器的翻转规律，得到时序图如图 5.53 所示。可以看出，触发器输出端新状态的建立要比时钟信号下降沿滞后一个触发器的传输延迟时间 t_{pd}。

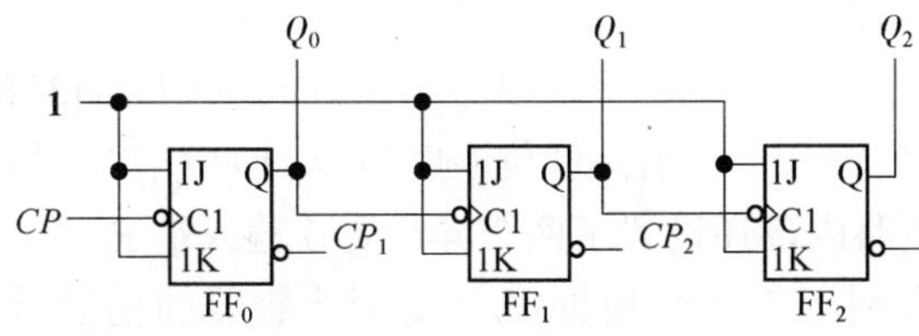

图 5.52　3 位异步二进制加法计数器的逻辑电路图

如何由 *D* 触发器构成 3 位异步二进制加法计数器？

将图 5.52 中各触发器的进位输出由 *Q* 改为 $\overline{Q}$ 后，利用类似的方法，异步二进制加法计数器就可以改成异步二进制减法计数器了。

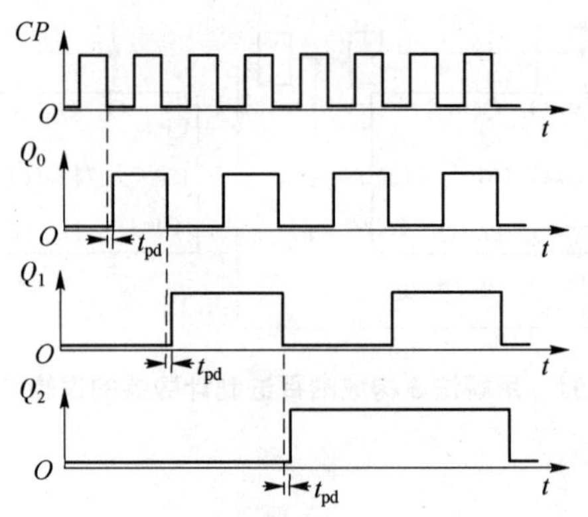

图 5.53　图 5.52 电路的时序图

74×290 是一种常用的二－五－十进制异步加法计数器，其逻辑符号如图 5.54 所示，74×290 使用灵活，功能性很强，只要适当改变连线、配合门电路就可以灵活地组成各种进制的计数器。

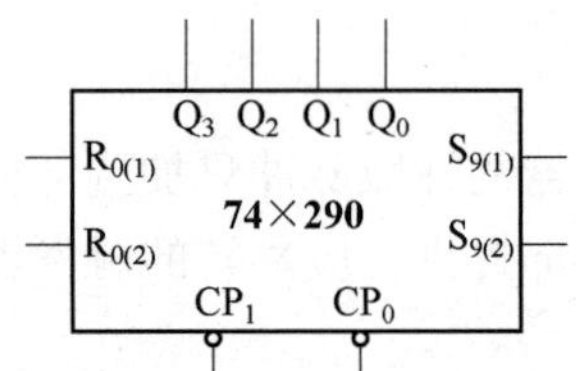

图 5.54　74×290 的逻辑符号

74×290 内部有 4 个 *JK* 触发器，构成两个独立的二进制和五进制计数器。若以 CP_0 为计数输入，Q_0 为输出，即得到二进制计数器（或二分频器）；若以 CP_1 为计数输入，Q_3 为输出，即得到五进制计数器（或五分频器）；五进制计数器的输出端由高位到低位依次为 Q_3、Q_2 和 Q_0。74×290 也可以接成十进制计数器（或十分频器），其接法有两种：一种是将 Q_0 与 CP_1 连接，CP_0 为计数输入，输出端顺序为 $Q_3Q_2Q_1Q_0$ 时，执行 8421BCD 编码；另一种是将 Q_3 和 CP_0 连接，CP_1 为计数输入，输出高低位顺序为 $Q_0Q_3Q_2Q_1$ 时，执行 5421BCD 编码。

此外，在 74×290 电路内部还设置了两个异步置 0 输入端 $R_{0(1)}$、$R_{0(2)}$ 和两个异步置 9 输入端 $S_{9(1)}$、$S_{9(2)}$，这样有利于工作时根据需要设计计数器的初始状态。当 $S_{9(1)} \cdot S_{9(2)} = \mathbf{1}$ 时，则输出为 **1001**，完成置 9 功能；当 $R_{0(1)} \cdot R_{0(2)} = \mathbf{1}$ 时，输出为 **0000**，完成置 0 功能；当 $S_{9(1)} \cdot S_{9(2)} = \mathbf{0}$，$R_{0(1)} \cdot R_{0(2)} = \mathbf{0}$ 时，执行计数操作。表 5.18 所示为二－五－十进制异步加法计数器 74×290 的功能表。

表 5.18　二－五－十进制异步加法计数器 74×290 的功能表

CP	$R_{0(1)}$	$R_{0(2)}$	$S_{9(1)}$	$S_{9(2)}$	工作状态
×	**1**	**1**	**0**	×	置 0
×	**1**	**0**	×	**0**	置 0
×	×	×	**1**	**1**	置 9
↓	**0**	×	**0**	×	计数

续表

CP	$R_{0(1)}$	$R_{0(2)}$	$S_{9(1)}$	$S_{9(2)}$	工作状态
↓	**0**	×	×	**0**	计数
↓	×	**0**	**0**	×	计数
↓	×	**0**	×	**0**	计数

思考

根据 74×290 的电路结构和逻辑功能，如何利用 74×290 构成任意进制的计数器？

5.5.5　移位寄存器型计数器

移位寄存器型计数器的逻辑电路图如图 5.55 所示。其中，基本寄存单元除了可以由 D 触发器构成，也可以由 JK 触发器构成。反馈逻辑电路的逻辑函数式可以写成

$$D_0 = F(Q_0, Q_1, \cdots, Q_{n-1}) \tag{5.34}$$

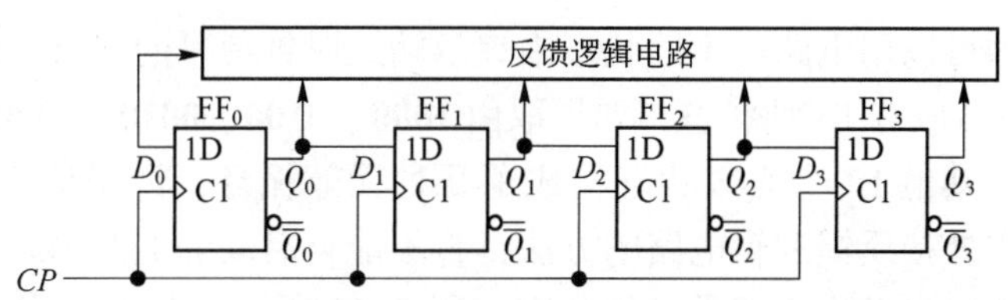

图 5.55　移位寄存器型计数器的逻辑电路图

常用的移位寄存器型计数器有环形计数器和扭环形计数器。环形计数器是移位寄存器型计数器中最简单的一种，即 $D_0 = Q_{n-1}$。图 5.56 为一个 4 位环形计数器的逻辑电路图，假设电路的初始状态为 $Q_0Q_1Q_2Q_3$ = **1000**，那么在移位时钟脉冲的作用下，其状态将按表 5.19 中的顺序转换，并可以画出状态转换图如图 5.57 所示。

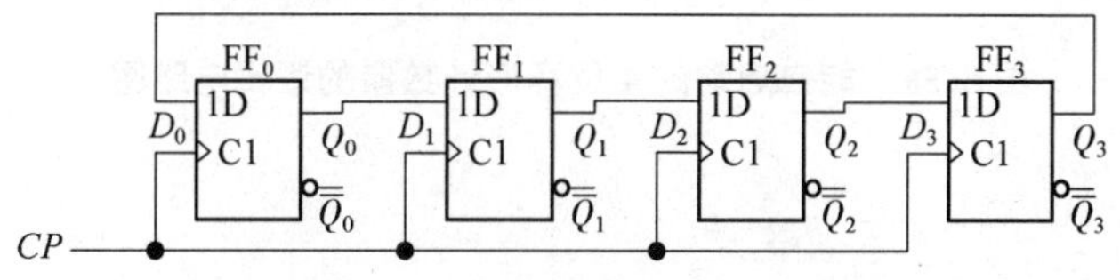

图 5.56　4 位环形计数器的逻辑电路图

表 5.19　图 5.56 电路的状态转换表

移位时钟脉冲	输出			
CP	Q_0	Q_1	Q_2	Q_3
0	**1**	**0**	**0**	**0**

续表

移位时钟脉冲	输出			
1	0	1	0	0
2	0	0	1	0
3	0	0	0	1
4	1	0	0	0

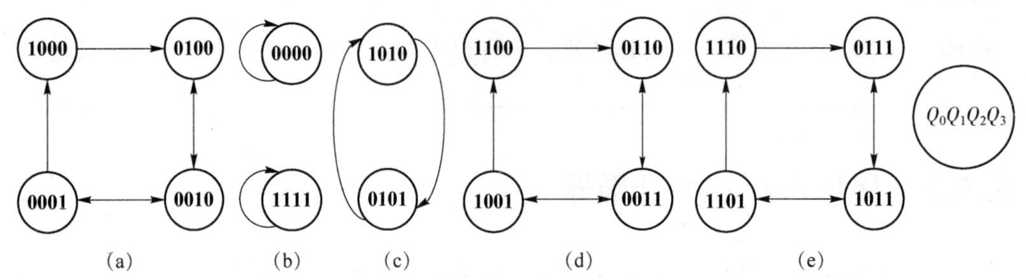

图 5.57　图 5.56 电路的状态转换图

(a) 有效循环；(b) 无效循环 1；(c) 无效循环 2；(d) 无效循环 3；(e) 无效循环 4

由于环形计数器可以用电路的不同状态来表示输入时钟信号的数目，因此称它为 4 位环形计数器。4 级触发器应有 16 种状态，如果取由 **1000**、**0100**、**0010** 和 **0001** 所组成的状态循环为有效循环，那么其他 12 个无效状态构成了几种无效循环，说明该电路无自启动能力。在实际中，通常利用外接反馈逻辑电路的方法，将不能自启动的电路修改为能够自启动的电路，使环形计数器能够自动进入正常工作状态。图 5.58 所示为具有自启动能力的 4 位环形计数器的逻辑电路图。

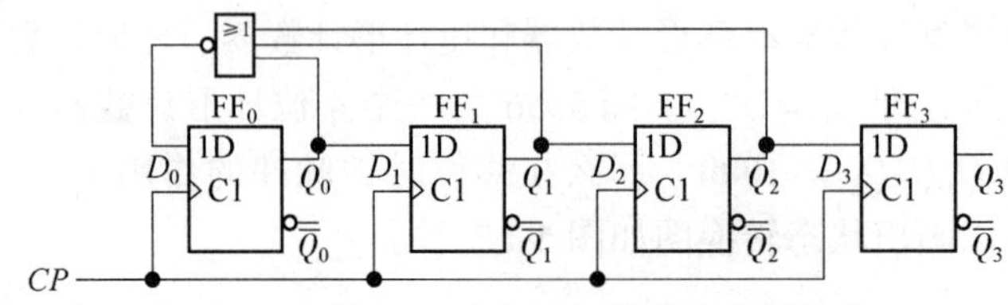

图 5.58　能自启动的 4 位环形计数器的逻辑电路图

思考

对图 5.58 的电路进行分析，画出状态转换图，分析其如何实现自启动？

环形计数器的电路结构比较简单，常用来实现脉冲顺序分配的功能。n 位移位寄存器构成的 n 进制环形计数器有 n 个有效状态，$(2^n - n)$ 个无效状态，这显然是一种浪费。

图 5.59 是另一种常用的环形计数器的逻辑电路图，称为扭环形计数器，其与图 5.56 的不同之处是将 $\overline{Q}_3$ 端反馈到 D_0 端，即 $D_0 = \overline{Q}_{n-1}$，扭环形计数器也称为约翰逊计数器。图

5.59 电路的状态转换图如图 5.60 所示。若取图 5.60 中左边的循环为有效循环，则另一个循环即为无效循环，显然，该电路不能自启动，但附加反馈逻辑电路也可以使扭环形计数器能自启动。

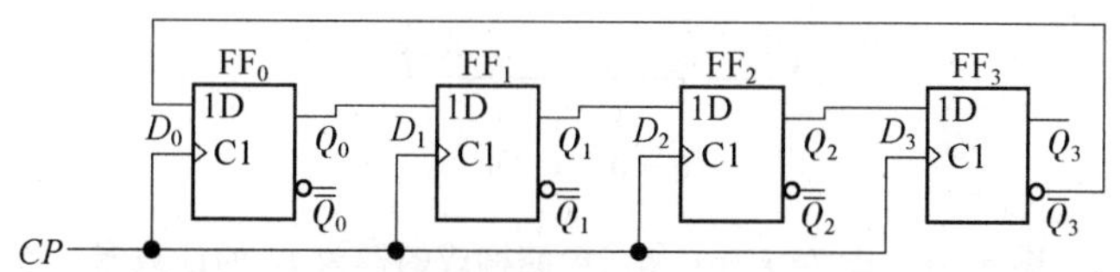

图 5.59　4 位扭环形计数器的逻辑电路图

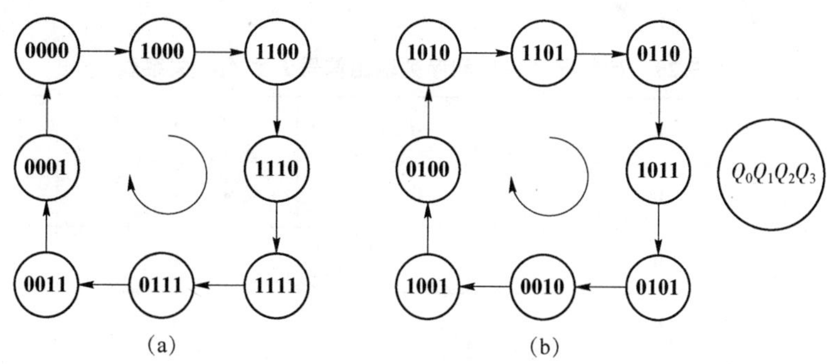

图 5.60　图 5.59 电路的状态转换图

（a）有效循环；（b）无效循环

n 位移位寄存器构成的 n 进制扭环形计数器有 $2n$ 个有效状态，（2^n-2n）个无效状态，计数器的状态利用率比环形计数器提高了一倍。

**思考**

如何在图 5.59 电路中附加反馈逻辑电路，从而使该电路能够自启动？

5.5.6　序列信号发生器

序列信号是把一组 **0**、**1** 数码按一定规则顺序排列的串行信号，可以作同步信号、地址码、数据等，也可以作控制信号，能够循环地产生序列信号的电路称为序列信号发生器。序列信号发生器一般有两种结构形式：一种是反馈移位型，另一种是计数型。相应的设计方法一般有两种：一种是由寄存器和反馈电路组成，另一种是由计数器组成。序列信号发生器在数字电路中有着较广泛的应用，在电子电路中，使用序列信号发生器可以构成彩灯控制电路，使彩灯有规律地亮灭。

【例 5.9】 试用计数器 74×161 和门电路设计一个 **110001001110** 序列信号发生器。

【解】 根据题意可知，电路可由计数器和组合电路两部分组成。

第一步：设计计数器。序列长度 $S=12$，设计一个模为 12 的计数器，选用 74×161，采用同步预置法，设定有效状态为 **0100** ～ **1111**，如图 5.61 所示。

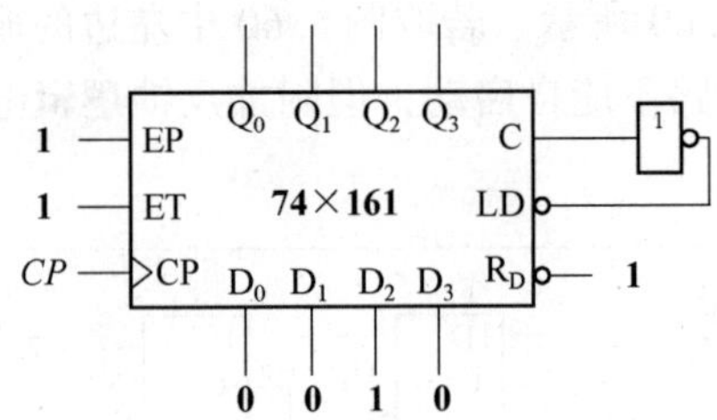

图 5.61　由 74×161 和门电路构成的模为 12 的计数器

第二步：设计组合电路，设序列输出信号为 L，则计数器的输出和序列输出信号 L 之间的关系如表 5.20 所示。

表 5.20　计数器的输出和序列输出信号 L 之间的关系表

D	C	B	A	L
0	0	0	0	×
0	0	0	1	×
0	0	1	0	×
0	0	1	1	×
0	1	0	0	1
0	1	0	1	1
0	1	1	0	0
0	1	1	1	0
1	0	0	0	0
1	0	0	1	1
1	0	1	0	0
1	0	1	1	0
1	1	0	0	1
1	1	0	1	1
1	1	1	0	1
1	1	1	1	0

利用图 5.62 的卡诺图进行化简得组合电路的逻辑函数式为

$$L = C\overline{B} + \overline{B}A + DC\overline{A} \tag{5.35}$$

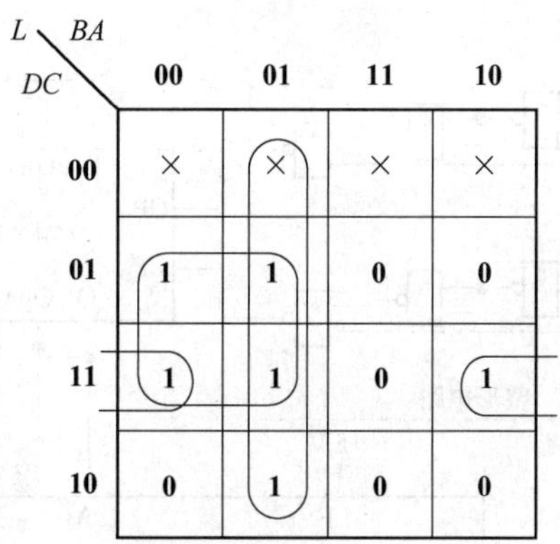

图 5.62　例 5.9 的卡诺图

最后得到的逻辑电路图如图 5.63 所示（其中组合部分略）。

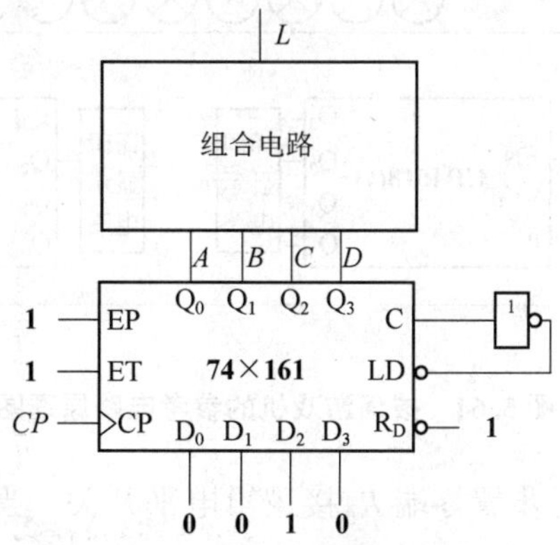

图 5.63　例 5.9 的逻辑电路图

思考

（1）例 5.9 还有哪些设计方法？

（2）如果组合电路采用中规模的集成模块，如数据选择器，则电路应该如何设计？

5.5.7　应用举例——拔河游戏机

图 5.64 为拔河游戏机的参考电路原理图，用 9 个电平指示灯排列成一行，开机后只有中间一个电平指示灯点亮，以此作为拔河的中心线，游戏双方各持一个按键，迅速地、不断地按动产生脉冲，谁按得快，亮点就向谁方向移动，每按一次，亮点移动一次。移动到任一方终端指示灯点亮，这一方就取胜，此时双方按键均无作用，输出保持，只有经复位后才使亮点恢复到中心线。最后，显示器显示出胜者的盘数。

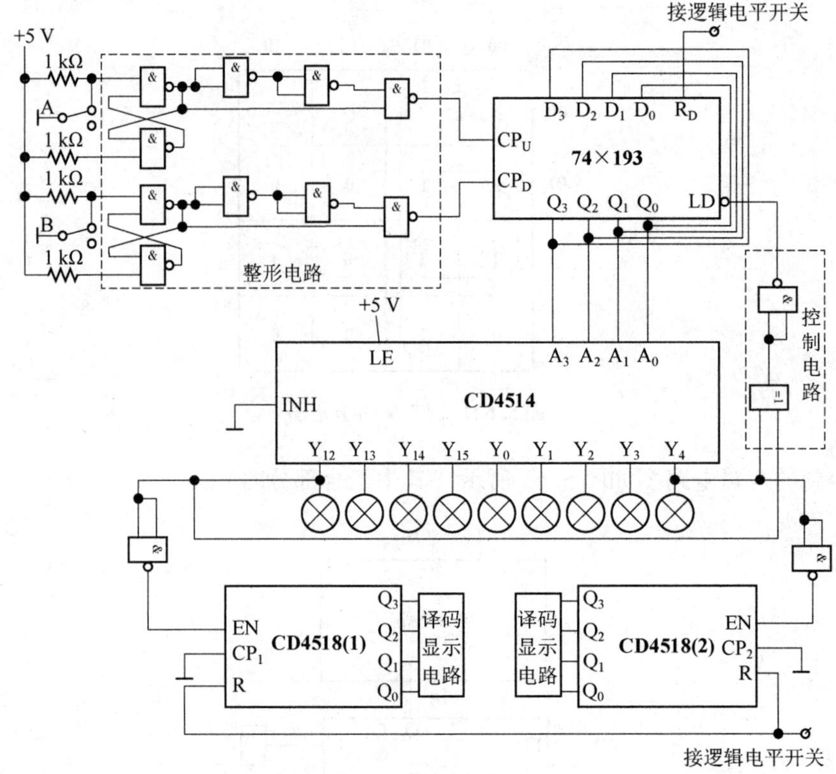

图 5.64　拔河游戏机的参考电路原理图

可逆计数器 74×193 的异步置零端 R_D 接逻辑电平开关，当 $R_D = \mathbf{1}$ 时，74×193 的输出为 4 位二进制数 **0000**，作为 4 线－16 线译码器 CD4514 的译码输入，CD4514 的译码输出 $Y_0 \sim Y_4$、$Y_{12} \sim Y_{15}$ 分别接 9 个电平指示灯，由于译码输入为 **0000**，译码输出 Y_0 为 **1**，其余均为 **0**，使中间的一只电平指示灯点亮，以此作为拔河的中心线。

当按动 A、B 两个按键时，分别产生两个脉冲信号，经由**与非**门和**与**门构成的整形电路整形后分别加到可逆计数器 74×193 的 CP_U 端和 CP_D 端，其中，CP_U 为加计数脉冲端，CP_D 为减计数脉冲端。74×193 输出的代码经 CD4514 译码后驱动电平指示灯点亮并产生位移，当 74×193 进行加法计数时，亮点向右移；当 74×193 进行减法计数时，亮点向左移。

当亮点移到任何一方终端后，由于控制电路的作用，使这一状态被锁定，而对输入脉冲不起作用，控制电路可以用**异或**门和**与非**门来实现。如果使 74×193 的异步置零端 $R_D = \mathbf{1}$，亮点又回到中间位置，比赛又可以重新开始。

将双方终端 Y_4 和 Y_{12} 分别经两个**与非**门后接至两个十进制计数器 CD4518 的允许控制端 EN，当任一方取胜时，该方终端电平指示灯点亮，产生一个下降沿使其对应的计数器计数。这样，计数器的输出即显示了胜者取胜的盘数。胜负显示的复位也可以用逻辑电平开关来控制胜负计数器 CD4518 的置零端 R，使其重新计数。

思考

（1）图 5.64 电路中整形电路和控制电路的作用是什么？

（2）译码显示电路部分如何来设计？

（3）如果拔河游戏机用 15 个电平指示灯来指示，则电路应该如何设计？

（4）你还能列举出哪些组合和时序逻辑电路的综合应用实例？

本章小结

1. 时序逻辑电路任一时刻的输出不仅取决于当前输入信号，而且与电路原来的状态有关。时序逻辑电路有不同的分类方法，按触发器是否采用统一的时钟信号可分为同步时序逻辑电路和异步时序逻辑电路；按输出信号是否与输入信号有关可分为穆尔型时序逻辑电路和米利型时序逻辑电路；按功能不同可分为寄存器、计数器和序列信号发生器等。

2. 本章介绍的时序逻辑电路分析和设计的一般步骤和方法适用于任何复杂的时序逻辑电路。

3. 寄存器、计数器和序列信号发生器是典型的时序逻辑电路，本章较详细地讨论了寄存器、计数器以及序列信号发生器的电路结构、逻辑功能和使用方法，为理解和使用其他时序逻辑电路打下坚实的基础。

自我检测题

一、填空题

1. 从组成结构上看，时序逻辑电路由________和________两部分组成。

2. 时序逻辑电路在任一时刻的输出信号不仅与当时的输入信号有关，而且还与电路________有关。也就是说，时序逻辑电路具有________功能。

3. 描述时序逻辑电路有三组方程，分别是________、________和________。

4. 按照其触发器是否采用统一的时钟信号，时序逻辑电路分为________和________。

5. 时序逻辑电路功能的四种描述方法：逻辑函数式、________、________和时序图。

6. ________是数字系统中用来存储代码或数据的逻辑部件，其主要组成部分是________。

7. ________是既能寄存数码，又能在时钟脉冲的作用下使数码向高位或向低位移动的逻辑功能部件。

8. 4 个触发器组成的寄存器可以存储________位二进制数。

9. 已知右移移位寄存器现态为 **1101**，其次态应为________。

10. 按照脉冲输入方式，计数器可以分为________和________。

11. 利用 MSI 计数器模块的________和________，可以构成任意进制的计数器。

12. 构成一个模为 6 的同步计数器，至少需要________个触发器。

13. 设计一个 8421BCD 码加法计数器，至少需要________个触发器。

14. 二进制计数器从十进制数 0 计数到十进制数 168，至少需要________个触发器构成。

15. 等价状态是指在相同的________下有相同的________，并转换到同一个________的两个状态。

16. 74×161 是中规模集成 4 位二进制加法计数器，其计数容量为________。

17. 为了把串行输入的数据转换为并行输出的数据，可以用________来实现。

18. 一个 5 位二进制加法计数器，由 **00000** 状态开始，经过 75 个时钟脉冲后，此计数器的状态为________。

19. 一个 4 位二进制减法计数器，由 **1001** 状态开始，经过 100 个时钟脉冲后，此计数器的状态为________。

20. 3 级触发器若构成环形计数器，其模值为________，若构成扭环形计数器，则其模值为________。

二、选择题

1. 米利型时序逻辑电路的输出（　　）。

A. 只与输入有关　　B. 只与电路当前状态有关

C. 与输入和电路当前状态均有关　　D. 与输入和电路当前状态均无关

2. 穆尔型时序逻辑电路的输出（　　）。

A. 只与输入有关　　B. 只与电路当前状态有关

C. 与输入和电路当前状态均有关　　D. 与输入和电路当前状态均无关

3. 用 n 个触发器组成计数器，其最大计数模值为（　　）。

A. n　　B. $2n$　　C. n^2　　D. 2^n

4. 4 位移位寄存器，现态为 **1100**，左移 1 位后其次态为（　　）。

A. **0011** 或 **1011**　　B. **1000** 或 **1001**　　C. **1011** 或 **1110**　　D. **0011** 或 **1111**

5. 下列触发器中，不能构成移位寄存器的是（　　）。

A. SR 触发器　　B. JK 触发器　　C. D 触发器　　D. T 和 $\overline{T}$ 触发器

6. 可以用来实现并/串转换和串/并转换的器件是（　　）。

A. 计数器　　B. 移位寄存器　　C. 存储器　　D. 全加器

7. 一个 4 位的二进制加法计数器，由 **0000** 状态开始，经过 25 个时钟脉冲后，此计数器的状态为（　　）。

A. **1100**　　B. **1000**　　C. **1001**　　D. **1010**

8. 一个 4 位串行数据，输入 4 位移位寄存器，时钟脉冲频率为 1 kHz，经过（　　）可转换为 4 位并行数据输出。

A. 8 ms　　B. 4 ms　　C. 8 s　　D. 4 s

9. 4 位环形计数器，其无效状态的个数为（　　）。

A. 4　　B. 12　　C. 8　　D. 0

10. 5 位扭环形计数器中，其无效状态的个数为（　　）。

A. 27　　B. 22　　C. 10　　D. 31

习　题

【题 5.1】分析下图所示时序逻辑电路的逻辑功能，写出电路的驱动方程、状态方程，列出状态转换表，画出状态转换图。

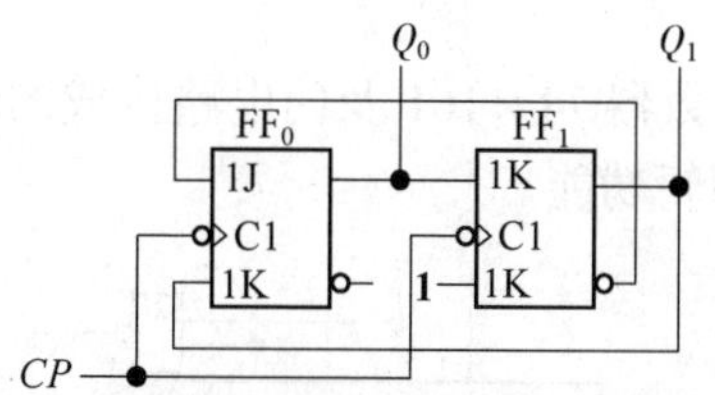

【题 5.2】分析下图所示时序逻辑电路的逻辑功能，写出电路的驱动方程、状态方程和输出方程，列出状态转换表，画出状态转换图，并说明该电路能否自启动。

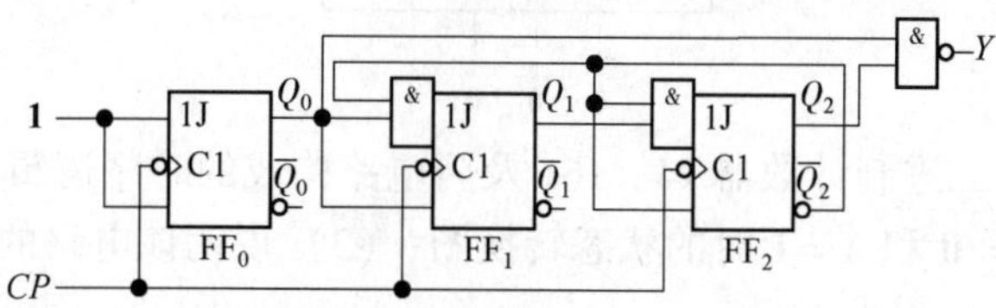

【题 5.3】分析下图所示时序逻辑电路的逻辑功能，写出电路的驱动方程、状态方程和输出方程，列出状态转换表，画出状态转换图，并说明该电路能否自启动。

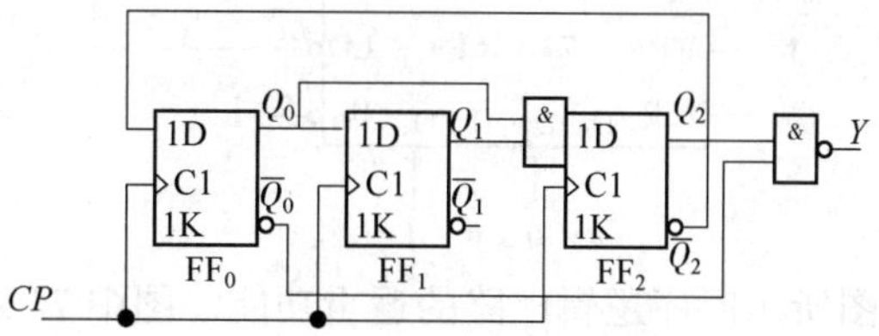

【题 5.4】试用 T 触发器设计一个同步可变进制计数器。当 $X = \mathbf{0}$ 时，该计数器为三进制加法计数器；当 $X = \mathbf{1}$ 时，该计数器为四进制加法计数器。

【题 5.5】试用 D 触发器设计一个同步六进制加法计数器，要求写出设计过程。

【题 5.6】试用 JK 触发器设计一个串行数码检测电路。当电路连续输入两个或者两个以上的 **1** 后，再输入 **0** 时，电路输出为高电平 **1**，否则为低电平 **0**。

【题 5.7】设计一个串行编码转换器，把一个 8421BCD 码转换成余 3 码。输入序列和输出序列均由最低有效位开始串行输入和输出。要求将串行编码转换器设计成米利型状态机。

【题 5.8】设计三相步进电动机控制器：工作在三相单双六拍正转方式，即在 CP 作用下控制三个线圈 A、B、C 按以下方式轮流通电。

$$\rightarrow A \rightarrow AB \rightarrow B \rightarrow BC \rightarrow C \rightarrow CA \rightarrow$$

【题 5.9】在下图所示时序逻辑电路中，已知寄存器的初始状态 $Q_1Q_2Q_3 = \mathbf{111}$。试问下一个 CP 作用后，寄存器所处的状态？经过多少个 CP 作用后数据循环一次，并列出状态转换表。

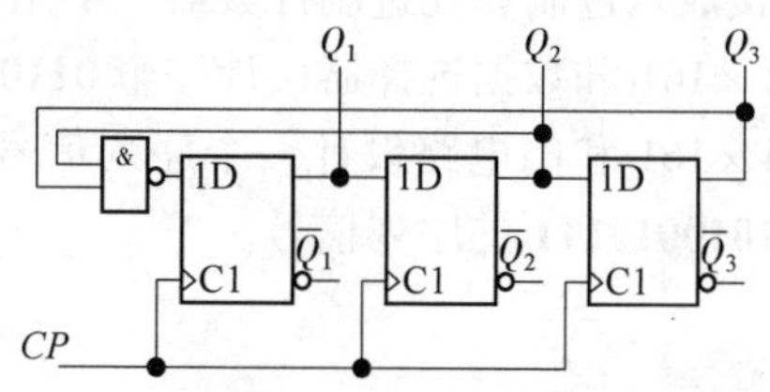

【题5.10】用4位二进制计数器74×161构成模为13的加法计数器。要求分别用“置零法”和“置数法”实现。

【题5.11】由4位二进制计数器74×161及门电路构成的时序逻辑电路如下图所示。画出状态转换图，并说明电路的逻辑功能。

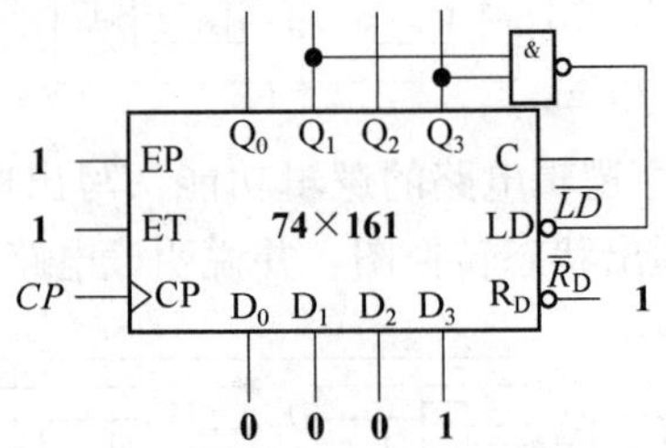

【题5.12】由4位二进制计数器74×161及门电路构成的时序逻辑电路如下图所示。要求：(1) 分别列出 X = **0** 和 X =**1** 时的状态转换图；(2) 说明该电路的逻辑功能。

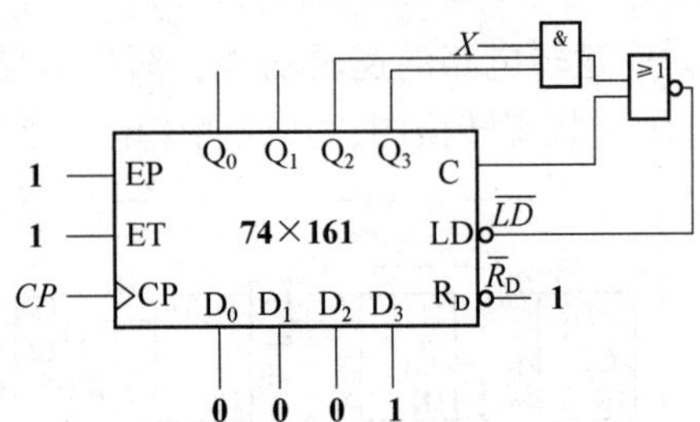

【题5.13】试分析下图所示时序逻辑电路的逻辑功能。图中74×160为十进制同步加法计数器，其功能如表5.14所示。

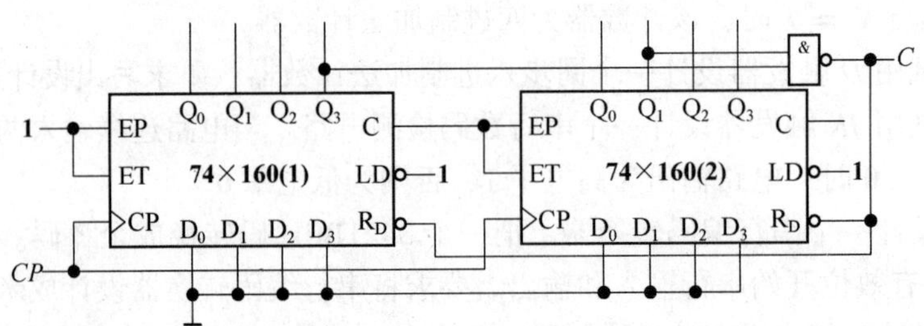

【题5.14】用4位十进制计数器74×160接成八进制计数器，标出计数输入、进位输出端。可以附加必要的门电路。

【题5.15】试画出用74×194构成4位环形计数器的连线图。74×194的功能表见表5.12。

【题5.16】试画出用74×194构成4位扭环形计数器的连线图。74×194的功能表见表5.12。

【题5.17】试用74×290接成六进制和九进制计数器，不用其他元件。

【题5.18】试用计数器74×161和数据选择器设计一个**01100011**序列信号发生器。

【题5.19】试用计数器74×161和门电路设计一个序列信号发生器，使之在一系列 CP 信号作用下能周期性地输出**11010010111**的序列信号。

第 6 章　脉冲波形的产生与整形

数字电路中经常会用到各种脉冲，尤其是矩形脉冲。如同步时序逻辑电路中的矩形时钟脉冲，其特性直接关系到系统能否正常地工作。矩形脉冲波形的获取有两种途径：一是直接搭建脉冲信号产生电路，如多谐振荡器；二是对已有信号进行整形、变换间接获得，如施密特触发器、单稳态触发器等。后一种途径施行的前提是需要找到频率和幅度都符合要求的已有信号。

施密特触发器、多谐振荡器和单稳态触发器在脉冲波形的产生和整形中应用十分广泛，虽然它们的工作原理和电路结构大不相同，但有一个共同点，即都可由555 定时器外接少量电阻、电容构成。本章将首先介绍555 定时器的电路结构和工作原理，然后讨论由555 定时器构成的施密特触发器、多谐振荡器、单稳态触发器以及相应的若干典型应用电路。

6.1　脉冲波形

能力目标

- 认识脉冲波形。
- 知道矩形脉冲的相关参数。

“脉冲”一词包含脉动和短促的意思，从狭义讲，脉冲是指持续时间极短的电压或电流；从广义讲，凡是不具有连续正弦形状的信号都可称为脉冲，如矩形脉冲、三角脉冲、锯齿脉冲等。图 6.1 给出了几种常见脉冲的波形。

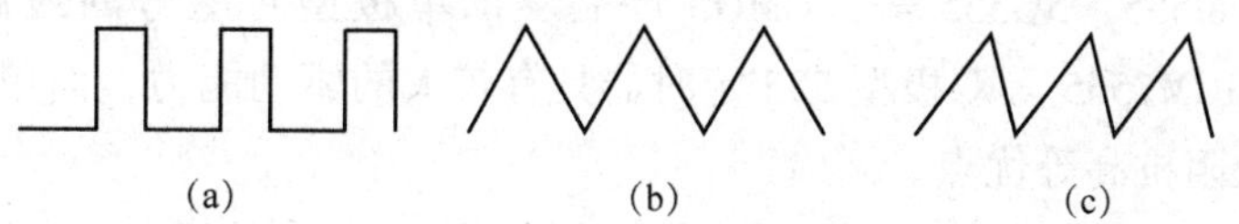

(a)　(b)　(c)

图 6.1　常见脉冲的波形

(a) 矩形脉冲；(b) 三角脉冲；(c) 锯齿脉冲

图 6.2 为一矩形脉冲的实际波形。

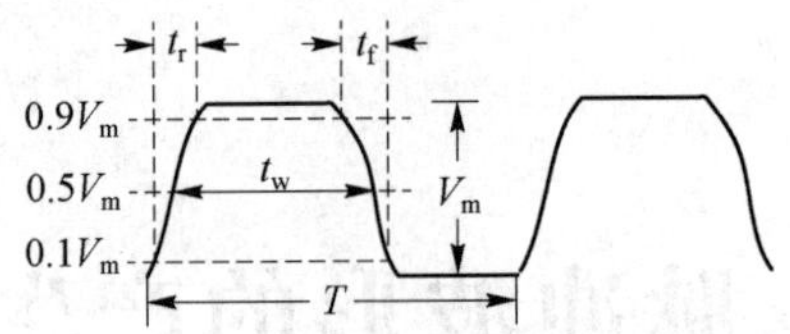

图 6.2　矩形脉冲的实际波形

为定量描述矩形脉冲的特性，图 6.2 中标注了一些参数，具体说明如下。

（1）V_m：脉冲幅度。脉冲的最大变化幅度。

（2）T：脉冲周期。在周期性重复的脉冲序列中，两个相邻脉冲的时间间隔。$f=\frac{1}{T}$为脉冲频率，表示单位时间内脉冲重复的次数。

（3）t_r：上升时间。脉冲上升沿从 $0.1V_m$上升到 $0.9V_m$所需的时间。

（4）t_f：下降时间。脉冲下降沿从 $0.9V_m$下降到 $0.1V_m$所需的时间。

（5）t_w：脉冲宽度。从脉冲上升沿 $0.5V_m$起，到脉冲下降沿 $0.5V_m$为止的一段时间。

（6）q：占空比。脉冲宽度与脉冲周期的比值，$q=\frac{t_w}{T}\times 100\%$。

6.2　555 定时器

能力目标

- 知道 555 定时器的内部结构、电路符号以及引脚功能。
- 理解和掌握 555 定时器的功能。

555 定时器是一款模数混合集成芯片，既可产生给定周期和占空比的脉冲波形，又可接成施密特触发器、单稳态触发器，广泛应用于波形的产生、变换、测量和控制等领域。

国际上的主要电子器件公司都拥有自己的 555 定时器产品，尽管产品型号繁多，但它们的结构、工作原理以及外部引脚排列基本相同。通常双极型产品型号最后三位数码都是 555，如 NE555、LM555、5G555 等；CMOS 产品（即单极型）型号的最后四位数码都是 7555，如 C7555、ICM7555 等双极型 555 定时器具有较大的驱动能力，而单极型 555 定时器具有低功耗、输入阻抗高等优点。

555 定时器工作电压范围宽，并可承受较大的负载电流。双极型 555 定时器电源电压范围为 5 ~ 16 V，最大负载电流可达 200 mA。单极型 555 定时器电源电压范围为 3 ~ 18 V，最大负载电流一般要求在 4 mA 以下。

双极型 555 定时器的典型封装是 DIP8（8 脚双列直插封装），555 定时器的逻辑电路图和逻辑符号分别如图 6.3（a）、（b）所示。

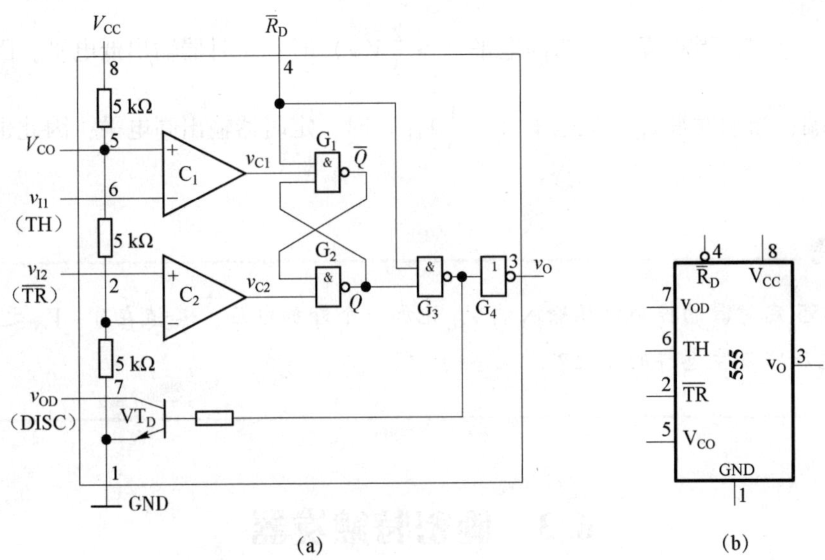

图 6.3　555 定时器的逻辑电路图和逻辑符号

(a) 逻辑电路图；(b) 逻辑符号

其内部电路主要由三个 5 kΩ 电阻组成的分压器、两个电压比较器 C_1 和 C_2、基本 *SR* 触发器、放电三极管 VT_D 以及输出缓冲器 G_4 组成。555 定时器的引线功能如表 6.1 所示。

表 6.1　555 定时器的引线功能

引脚	功能	引脚	功能
1	GND，接地端	5	V_{CO}，控制电压输入端，可改变电压比较器的比较基准
2	v_{I2}，比较器 C_2 输入端，也称触发端 $\overline{TR}$	6	v_{I1}，比较器 C_1 输入端，也称阈值端 TH
3	v_O，输出端	7	v_{OD}，放电端，跟随输出端电平
4	$\overline{R}_D$，置零输入端，也称复位端，正常工作时需置成高电平	8	V_{CC}，电源端

当控制电压输入端 V_{CO} 悬空时（此时该端一般接 0.01 μF 左右滤波电容），比较器 C_1 和 C_2 的比较电压分别为 $\frac{2}{3}V_{CC}$ 和 $\frac{1}{3}V_{CC}$，根据输入端 v_{I1} 和 v_{I2} 的不同取值，输出 v_O 也将发生变化，555 定时器的功能表如表 6.2 所示。

表 6.2　555 定时器的功能表

阈值端 v_{I1}	触发端 v_{I2}	复位端 $\overline{R}_D$	输出端 v_O	放电三极管 VT_D
×	×	0	0	导通
×	$<\frac{1}{3}V_{CC}$	1	1	截止
$>\frac{2}{3}V_{CC}$	$>\frac{1}{3}V_{CC}$	1	0	导通
$<\frac{2}{3}V_{CC}$	$>\frac{1}{3}V_{CC}$	1	不变	不变

由表 6.2 可知，当阈值端 v_{I1} 为高电平（$>\frac{2}{3}V_{CC}$）时，定时器输出低电平，因此也将 v_{I1} 称为高触发端；当触发端 v_{I2} 为低电平（$<\frac{1}{3}V_{CC}$）时，定时器输出高电平，因此也将 v_{I2} 称为低触发端。

若在 555 定时器的控制电压输入端 V_{CO} 施加一个外加电压，其值在 $0\sim V_{CC}$ 之间，比较器的比较电压将发生怎样的变化？

6.3 施密特触发器

能力目标

- 理解施密特触发器的滞回特性及典型应用。
- 能够利用 555 定时器设计施密特触发器。
- 能够计算施密特触发器的主要参数。

简单来说，施密特触发器就是具有滞回特性的数字传输门（电路）。对于负向递减和正向递增两种不同方向变化的输入信号，施密特触发器有两个不相等的阈值电压（也称门限电压或触发电平），其输出既取决于输入电压，也取决于它最近的输出状态，但没有记忆功能。施密特触发器属于电平触发，对于缓慢变化的信号仍然适用，其电路内部含有正反馈，因而输出电压波形的边沿很陡，常用于波形整形和变换。

需要注意的是，施密特触发器名称中虽然含有“触发”二字，但它与前面所讲的触发器并不是同种性质的电路。只是由于两种电路状态转换过程中都存在正反馈，转换速度极快，一触即发，因此中文译名中都采用了“触发”字样。

6.3.1 用 555 定时器构成的施密特触发器

1. 电路组成及工作原理

将 555 定时器两比较器的输入端 v_{I1} 和 v_{I2} 相接，即可构成施密特触发器，如图 6.4 所示。图 6.5 给出了施密特触发器的工作波形。

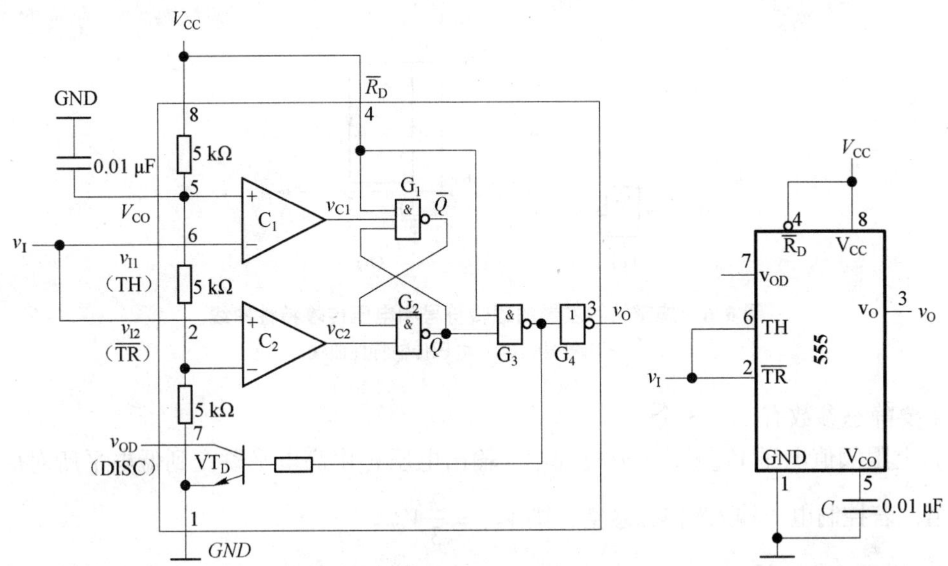

图 6.4　555 定时器构成的施密特触发器

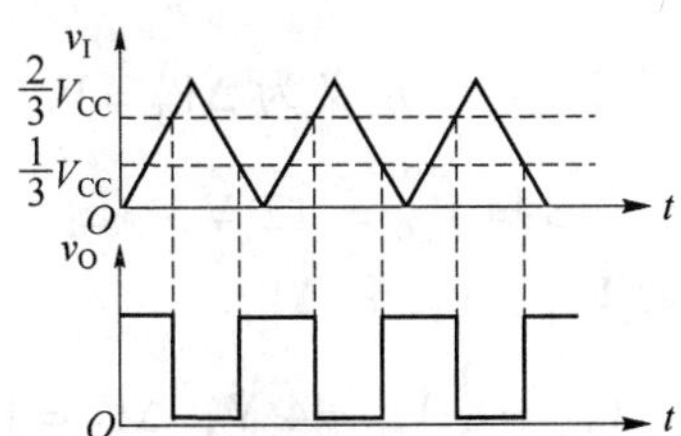

图 6.5　施密特触发器的工作波形

施密特触发器具有两个稳定状态，两个稳定状态之间的切换受输入 v_I及触发器当前状态的影响。由图 6.5 可知，整个工作过程可分为以下 5 个阶段。

(1) v_I由 0 V 上升到$\frac{1}{3}V_{CC}$，此过程中 $v_{I1}<\frac{2}{3}V_{CC}$，$v_{I2}<\frac{1}{3}V_{CC}$，由表 6.2 可知，v_O为高电平。

(2) v_I由$\frac{1}{3}V_{CC}$上升到$\frac{2}{3}V_{CC}$，此过程中 $v_{I1}<\frac{2}{3}V_{CC}$，$v_{I2}>\frac{1}{3}V_{CC}$，v_O保持不变。

(3) v_I由$\frac{2}{3}V_{CC}$上升到 V_{CC}再下降到$\frac{2}{3}V_{CC}$，此过程中 $v_{I1}>\frac{2}{3}V_{CC}$，$v_{I2}>\frac{1}{3}V_{CC}$，v_O跳变为低电平。

(4) v_I由$\frac{2}{3}V_{CC}$下降到$\frac{1}{3}V_{CC}$，此过程中 $v_{I1}<\frac{2}{3}V_{CC}$，$v_{I2}>\frac{1}{3}V_{CC}$，v_O输出保持不变。

(5) v_I由$\frac{1}{3}V_{CC}$继续下降，即 $v_{I1}<\frac{2}{3}V_{CC}$，$v_{I2}<\frac{1}{3}V_{CC}$，v_O跳变为高电平。

2. 施密特触发器的电压滞回特性和主要参数

反相输出的施密特触发器的逻辑符号和电压传输特性曲线分别如图 6.6 (a)、(b) 所示。

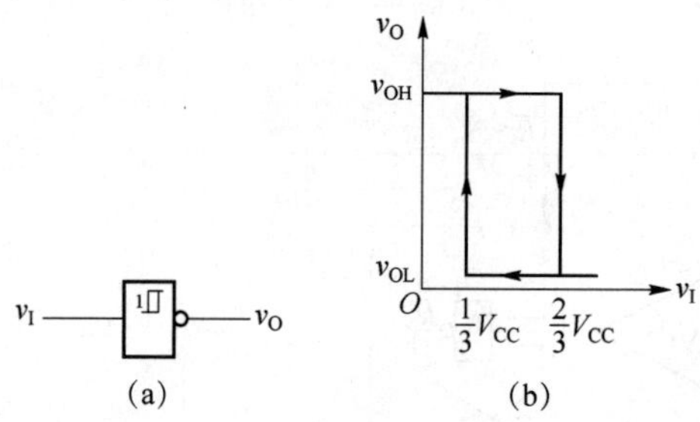

图 6.6 施密特触发器的逻辑符号和电压传输特性曲线

(a) 逻辑符号；(b) 电压传输特性曲线

其主要静态参数有以下 3 个。

(1) 上限阈值电压 V_{T+}：v_I上升过程中，输出电压 v_O由高电平跳变到低电平所对应的输入电压值。若控制电压输入端 V_{CO}悬空，则 $V_{T+}=\frac{2}{3}V_{CC}$。

(2) 下限阈值电压 V_{T-}：v_I下降过程中，输出电压 v_O由低电平跳变到高电平所对应的输入电压值。若控制电压输入端 V_{CO}悬空，则 $V_{T-}=\frac{1}{3}V_{CC}$。

(3) 滞回电压 ΔV_T：又称为回差电压，定义为 $\Delta V_T=V_{T+}-V_{T-}=\frac{1}{3}V_{CC}$。

【例 6.1】 如图 6.4 所示电路，已知 $V_{CC}=12$ V，求：(1) 电路的 V_{T+}、V_{T-}和 ΔV_T；(2) 若 $V_{CO}=10$ V，求此时电路的 V_{T+}、V_{T-}和 ΔV_T。

【解】 (1) $V_{T+}=\frac{2}{3}V_{CC}=8$ V，$V_{T-}=\frac{1}{3}V_{CC}=4$ V，$\Delta V_T=V_{T+}-V_{T-}=4$ V。

(2) 参考电压由 V_{CO}端接入，此时 $V_{T+}=V_{CO}=10$ V，$V_{T-}=\frac{1}{2}V_{CO}=5$ V，$\Delta V_T=V_{T+}-V_{T-}=5$ V。

思考

(1) 施密特触发器可以作为存储单元使用吗？

(2) 如何调节滞回电压 ΔV_T的大小？

6.3.2 集成施密特触发器

施密特触发器除了可以用 555 定时器搭建外，还可以用分立元件和门电路设计。此外，各大半导体厂商也提供有各种类型的集成施密特触发器。与分立元件搭建的电路相比，集成施密特触发器性能一致性好，触发阈值稳定，使用更为方便。图 6.7 是 CMOS 集成施密特触发器 CD40106（六反相器）的引线功能图，表 6.3 给出了 CD40106 的主要静态参数。

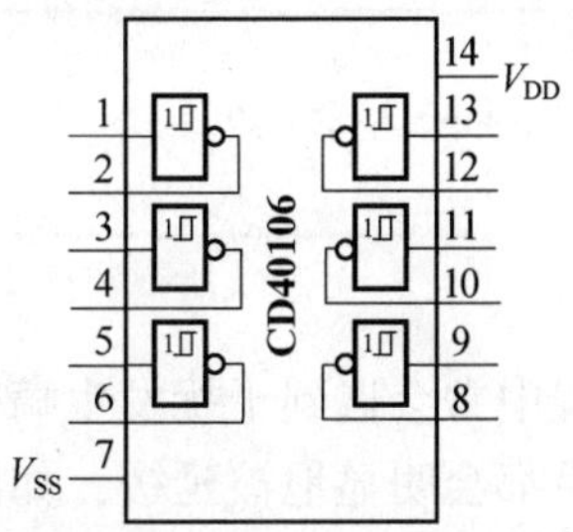

图 6.7　集成施密特触发器 CD40106 引线功能图

表 6.3　集成施密特触发器 CD40106 的主要静态参数

电源 V_{DD}	V_{T+} 最小值	V_{T+} 最大值	V_{T-} 最小值	V_{T-} 最大值	ΔV_T最小值	ΔV_T最大值
5 V	2.2 V	3.6 V	0.9 V	2.8 V	0.3 V	1.6 V
10 V	4.6 V	7.1 V	2.5 V	5.2 V	1.2 V	3.4 V
15 V	6.8 V	10.8 V	4 V	7.4 V	1.6 V	5 V

TTL 型集成施密特触发器有 74LS14、74LS132、74LS13 等，其主要参数典型值如表 6.4 所示。

表 6.4　TTL 集成施密特触发器主要参数典型值

型号	延迟时间	每门功耗	V_{T+}	V_{T-}	ΔV_T
74LS14	15 ns	8.6 mW	1.6 V	0.8 V	0.8 V
74LS132	15 ns	8.8 mW	1.6 V	0.8 V	0.8 V
74LS13	16.5 ns	8.75 mW	1.6 V	0.8 V	0.8 V

6.3.3　施密特触发器的应用

1. 整形

利用施密特触发器可以将边沿变化缓慢的非矩形脉冲，如正弦脉冲、三角脉冲、锯齿脉冲等变换为边沿很陡的矩形脉冲。图 6.8 中，将锯齿脉冲 v_I输入施密特触发器，根据施密特触发器的电压传输特性，输出电压 v_O为矩形脉冲。该电路有效工作的前提是输入信号 v_I的幅度大于上限阈值电压 V_{T+}。

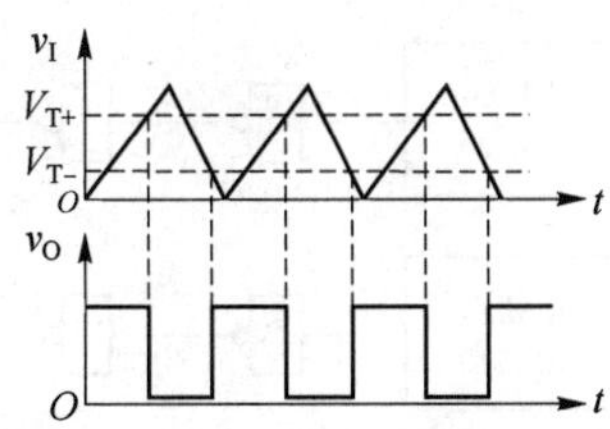

图 6.8　脉冲整形电路的输入输出波形

思考

如何改变图 6.8 中输出矩形脉冲的占空比?

2. 抗干扰

工程实际中，信号在传输过程中常会遇到干扰发生畸变。若传输线上电容较大，矩形脉冲在传输过程中的上升沿和下降沿都会明显地被延缓，如图 6.9（a）所示。若传输线较长，且接收端与传输线的阻抗不匹配，则在波形的边沿将出现阻尼振荡现象，如图 6.9（b）所示。

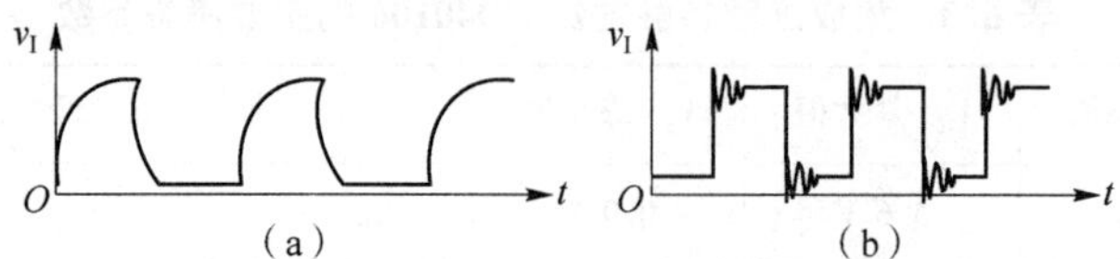

图 6.9　矩形脉冲在传输过程中的畸变

(a) 边沿延缓；(b) 阻尼振荡

利用施密特触发器的滞回特性，可以实现波形整形，抑制叠加在输入信号上的干扰。将传输过程中产生畸变的信号加到施密特触发器的输入端，只要满足输入信号的高电平高于 V_{T+}，低电平低于 V_{T-}，则可得到理想的输出波形。

3. 鉴幅

施密特触发器采用电平触发方式，利用这一工作特点可进行波形幅度鉴别。例如，在施密特触发器输入端加入幅度不等的信号，根据电压传输特性，可画出输出波形如图 6.10 所示。可见，只有幅度大于 V_{T+} 的信号会有脉冲输出，而幅度小于 V_{T+} 的信号则没有脉冲输出。可以根据电路有无脉冲输出，判断输入信号幅度是否超过 V_{T+}。

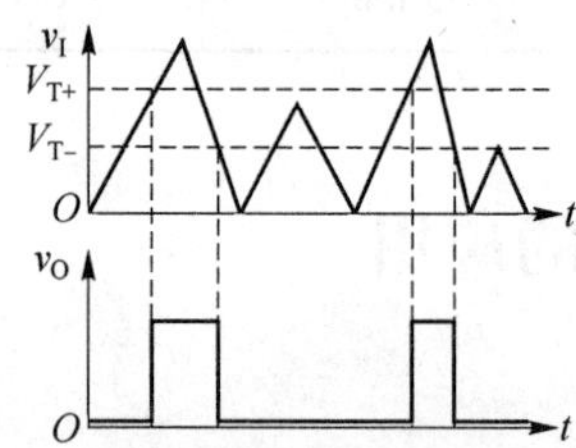

图 6.10　用施密特触发器鉴别脉冲幅度

4. 接口

施密特触发器可以将缓慢变化的输入信号，转换成为符合 TTL 系统要求的脉冲波形，因此常在接口电路中应用，如图 6.11 所示。

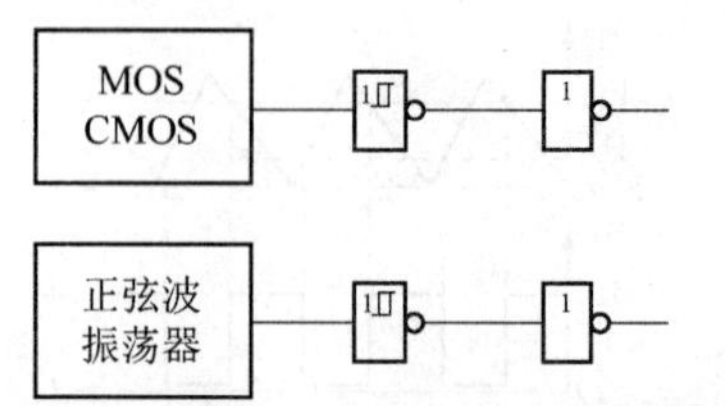

图 6.11　缓慢输入波形的 TTL 系统接口

6.4　多谐振荡器

能力目标

- 理解多谐振荡器的工作原理及典型应用。
- 能够利用555定时器设计多谐振荡器。
- 能够对多谐振荡器的振荡频率和占空比进行计算、设计。

多谐振荡器是一种自激振荡器，接通电源后，不需外加触发信号即可输出连续的矩形脉冲信号。由于矩形脉冲中含有丰富的高次谐波，故称为“多谐”。多谐振荡器没有稳态，只在两个暂稳态之间交替变化，因此又称作无稳态电路，常用来作脉冲信号源。

6.4.1　用555定时器构成的多谐振荡器

1. 电路组成

基于555定时器构成的多谐振荡器及其波形图分别如图6.12（a)、(b）所示。

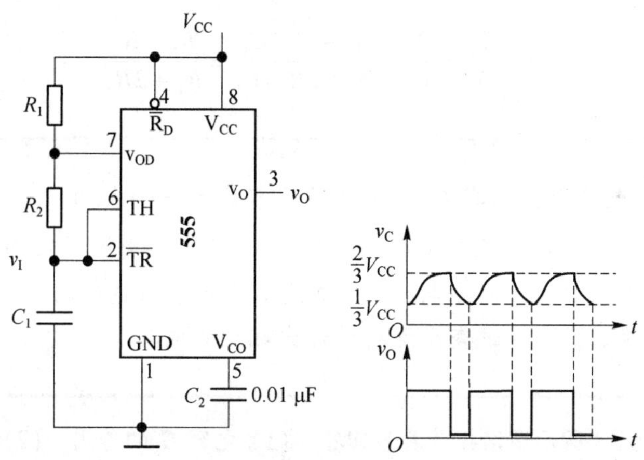

图6.12　基于555定时器构成的多谐振荡器及其波形图

图中，$\overline{R}_D$端接高电平，V_{CO}端连接0.01μF的滤波电容。TH（v_{I1}）和$\overline{TR}$（v_{I2}）连接在一起。放电端v_{OD}一端通过电阻R_1接到电源，使内部放电三极管VT_D构成反相器；另一端通过R_2C_1构成的积分电路反馈至输入端。

2. 振荡频率的估算

1）电容充电时间T_1

电容C_1充电时，时间常数（表示电容充电快慢的一个参数）$\tau_1=(R_1+R_2)C_1$，初值$v_C(0_+)=\frac{1}{3}V_{CC}$，终值$v_C(\infty)=V_{CC}$，转换值$v_C(T_1)=\frac{2}{3}V_{CC}$，代入$RC$过渡过程计算公式进

行计算，得 T_1 为

$$T_1=\tau_1\ln\frac{v_C(\infty)-v_C(0_+)}{v_C(\infty)-v_C(T_1)}=\tau_1\ln\frac{V_{CC}-\frac{1}{3}V_{CC}}{V_{CC}-\frac{2}{3}V_{CC}}=\tau_1\ln 2\approx 0.7(R_1+R_2)C_1$$

2）电容放电时间 T_2

电容 C_1 放电时，时间常数 $\tau_2=R_2C_1$，初值 $v_C(0_+)=\frac{2}{3}V_{CC}$，终值 $v_C(\infty)=0$，转换值 $v_C(T_2)=\frac{1}{3}V_{CC}$，代入 RC 过渡过程计算公式进行计算，得 T_2 为

$$T_2\approx 0.7R_2C_1$$

3）电路振荡周期 T

电路振荡周期 T 为

$$T=T_1+T_2\approx 0.7(R_1+2R_2)C_1$$

4）电路振荡频率 f

电路振荡频率 f 为

$$f=\frac{1}{T}\approx\frac{1.44}{(R_1+2R_2)C_1}$$

5）输出波形占空比 q

输出波形占空比 q 为

$$q=\frac{T_1}{T}=\frac{0.7(R_1+R_2)C_1}{0.7(R_1+2R_2)C_1}=\frac{R_1+R_2}{R_1+2R_2}$$

思考

在图 6.12 所示电路中，电容 C_1 的充电时间常数 $\tau_1=(R_1+R_2)C_1$，放电时间常数 $\tau_2=R_2C_1$，所以充电时间 T_1 总是大于放电时间 T_2，输出波形不可能对称，占空比 q 不易调节。利用半导体二极管的单向导电特性，把电容充电和放电回路隔离开来，便可构成占空比可调的多谐振荡器，请通过查阅资料设计出相应的电路。

【例 6.2】如图 6.13 所示多谐振荡器，回答：(1) 电容 C_F 的作用；(2) 电路的振荡频率。

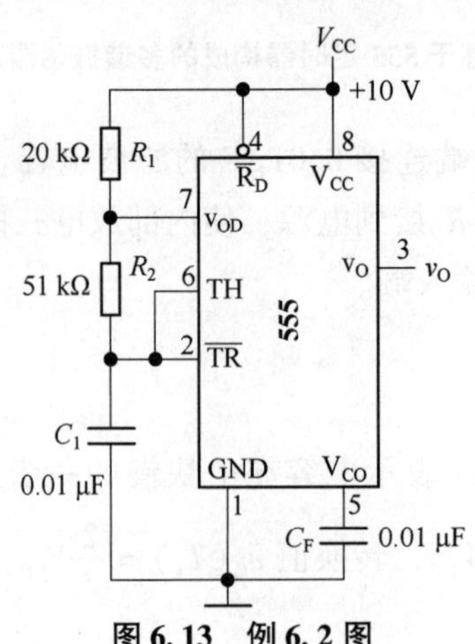

图 6.13 例 6.2 图

【解】(1) V_{CO}的波动会直接影响阈值电压 V_{T+}和 V_{T-}，进而影响输出脉冲频率的稳定性。由于电容两端电压不会突变，因此 C_F的作用在于滤除瞬态干扰，稳定 V_{CO}。

(2) 振荡频率 $f \approx \frac{1.44}{(R_1+2R_2)C_1} = \frac{1.44}{122\times10^3\times0.01\times10^{-6}}$ (Hz) $\approx$1.18 (kHz)。

6.4.2　多谐振荡器应用实例

1. 双音门铃

图 6.14 是基于多谐振荡器构成的双音门铃。

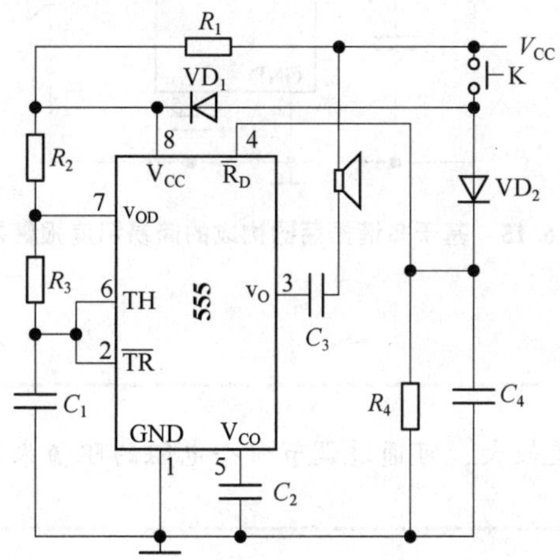

图 6.14　基于多谐振荡器构成的双音门铃

当开关 K 闭合时，V_{CC}经 VD_2向 C_4充电，4 脚电位迅速升至 V_{CC}，复位无效。同时 R_1被 VD_1旁路，V_{CC}经 VD_1、R_2、R_3向 C_1充电，充电时间常数为 $(R_2+R_3)C_1$，放电时间常数为 R_3C_1，多谐振荡器产生高频振荡，喇叭发出高音。

当开关 K 断开时，电容 C_4储存的电荷经 R_4放电，在 4 脚电位降至复位电平之前，电路将维持振荡。此时 VD_1处于断路，所以 V_{CC}经 R_1、R_2、R_3向 C_1充电，充电时间常数增加为 $(R_1+R_2+R_3)C_1$，放电时间常数不变，多谐振荡器产生低频振荡，喇叭发出低音。

当 4 脚电位降至 555 复位电平以下时，多谐振荡器停止振荡，喇叭停止发声。

思考

在图 6.14 所示电路中，调节哪些参数，可以改变高、低音发声频率以及低音维持时间？

2. 简易温度报警器

图 6.15 是基于多谐振荡器构成的简易温度报警器，图中三极管 VT 相当于温度传感器，将温度信号转换为电信号，可选用锗管 3AX31、3AX81 或 3AG 类，也可选用 3DU 型光敏管。当温度低于设定温度值时，三极管 VT 的穿透电流 I_{CEO}较小，复位端 $\overline{R}_D$ (4 脚) 的电压

较低，电路工作在复位状态，多谐振荡器停振，扬声器不发声。当温度升高到设定温度值时，三极管 VT 的穿透电流 I_{CEO} 较大，555 复位端 $\overline{R}_D$ 的电压升高到解除复位状态之电位，多谐振荡器开始振荡，扬声器发出报警声。

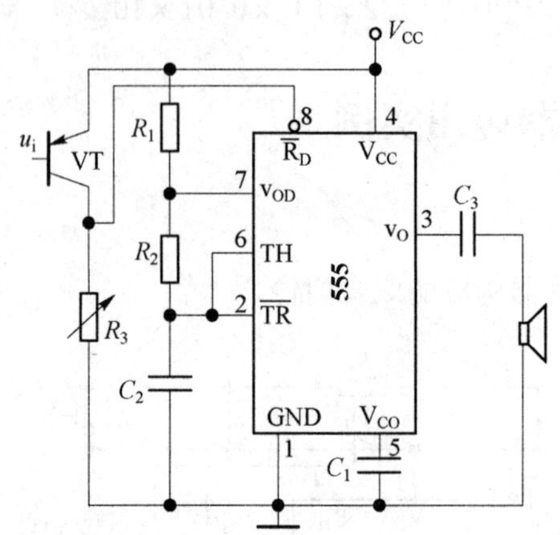

图 6.15　基于多谐振荡器构成的简易温度报警器

思考

不同三极管的 I_{CEO} 相差较大，可通过调节哪个电阻的阻值来调节控温点？如何调节？

3. 光控音调发生器

图 6.16 是基于多谐振荡器构成的光控音调发生器。当光敏三极管 VT 受光较强时，引脚 5 电位升高；当光敏三极管 VT 受光较弱时，引脚 5 电位降低，从而改变了输出电压的振荡频率，使音调发生变化。

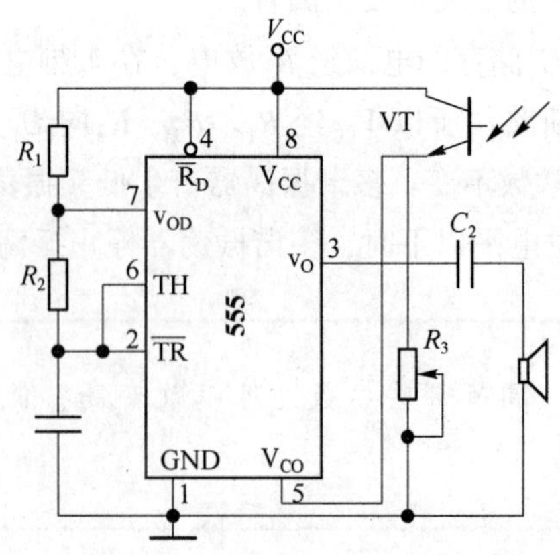

图 6.16　基于多谐振荡器构成的光控音调发生器

6.5　单稳态触发器

能力目标

- 理解单稳态触发器的工作原理及典型应用。
- 能够利用 555 定时器设计单稳态触发器。
- 能够对单稳态触发器的脉冲宽度进行计算和设计。

单稳态触发器，又称为一次触发器。顾名思义是其只有一个稳定状态（简称稳态），另一个状态为暂稳状态（简称暂稳态）。在外来触发脉冲作用下，触发器能够由稳定状态翻转到暂稳状态；但暂稳状态维持一段时间后，将自动返回到稳定状态。暂稳状态持续时间的长短仅取决于电路本身的参数，与触发脉冲无关。

单稳态触发器在触发脉冲作用下，能够输出脉宽固定的矩形脉冲。利用该特点，单稳态触发器广泛用于数字系统和数字装置中的定时、延时等。

6.5.1　用 555 定时器构成的单稳态触发器

基于 555 定时器构成的单稳态触发器及其工作波形分别如图 6.17（a）、（b）所示。v_I 为触发信号，从 555 定时器的 $\overline{TR}$ 引脚输入；放电端 v_{OD} 与阈值端 TH 相连，并外接 RC 元件；与多谐振荡器一样，V_{CO} 端仍然连接 0.01 μF 的滤波电容。

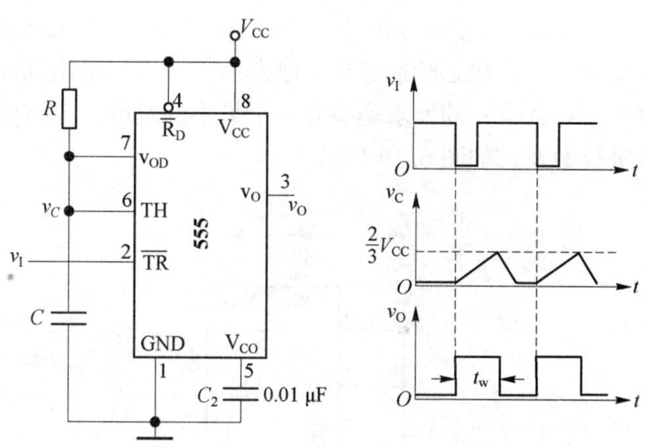

图 6.17　基于 555 定时器构成的单稳态触发器及其工作波形

单稳态触发器的工作状态转换过程如图 6.18 所示。

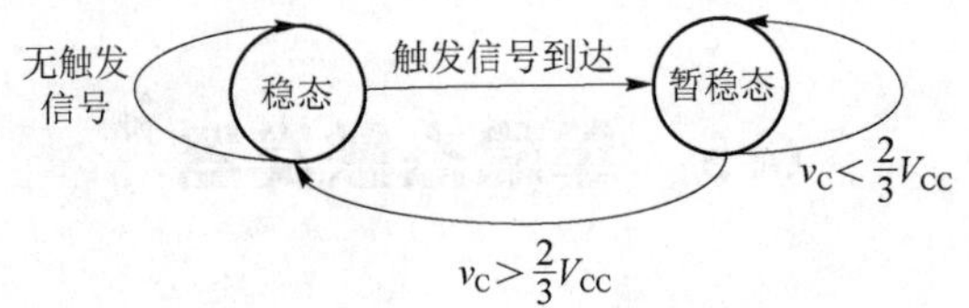

图 6.18　单稳态触发器工作的状态转换过程

1）无触发信号

输入 v_I保持高电平时，电路无触发信号，工作在稳定状态，即输出端 v_O保持低电平。555 定时器内放电三极管 VT_D饱和导通，引脚 7 "接地"，电容电压 v_C为 0 V。

2）触发信号到达

v_I下降沿到达时，触发输入端$\overline{TR}$（2 脚）由高电平跳变为低电平，v_O由低电平跳变为高电平，电路由稳态转入暂稳态。

3）暂稳态维持

暂稳态期间，555 定时器内放电三极管 VT_D截止，V_{CC}经 R 向 C 充电，时间常数 $\tau_1 = RC$，但电容电压 v_C小于阈值电压$\frac{2}{3}V_{CC}$之前，电路将维持暂稳态不变。

4）暂稳态结束

当 v_C达到阈值电压$\frac{2}{3}V_{CC}$时，输出电压 v_O将由高电平跳变为低电平，VT_D由截止转为饱和导通，引脚 7 "接地"，电容 C 经 VT_D对地迅速放电，电压 v_C由$\frac{2}{3}V_{CC}$迅速降至 0 V，电路由暂稳态重新转入稳态。

5）恢复过程

当暂稳态结束后，电容 C 通过饱和导通的三极管 VT_D 放电，时间常数 $\tau_2 = R_{CES}C$，R_{CES}是 VT_D 的饱和导通电阻，其阻值非常小，因此 τ_2亦非常小。经过 $3\tau_2 \sim 5\tau_2$ 后，电容 C 放电完毕，恢复过程结束。恢复过程结束后，电路返回到稳态，单稳态触发器又可以接收新的触发信号。

以上为单稳态触发器的工作状态转换过程。触发信号可以比输出脉冲更短或更长，可以是上升沿或下降沿有效，对其唯一的要求是要有一个最小的宽度，典型值是 25 ~ 100 ns。有时采用多个输入信号进行触发，如图 6.19 所示。

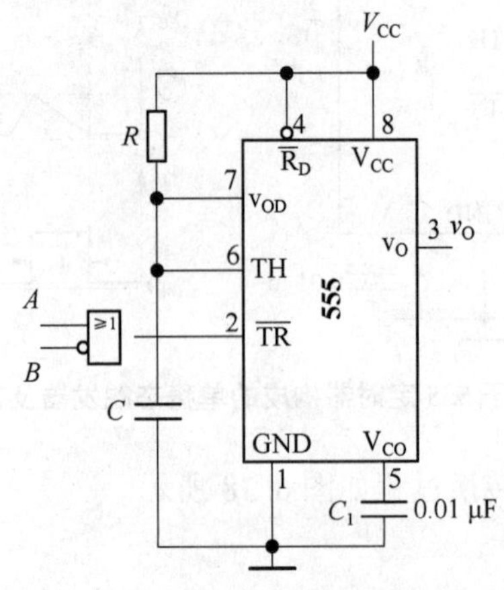

图 6.19　两触发信号的单稳态触发器

输出脉冲宽度等于暂稳态的维持时间，由外接电阻 R 和电容 C 的大小决定。由图 6.17 所示电容电压 v_C 的工作波形可知，t_w 等于电容电压从 0 V 充电到 $\frac{2}{3}V_{CC}$ 所经历的时间，即 $v_C(0_+)\approx 0$ V，$v_C(\infty)=V_{CC}$，$v_C(t_w)=\frac{2}{3}V_{CC}$，代入 RC 过渡过程计算公式，可得

$$t_w=\tau_1\ln\frac{v_C(\infty)-v_C(0_+)}{v_C(\infty)-v_C(t_w)}=\tau_1\ln\frac{V_{CC}-0}{V_{CC}-\frac{2}{3}V_{CC}}=\tau_1\ln 3\approx 1.1RC$$

本式进一步说明了单稳态触发器输出脉冲宽度 t_w 仅取决于定时元件 R、C，与输入触发信号和电源电压无关，调节 R、C 取值，即可调节 t_w。

6.5.2　集成单稳态触发器

由于单稳态触发器在数字系统中应用十分广泛，出现了各种集成的单片 TTL 或 CMOS 型单稳态触发器，这些集成芯片使用时只需外接很少的电阻和电容，非常方便。TTL 系列有 74121、74122、74123 等，它们一般都是边沿触发。4538 是 CMOS 型精密单稳态触发器，采用了线性 CMOS 技术，可得到高精度的输出脉冲宽度。

集成单稳态触发器还可分为单触发和重触发两种，各自的工作波形如图 6.20 所示。

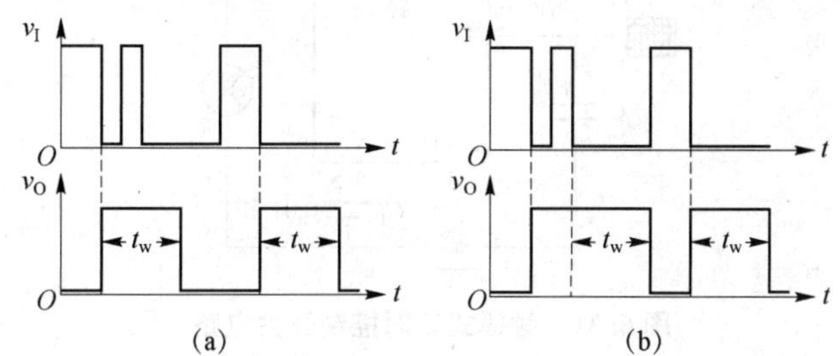

图 6.20　两种集成单稳态触发器的工作波形

（a）单触发；（b）重触发

单触发的单稳态触发器，一旦其进入暂稳态，则直到稳态结束它才会接收下一个触发脉冲。重触发则不然，在电路进入暂稳态之后，如果触发脉冲再次到来，电路将被重复触发。

6.5.3　单稳态触发器的应用

1. 定时

单稳态触发器能够产生一定宽度的矩形脉冲，利用这一特性可以组成定时开、关门电路。如图 6.21 所示电路中，单稳态触发器的输出 v_A 用作**与**门的一个输入。当 v_A 为高电平时，**与**门开启，v_B 信号通过；当 v_A 为低电平时，**与**门关闭，v_B 信号不能通过。v_B 信号通过的时间与**与**门打开时间相关，即由单稳态触发器的 RC 取值决定。

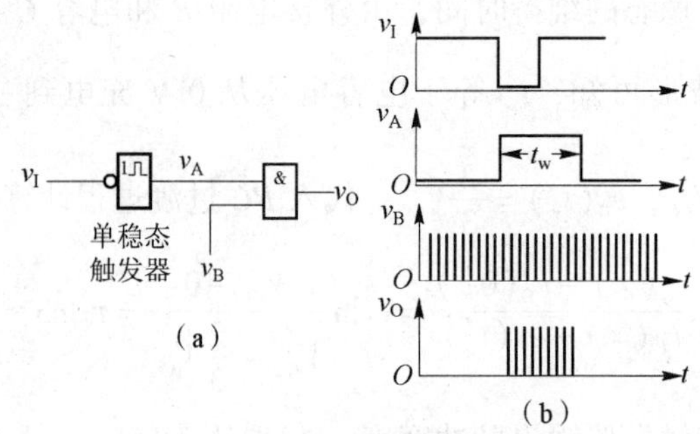

图 6.21　定时开、关门电路及其工作波形

(a) 定时开、关门电路；(b) 工作波形

图 6.22 是利用单稳态触发器定时特点构成的触摸式控制开关电路，可用于夜间定时照明。

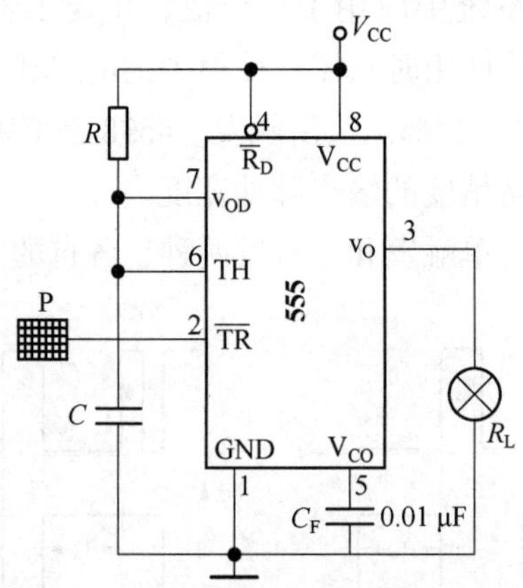

图 6.22　触摸式定时控制开关电路

当用手触摸金属片 P 时，人体的感应电压相当于在触发输入端加入一个负脉冲，3 脚输出高电平，灯泡 R_L 发光。当放开手后，暂稳态结束，3 脚恢复低电平，灯泡熄灭。定时时间可由 RC 参数调节。

思考

（1）当手一直触摸在金属片上时，会延长灯泡点亮时间吗？

（2）如何调节灯泡点亮时间？

2. 延时

由图 6.20 的输入输出波形可知，v_O 的下降沿显然比 v_I 的下降沿滞后了时间 t_w，即延迟了时间 t_w。单稳态触发器的这种延时作用常被应用于时序控制电路中。

3. 整形

单稳态触发器能够把不规则的输入信号 v_I，整形成幅度和宽度都相同的标准矩形脉冲 v_O。v_O 的幅度取决于单稳态电路输出的高低电平，宽度 t_w 取决于暂稳态维持时间。图 6.23

是单稳态触发器用于波形整形的一个简单例子。

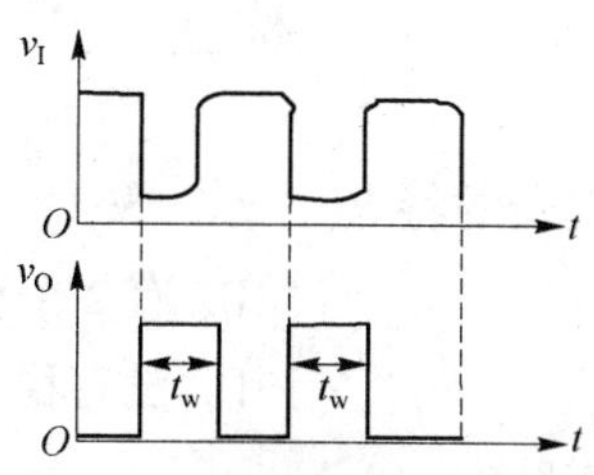

图6.23　单稳态触发器用于波形整形

本章小结

1. 555定时器是一种用途很广的集成电路，除了能组成施密特触发器、单稳态触发器和多谐振荡器外，还可以接成各种灵活多变的应用电路。

2. 施密特触发器有两个阈值电压，输入信号在上升和下降的过程中，所对应的阈值不同。输出电压在跳变过程中存在正反馈，因此其输出波形的跳变沿都很陡，利用这一特点，施密特触发器常用于脉冲整形。

3. 多谐振荡器没有稳定状态，也不需要外加输入信号，属于一种自激振荡电路。

4. 单稳态触发器只有一个稳定状态，当触发信号有效时，电路会翻转到暂稳态，产生一个脉冲。对于单触发的单稳态触发器，输出的暂稳态脉冲会持续 t_w 时间，然后电路返回到稳态。对于可重触发的单稳态触发器，电路会在最新的触发信号作用后，持续 t_w 时间。t_w 由 RC 延时环节的参数决定。

5. 数字系统中所需的各种脉冲波形可由多谐振荡器直接产生，也可由施密特触发器和单稳态触发器间接获得。多谐振荡器不需外加输入信号即可自动地产生矩形脉冲。施密特触发器和单稳态触发器虽然不能自动产生矩形脉冲，但可以把其他形状的信号变换成为矩形脉冲，为数字系统提供标准的脉冲信号。

自我检测题

一、填空题

1. 从组成结构上看，555定时器主要包含________、________、________、________、________等部分。

2. TTL型555定时器的电源电压范围为________V，CMOS型555定时器的电源电压范围为________V。

3. 555定时器组成的电路中电压控制端与地之间接一个电容的作用是________。

4. 单稳态触发器中，电路由稳态转换到暂稳态和由暂稳态返回到稳态时，都有________反馈存在，所以输出脉冲的上升沿和下降沿都比较陡。

5. 555定时器组成的施密特触发器，通过调节外接控制电压的大小可调节________电压的大小。

6. 多谐振荡器在工作过程中没有稳定状态，故又称为________电路。

7. 单稳态触发器输出脉冲的宽度取决于________。

8. 由 555 定时器构成的电路中，________和________是脉冲整形电路。

二、选择题

1. 下列（　　）是施密特触发器的特点。

A. 有 1 个稳定状态　　B. 有 2 个稳定状态

C. 有多个稳定状态　　D. 没有稳定状态

2. 滞回特性是（　　）的基本特性。

A. 多谐振荡器　　B. 单稳态触发器

C. 施密特触发器　　D. *T* 触发器

3. 将三角脉冲变换为矩形脉冲，可选用（　　）。

A. 多谐振荡器　　B. 单稳态触发器

C. 施密特触发器　　D. 双稳态触发器

4. 单稳态触发器的暂稳态维持时间取决于（　　）。

A. *RC* 元件参数　　B. 触发脉冲持续时间

C. 所用门电路的传输延迟时间　　D. 器件本身的参数

5. 多谐振荡器与单稳态触发器的区别之一是（　　）。

A. 前者有 2 个稳定状态，后者只有 1 个

B. 前者没有稳定状态，后者只有 1 个

C. 前者没有稳定状态，后者有 2 个

D. 两者均只有 1 个稳定状态，但后者的稳定状态需要一定的外界信号维持

6. 下列说法正确的是（　　）。

A. 单稳态触发器有 2 个状态，并且 2 个状态都可以长期自行保持

B. 555 定时器构成的施密特触发器的两个阈值不能改变

C. 施密特触发器可以构成多谐振荡器

D. 555 定时器是构成施密特触发器、单稳态触发器和多谐振荡器的唯一方式

7. 施密特触发器的特点是（　　）。

A. 具有记忆功能　　B. 有两个可以自行保持的稳定状态

C. 具有负反馈作用　　D. 上升和下降过程的阈值电压不同

习　题

【题 6.1】已知输入、输出波形分别如下图（a）、（b）、（c）所示，试问哪些电路可实现下图所示的输入输出关系？

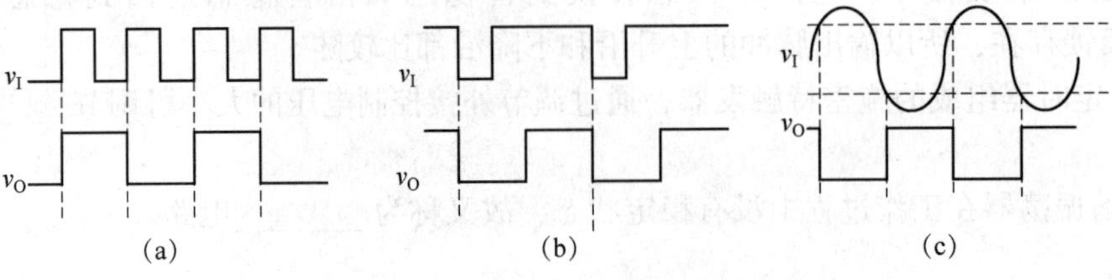

【题6.2】若反相输出的施密特触发器输入信号波形如下图所示，试画出输出信号的波形。

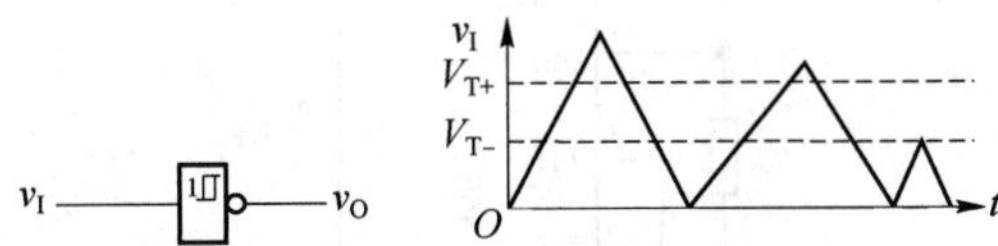

【题6.3】下图所示为555定时器构成的施密特触发器，试求：(1) 电路的上限阈值电压 V_{T+}、下限阈值电压 V_{T-} 和滞回电压 ΔV_T；(2) 画出电路的电压传输特性曲线；(3) 对应输入波形画出输出电压波形。

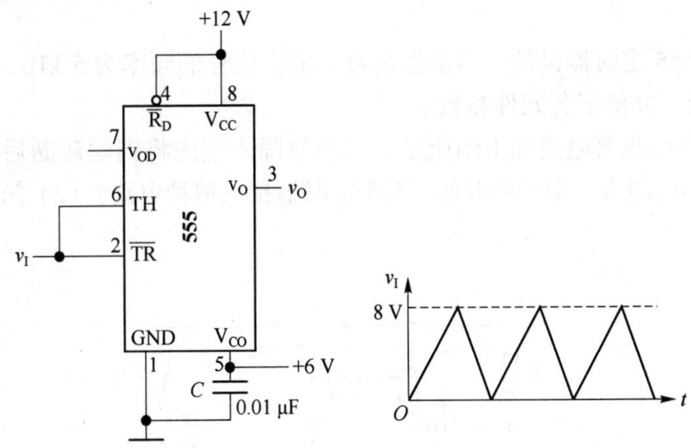

【题6.4】下图是基于555定时器构成的施密特触发器，试求：(1) 当 V_{CC} = 12 V 且没有外接控制电压时，电路的上限阈值电压 V_{T+}、下限阈值电压 V_{T-} 和滞回电压 ΔV_T；(2) 当 V_{CC} =9 V，外接控制电压 V_{CO} = 5 V 时，V_{T+}、V_{T-} 和 ΔV_T 的值。

【题6.5】下图是基于555定时器构成的多谐振荡器，试计算电路的振荡频率 f。

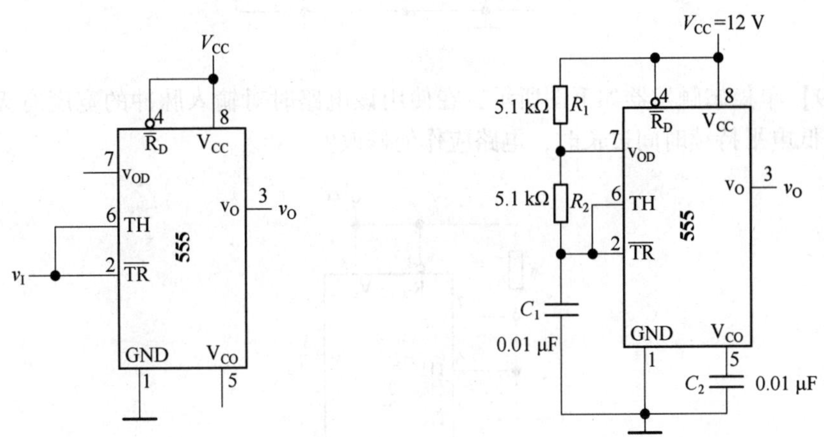

【题6.6】下图是基于555定时器构成的压控振荡器，试求：(1) 输入控制电压 v_1 和振荡频率之间的关系；(2) 当 v_1 升高时，输出频率是升高还是降低？

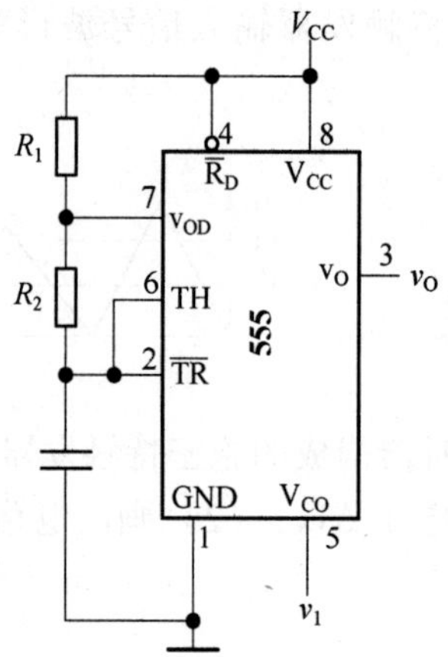

【题 6.7】用 555 定时器设计一多谐振荡器，输出信号的频率为 5 kHz，占空比为 70%，试画出电路原理图，并确定各元件参数。

【题 6.8】某防盗报警电路如下图所示，当小偷闯入室内将铜丝碰断后，扬声器即发出报警声。(1) 当小偷闯入，铜丝断开时，555 定时器接成何种电路？(2) 简要说明报警电路的工作原理。

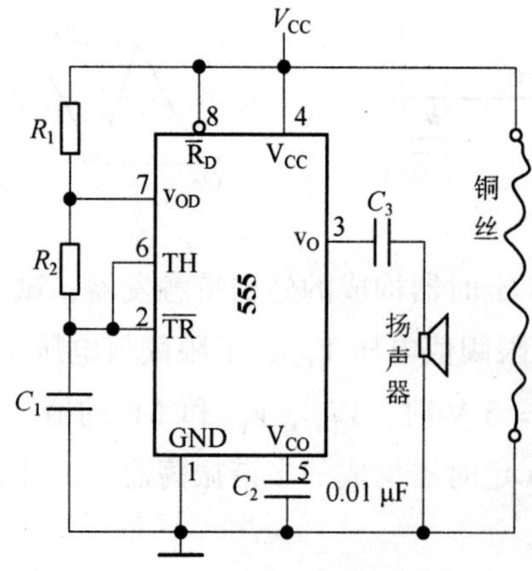

【题 6.9】单稳态触发器如下图所示，在使用该电路时对输入脉冲的宽度有无限制？当输入脉冲的低电平持续时间过长时，电路应作何修改？

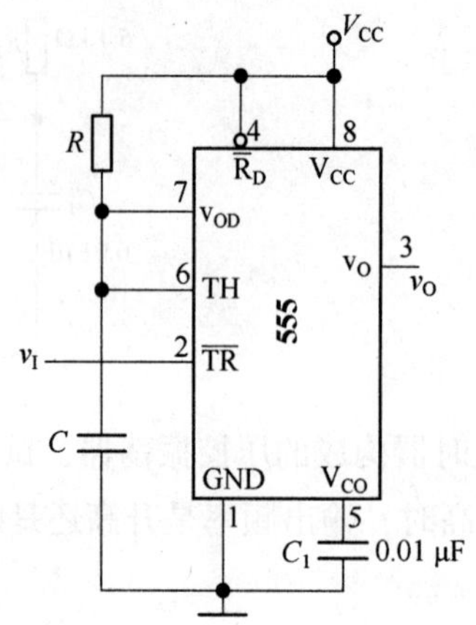

【题6.10】由555定时器构成的单稳态触发器和输入波形分别如下图（a）、（b）所示，试求：（1）电路的输出脉冲宽度；（2）为使电路正常工作，根据所求的输出脉冲宽度指出电路应该选择下图（b）中两个触发信号中的哪一个？

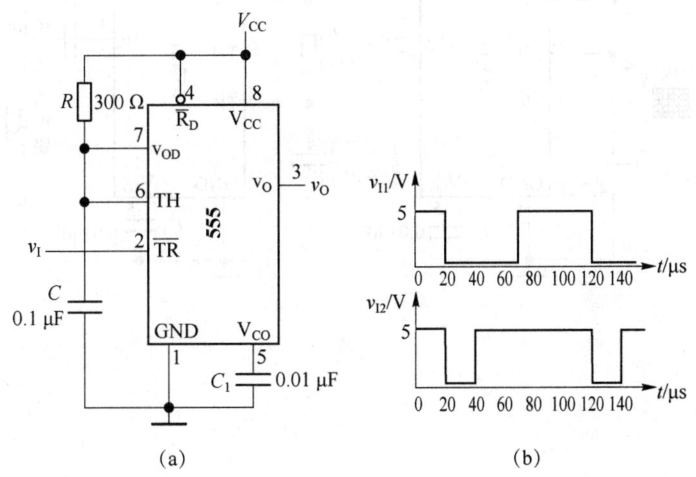

（a）　　　　　　（b）

【题6.11】由555定时器构成的单稳态触发器如下图（a）所示，输入信号波形如下图（b）所示。求：（1）画出输出电压的波形，计算输出脉冲的宽度；（2）若输入信号脉冲宽度只有7 ms，输出波形会变成什么样子？（3）若输入信号高电平为3 V，低电平为0 V，电路能否工作？如不能工作，怎样解决？

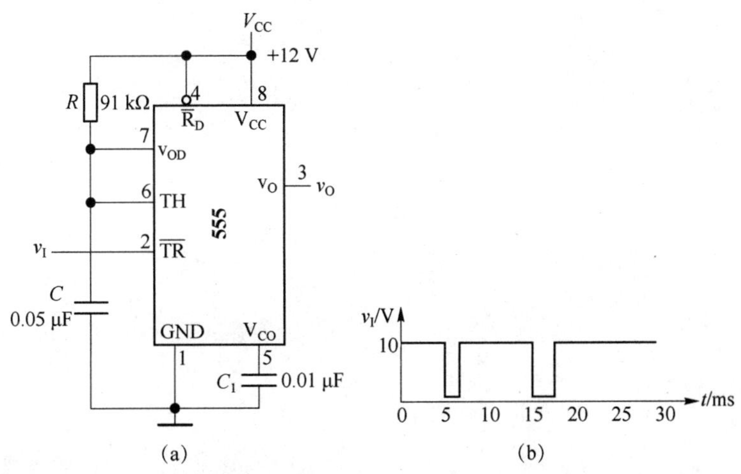

（a）　　　　　　（b）

【题6.12】试用555定时器设计一个单稳态触发器，要求输出脉冲宽度在1～10 s范围内手动可调，假设此555定时器的供电电源为15 V。

【题6.13】下图所示为某触摸报警电路。当有人触摸电极片时，人体感应交流电的负脉冲使扬声器发出报警声音并持续一段时间。试求：（1）触发一次的报警时间；（2）扬声器发出声音的频率。

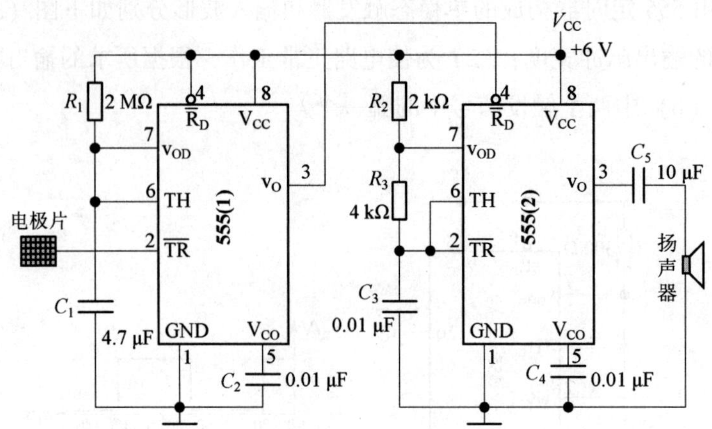

VCC
+6 V
R1
2 MΩ
R̄D
VCC
vOD
TH
TR̄
555(1)
vO
电极片
C1
4.7 μF
GND
VCO
C2
0.01 μF
R2
2 kΩ
R3
4 kΩ
C3
0.01 μF
555(2)
C4
0.01 μF
C5
10 μF
扬声器

参 考 文 献

[1] 阎石. 数字电子技术基础 [M]. 6 版. 北京：高等教育出版社，2016.

[2] 罗杰，彭容修. 数字电子技术基础 [M]. 3 版. 北京：高等教育出版社，2014.

[3] 李月乔. 电子技术基础 [M]. 北京：中国电力出版社，2010.

[4] 梅开乡，郭颖. 数字电子技术 [M]. 北京：北京大学出版社，2008.

[5] 高吉祥. 数字电子技术学习辅导及习题详解 [M]. 北京：电子工业出版社，2005.

[6] 王玉龙. 数字逻辑实用教程 [M]. 北京：清华大学出版社，2012.

[7] 白中英，谢松云. 数字逻辑 [M]. 6 版. 北京：科学出版社，2016.

[8] THOMAS L F. Digital Fundamentals [M]. Upper Saddle River：Prentice Hall，2017.

参考文献

[1] 阎石. 数字电子技术基础[M]. 5版. 北京：高等教育出版社，2010.

[2] [illegible]. 数字电子技术基础[M]. [illegible]. 北京：[illegible]出版社，201[illegible].

[3] [illegible]. 电子技术基础[M]. 北京：中国电力出版社，2010.

[4] [illegible]. 数字电子技术[M]. 北京：[illegible]出版社，2008.

[5] [illegible]. 数字电子技术[illegible][M]. 北京：电子工业出版社，2005.

[6] [illegible][M]. 北京：[illegible]大学出版社，2012.

[7] [illegible][M]. [illegible]科学出版社，2015.

[8] THOMAS L F. Digital Fundamentals[M]. Upper Saddle River: Prentice Hall, 2012.